U0184648

数学文化丛书

TANGJIHEDE
+
XIXIFUSI
TIYUANFANGZHI JI

唐吉诃德+西西弗斯
体圆方智集

刘培杰数学工作室 ◎ 编

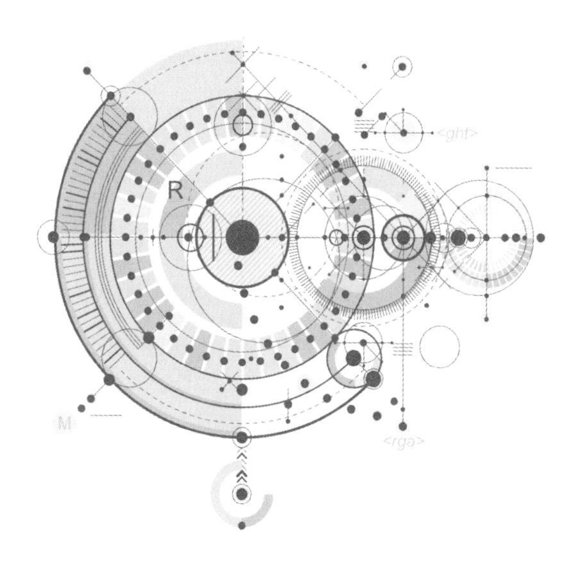

HITP 哈爾濱工業大學出版社
HARBIN INSTITUTE OF TECHNOLOGY PRESS

内 容 提 要

本丛书为您介绍了数百种数学图书的内容简介，并奉上名家及编辑为每本图书所作的序、跋等. 本丛书旨在为读者开阔视野，在万千数学图书中精准找到所求著作，其中不乏精品书、畅销书. 本书为其中的体圆方智集.

本丛书适合数学爱好者参考阅读.

图书在版编目(CIP)数据

唐吉诃德+西西弗斯. 体圆方智集/刘培杰数学工作室编. —哈尔滨:哈尔滨工业大学出版社,2022. 1

(百部数学著作序跋集)

ISBN 978-7-5603-9807-5

Ⅰ. ①唐… Ⅱ. ①刘… Ⅲ. ①数学-著作-序跋-汇编-世界 Ⅳ. ①O1

中国版本图书馆 CIP 数据核字(2021)第 219050 号

策划编辑 刘培杰 张永芹
责任编辑 王勇钢
封面设计 孙茵艾
出版发行 哈尔滨工业大学出版社
社 址 哈尔滨市南岗区复华四道街 10 号 邮编 150006
传 真 0451-86414749
网 址 http://hitpress.hit.edu.cn
印 刷 辽宁新华印务有限公司
开 本 787 mm×960 mm 1/16 印张 19.5 字数 278 千字
版 次 2022 年 1 月第 1 版 2022 年 1 月第 1 次印刷
书 号 ISBN 978-7-5603-9807-5
定 价 68.00 元

《文史通义·卷一》书教下说:

> “撰述欲其圆而神,记注欲其方以智也.夫智以藏往,神以知来.记注欲往事之不忘,撰述欲来者之兴起.故记注藏往似智,而撰述知来似神也.藏往欲其赅备无遗,故体无一定而其德为方.知来欲其决择去取,故例不拘常而其德为圆.”

这一段“体圆方智”,用《周易》的说法,说得有些玄,其实无非是说明记注(方智),撰述(法圆)之别.

目录

函　数　论

蒂奇马什　著
刘培杰数学工作室　译

编辑手记

2014年美国大学排行榜新鲜出炉了,结果如下:

1. 威廉姆斯学院
2. 斯坦福大学
3. 斯沃斯摩尔学院
4. 普林斯顿大学
5. 麻省理工学院
6. 耶鲁大学
7. 哈佛大学
8. 博莫纳学院
9. 西点军校
10. 艾姆赫斯特学院

对于这个排行榜有人给出了这样的评论:

> 有一个有趣的现象,美国的顶尖大学都集中在东北部,西海岸的顶级学校偏少.有人感慨,阳光越好的地方,学校越差.

这个不是规律的规律在英国同样有效.英国伦敦的天气之差、阳光之少世界闻名,但大学却是同样著名.本书的作者、英国著名数学家蒂奇马什就曾就读于牛津大学,还曾任教于伦敦大学.

牛津大学(University of Oxford,简称 Oxon) 是一所位于英国牛津市的公立大学(牛津市距伦敦 90 多千米),建校于 1167 年,为英语世界中最古老的大学,也是世界上现存第二古老的高等教育机构,被公认为当今世界最顶尖的高等教育机构之一. 牛津大学是一所在世界上享有顶尖大学声誉、巨大影响力的知名学府.

牛津大学是英国研究型大学罗素大学集团、欧洲顶尖大学科英布拉集团、欧洲研究型大学联盟以及 Europaeum 中的核心成员.

我们再详细介绍一下作者的情况:

蒂奇马什(Titchmarch,1899—1963),英国人,1899 年 6 月 1 日出生,1923 年开始从事学术研究,在英国许多大学工作过. 他 1931 年起在牛津大学任教,晚年任该大学数学研究所所长达 10 年之久. 他于 1963 年 1 月 18 日逝世.

蒂奇马什是哈代的学生,他在傅里叶级数、傅里叶积分、微分方程、整数论以及复变函数论等方面都做出了贡献. 他发表了 130 多篇论著,主要有《整函数的零点》(1926)、《傅里叶积分理论导引》(1937)、《函数论》(1939)、《黎曼 ζ - 函数》(1951,我们工作室已计划出版) 和《与二阶微分方程相联系的本征函数展开》(英文版,1946;中译本,上海科学技术出版社,1964).

本书是我们工作室出版蒂奇马什的第一部著作,以后会陆续全部出版,因为它们都可被称为数学史上的伟大著作.

2014 年 9 月 1 日的《时代》(*Time*) 杂志,刊登了专栏作家朱尔·斯泰因(Joel Stein) 寄语大学一年级新生的文章"人文学科,太人文学科"(Humanities,All Too Humanities),呼吁学生应该多多学习"伟大著作" 而不是伟大的应用软件.

虽然有人质疑我们工作室这种钻故纸堆的出版方式,但我们坚信,对于大师的杰作一定是越老越值钱. 记得有一篇八卦爱因斯坦的文章中有一段是这样写的:

> 这个比爱因斯坦小 22 岁的美女来自布拉格——全球第一个聘请爱因斯坦为讲席教授的美丽城市. 他

们第一次见面是在布拉格的玛塔芳塔沙龙,卡夫卡常去的地方.1939 年范约娜只身移民美国,在爱因斯坦的帮助下考入北卡罗来纳大学图书管理学院,后任职于普林斯顿大学图书馆.

这部开始于 1952 年的日记给世界留下了爱因斯坦最后两年生命的绝对隐私.像所有老男少女的黄昏恋一样,爱因斯坦对范约娜十足溺爱.他不仅给范约娜写下缠绵悱恻的情书,还几乎天天给她打电话.他们一起泛舟大湖,出席音乐会.爱因斯坦给她画漫画头像,甚至允许范约娜在太岁头上动土,剪他那乱蓬蓬的头发.

爱因斯坦从未对一个女人如此温柔.爱因斯坦被烧成灰之后还在呵护范约娜:他临终前将"统一场"理论演算草稿密赠范约娜,以备不时之需.他从未送过第二个女人如此珍贵的礼物.结果爱因斯坦逝世后范约娜将这部手稿卖了 8 000 美元.都说美女因为愚蠢而可爱,范约娜是最有力的证明:这手稿卖 80 万美元还差不多!

爱因斯坦当年写下人类历史上最著名公式"$E=MC^2$"的那张纸在 1996 年被估价 400 万欧元.但是范约娜这个糟糕的卖家却为我们留下了精彩的爱因斯坦.她的日记是一座丰富的金矿,随处可见爱因斯坦思想的光辉.给我印象最深的是爱因斯坦对她说:"物理学家说我是数学家,而数学家又说我是物理学家.在科学界我没有同伴,世界上每一个人都认识我,可我依然如此孤独,几乎没人真正了解我."

蒂奇马什在中国最著名的弟子是北京大学教授闵嗣鹤.

闵嗣鹤 1945 ~ 1947 年在英国牛津大学留学期间,在蒂奇马什指导下研究解析数论,闵嗣鹤完成 5 篇研究论文,4 篇发表于 1947 年,1 篇发表于 1949 年,其中 2 篇是他在陈省身、华罗庚指导的相关研究基础上完成的.

发表于1949年的论文"关于$\zeta\left(\frac{1}{2}+\mathrm{i}t\right)$的阶"是闵嗣鹤博士论文的一部分，研究的是$\zeta$函数论中的著名问题：对泽塔(Zeta)函数$\zeta\left(\frac{1}{2}+\mathrm{i}t\right)$阶的估计，即求$\theta$的一个上界使得

$$\zeta\left(\frac{1}{2}+\mathrm{i}t\right)=O(t^{\theta})$$

自Corput和Koksma在1930年证明了$\theta\leqslant\frac{1}{6}$以后，经Walfisz，Phillips等人的努力，蒂奇马什在1942年将该结果改进为$\theta\leqslant\frac{19}{116}$. 闵嗣鹤在他的论文中，通过改进二维Weyl指数和

$$\sum\sum \mathrm{e}^{2\pi \mathrm{i}f(m,n)}$$

证明了

$$\zeta\left(\frac{1}{2}+\mathrm{i}t\right)=O(t^{\frac{15}{92}+\varepsilon})$$

其中ε是任意大于0的常数，得到了当时最好的结果.

数学中最著名的猜想之一是黎曼(Riemann)猜想：黎曼-泽塔函数$\zeta(s)$的全部复零点均位于直线$\frac{1}{2}+\mathrm{i}t$上. 黎曼猜想可以这样表述：记复数$s=\sigma+\mathrm{i}t$，令$N(T)$等于$\zeta(s)$在区域

$$0\leqslant t\leqslant T,\frac{1}{2}\leqslant\sigma\leqslant 1$$

中的零点的个数. 令$N_0(T)$等于$\zeta(s)$在直线

$$0\leqslant t\leqslant T,\sigma=\frac{1}{2}$$

上的零点的个数. 显然$N_0(T)\leqslant N(T)$. 黎曼猜想就是要证明

$$N_0(T)=N(T)$$

ζ函数论中的一个著名问题：定出尽可能大的常数A使得

$$N_0(T)>AN(T)$$

闵嗣鹤在1956年的论文"论黎曼函数的非明显零点"中首先定出了$A>\frac{1}{1\ 600}$. 该结果直到1974年才被N. Levinson所改进. 1989年B. Conrey证明了存在常数T_0，使得对所有$T>T_0$，

$N_0(T) > 0.4N(T)$. 2004 年 10 月，法国的 X. Gourdon 和 P. Demichel 验证了黎曼 - 泽塔函数的前十万亿个零点在直线 $\frac{1}{2} + \mathrm{i}t(-\infty < t < +\infty)$ 上. 然而黎曼猜想至今还未获得最终解决.

1954 年闵嗣鹤对黎曼 - 泽塔函数 $\zeta(s)$ 做了推广，提出了一种新的函数

$$Z_{n,k}(s) = \underbrace{\sum_{x_1=-\infty}^{+\infty} \cdots \sum_{x_k=-\infty}^{+\infty}}_{|x_1|+\cdots+|x_k|\neq 0} \frac{1}{(x_1^n + \cdots + x_k^n)^s}$$

其中 n 是正偶数. 他证明了 $Z_{n,k}(s)$ 与 $\zeta(s)$ 一样可延拓到整个复数平面，其唯一奇点是简单极点，给出了 $Z_{n,k}(s)$ 的阶的估计. 1956 年他还推出了 $Z_{n,k}(s)$ 的均值公式，由于推导中引用了蒂奇马什著作中的一个错误定理，闵嗣鹤和他的学生尹文霖在一篇 1958 年的论文"关于 $Z_{n,k}(s)$ 的均值公式"中对均值公式进行了改正. 他们还进一步研究了 $Z_{n,k}(s)$ 的性质，建立了 $Z_{n,k}(s)$ 函数的基本理论.

闵嗣鹤最为人称道的是他对陈景润的帮助与扶持. 他们之间的交往大约始于 1963 年. 陈景润经常去闵嗣鹤家请教，有时对问题有不同见解就进行热烈讨论，师生之间亲密无间，使陈景润获益匪浅. 尤其是闵嗣鹤正直的为人，严谨的学风，不分亲疏乐于助人的精神，赢得了陈景润对他的尊敬、钦佩和信任. 1966 年 5 月 15 日，《科学通报》第 17 卷第 9 期上发表了陈景润有关哥德巴赫(Goldbach)猜想的著名论文"大偶数表为一个素数及一个不超过二个素数的乘积之和"(1 + 2)的简报，陈景润一拿到这期杂志，首先想到的是关心与指导他的闵老师，在杂志封面上端端正正地写上了:"敬爱的闵老师:非常感谢您对学生的长期指导，特别是对本文的详细指导. 学生陈景润敬礼! 1966.5.19." 并立即将该期杂志送给最关心、最支持他的闵老师. 陈景润关于该定理的证明极其复杂，有 200 多页，无法在当时的有关刊物上发表. 因此国内外学术界对他有关(1 + 2)证明的正确性持怀疑态度的大有人在. 为了说服众人，他不断地简化和改进关于(1 + 2)的论证.

时间一晃过了7年,在1973年的寒假,陈景润终于把自己心血的结晶——厚厚的一叠关于(1+2)简化证明的手稿送请他最信任的闵嗣鹤老师审阅.这是一件十分繁重且费神的工作,当时闵嗣鹤的冠心病经常发作,本来需要好好休息一下,但他知道陈景润的这一关于(1+2)简化证明如果正确将是对解析数论的一个历史性的重大贡献,是中国数学界的光荣.因此,他放弃了休息,不顾劳累与疾病,逐步细心审阅,最后判定陈景润的证明是正确的.闵嗣鹤高兴极了,他看到在激烈的竞争中,新中国自己培养的青年数学家,在解析数论一个最重要的问题——Goldbach猜想的研究上,又一次取得了世界领先地位.

陈景润在1973年3月13日将他的这篇论文投给了《中国科学》杂志,该杂志请闵嗣鹤和王元作为陈景润的论文评审人.据家属回忆,闵嗣鹤很快进行了回复,在他的评审意见中强调:该文意义重大,证明正确,建议优先发表.陈景润的著名论文以18页的篇幅立即在1973年第2期的《中国科学》A辑上全文发表了,并随即在国际数论界引起了轰动,陈景润有关Goldbach猜想(1+2)的证明被学术界称为陈氏定理.潘承洞、王元等后来做出了陈氏定理的简化证明.由于在研究Goldbach猜想上取得的杰出成就,陈景润、王元和潘承洞共同荣获了1982年国家自然科学奖一等奖.正如当年闵嗣鹤冷静而正确地指出的:要最终解决Goldbach猜想还要走很长的一段路.41年过去了,陈氏定理尚未被超越,Goldbach猜想仍未最终得到解决.

现在有些读者说:这些经典都应由大社出版,小社就别考虑了.美国著名出版家小赫伯特·史密斯·贝利在《图书出版的艺术和科学》一书中指出:“出版社并不因它经营管理的才能出名,而是因它所出版的书出名.”我们只要坚持出版经典,总有一天会出名成为大社的.

刘培杰

2014年10月15日

于哈工大

108 个代数问题：来自 AwesomeMath 全年课程

蒂图·安德雷斯库
阿迪亚·加内什　著
李鹏　译

编辑手记

这是一本由美国著名奥数教练写给天才少年的试题集.

心理学上有著名的弗林效应：过去一个世纪以来，人的平均智商在以每十年 2 至 3 分的速度增长. 而且，这个分数还在持续攀升中. 难怪有人感慨，这一代的孩子长大了，跟我们大概不属于同一个物种. 我们是人类 1.0，他们就是人类 2.0.

所以要想给这些人编点题做并不是件容易的事.

当今社会是一个资讯泛滥的社会，各种信息铺天盖地. 数学题目也是如此，用题海早已不足以形容，但多和好并不等价. 一位中国现代著名诗人曾自谦说自己：诗多，好的少. 借用以形容数学题是恰当的.

本书题目经过作者精心挑选和命制，既经典又优美. 而且加以 Richard Stong 博士和 Mircea Becheanu 博士的修正及完善臻于完美. 举一例说明：

在本书刚开始的第 2 章“让我们来做因式分解”中有如下一段：

> 我们最后来看下面这个有用的代数恒等式
>
> $$a^3+b^3+c^3-3abc=(a+b+c)(a^2+b^2+c^2-ab-bc-ca)$$
>
> 当然，我们原则上可以简单地将等式右边展开来证明

它. 然而,假设我们被要求对表达式 $a^3+b^3+c^3-3abc$ 因式分解. 那么为此,考虑根为 a,b,c 的多项式 $P(x)$

$$\begin{aligned}P(x)&=(x-a)(x-b)(x-c)\\&=x^3-(a+b+c)x^2+(ab+bc+ca)x-abc\end{aligned}$$

由于 a,b,c 是根,注意到

$$P(a)=P(b)=P(c)=0$$

给出了下面三个方程

$$a^3-(a+b+c)a^2+(ab+bc+ca)a-abc=0$$
$$b^3-(a+b+c)b^2+(ab+bc+ca)b-abc=0$$
$$c^3-(a+b+c)c^2+(ab+bc+ca)c-abc=0$$

现在将这三个式子相加并把 $a^3+b^3+c^3-3abc$ 分离在等式的一侧,我们得到

$$\begin{aligned}&a^3+b^3+c^3-3abc\\=&(a+b+c)(a^2+b^2+c^2)-\\&(ab+bc+ca)(a+b+c)\\=&(a+b+c)(a^2+b^2+c^2-ab-bc-ca)\end{aligned}$$

我们注意到

$$\begin{aligned}&a^2+b^2+c^2-ab-bc-ca\\=&\frac{1}{2}[(a-b)^2+(b-c)^2+(c-a)^2]\geqslant 0\end{aligned}$$

其等号成立当且仅当 $a=b=c$. 因此

$$a^3+b^3+c^3=3abc$$

当且仅当 $a=b=c$ 或 $a+b+c=0$. 本书的前篇《105个代数问题:来自 AwesomeMath 夏季课程》有一个小节,其中的大量问题都是用这个恒等式解决的.

其实这个恒等式在中国早被人们所熟知,比如下例:

题目1 求出不定方程

$$x^3+y^3+z^3-3xyz=0 \tag{1}$$

的全部整数解.

解 设 (x_1,y_1,z_1) 是方程(1)的一组整数解,则由方程(1)得

$$x_1^3+y_1^3+z_1^3-3x_1y_1z_1$$
$$=(x_1+y_1+z_1)(x_1^2+y_1^2+z_1^2-x_1y_1-x_1z_1-y_1z_1)=0$$

故得

$$x_1+y_1+z_1=0 \tag{2}$$

或

$$x_1^2+y_1^2+z_1^2-x_1y_1-x_1z_1-y_1z_1=0 \tag{3}$$

由式(3)得

$$(x_1-y_1)^2+(x_1-z_1)^2+(y_1-z_1)^2=0 \tag{4}$$

即

$$x_1=y_1=z_1$$

所以,设

$$x=y=z=\mu \tag{5}$$

或

$$x=\nu,y=\omega,z=-\nu-\omega \tag{6}$$

或

$$x=\nu,y=-\nu-\omega,z=\omega \tag{7}$$

或

$$x=-\nu-\omega,y=\nu,z=\omega \tag{8}$$

则任给整数 μ,ν,ω 都得出方程(1)的整数解 (x,y,z). 故式(5)(6)(7)(8)给出了方程(1)的全部整数解.(出自柯召,孙琦《初等数论 100 例》,上海教育出版社,1980 年版,第 26 题.)

近年这个恒等式又被广泛地应用于各级各类考试中,如:

题目2 (复旦大学自主招生试题)设 x_1,x_2,x_3 是方程 $x^3+x+2=0$ 的三个根,则行列式 $\begin{vmatrix} x_1 & x_2 & x_3 \\ x_2 & x_3 & x_1 \\ x_3 & x_1 & x_2 \end{vmatrix}=($ $)$.

A. -4　　B. -1

C. 0　　D. 2

解　由三次方程的 Vieta 定理有

$$x_1+x_2+x_3=0$$
$$x_1x_2+x_2x_3+x_3x_1=1$$
$$x_1x_2x_3=-2$$

由行列式定义

$$D = 3x_1x_2x_3 - (x_1^3 + x_2^3 + x_3^3)$$

故选 C.

题目 3 （美国数学邀请赛试题）已知 r,s,t 为方程 $8x^3 + 1\ 001x + 2\ 008 = 0$ 的三个根，求 $(r+s)^3 + (s+t)^3 + (t+r)^3$.

解 利用公式

$$\begin{aligned} & x^3 + y^3 + z^3 - 3xyz \\ = & (x+y+z)(x^2+y^2+z^2-xy-yz-zx) \end{aligned}$$

令

$$x = r+s, y = s+t, z = t+r$$

由 Vieta 定理

$$r+s+t = 0$$

故

$$x+y+z = 0$$

所以

$$\begin{aligned} x^3 + y^3 + z^3 &= 3xyz = 3(-t)(-r)(-s) \\ &= -3rst = 3 \times \frac{2\ 008}{8} = 753 \end{aligned}$$

题目 4 （2013 年清华大学保送生试题）已知 $abc = -1$，$\frac{a^2}{c} + \frac{b}{c^2} = 1, a^2b + b^2c + c^2a = t$，求 $ab^5 + bc^5 + ca^5$ 的值.

解法 1 由 $abc = -1$，得

$$b = -\frac{1}{ac}$$

再由

$$\frac{a^2}{c} + \frac{b}{c^2} = 1$$

得

$$a^2c + b = c^2$$

结合 $abc = -1$，我们可以对称地得到轮换式

$$b^2a + c = a^2, c^2b + a = b^2$$

即

$$\frac{b^2}{a} + \frac{c}{a^2} = 1, \frac{c^2}{b} + \frac{a}{b^2} = 1$$

于是

$$a^5c=a^3(a^2c)=a^3c^2-a^3b$$

同理可得

$$b^5a=b^3a^2-b^3c,c^5b=c^3b^2-c^3a$$

因此

$$\begin{aligned}ab^5+bc^5+ca^5&=b^3a^2-b^3c+c^3b^2-c^3a+a^3c^2-a^3b\\&=(b^3a^2-ac^3)+(a^3c^2-cb^3)+(c^3b^2-ba^3)\\&=(abc)^2\left(\frac{b}{c^2}-\frac{c}{ab^2}+\frac{a}{b^2}-\frac{b}{ca^2}+\frac{c}{a^2}-\frac{a}{bc^2}\right)\\&=\frac{b}{c^2}+\frac{c^2}{b}+\frac{a}{b^2}+\frac{b^2}{a}+\frac{c}{a^2}+\frac{a^2}{c}=3\end{aligned}$$

解法 2 由 $abc=-1$ 得

$$b=-\frac{1}{ac}$$

代入

$$\frac{a^2}{c}+\frac{b}{c^2}=1$$

整理得

$$a^3c^2=ac^3+1$$

从而

$$\begin{aligned}ab^5+bc^5+ca^5&=-\frac{1}{a^4c^5}-\frac{c^4}{a}+ca^5=\frac{a^9c^6-1-a^3c^9}{a^4c^5}\\&=\frac{(ac^3+1)^3-1-a^3c^9}{a^4c^5}=\frac{3(a^2c^6+ac^3)}{a^4c^5}\\&=\frac{3(ac^3+1)}{a^3c^2}=3\end{aligned}$$

这两个解法技巧性都比较强,但下面这个解法就比较容易接受.

解法 3 由 $abc=-1$,可设

$$a=-\frac{y}{x},b=-\frac{z}{y},c=-\frac{x}{z}$$

代入$\frac{a^2}{c}+\frac{b}{c^2}=1$,得

$$x^3y+y^3z+z^3x=0$$

从而

$$\begin{aligned} ab^5+bc^5+ca^5 &= \frac{z^5}{xy^4}+\frac{x^5}{yz^4}+\frac{y^5}{zx^4} \\ &= \frac{z^9x^3+x^9y^3+y^9x^3}{x^4y^4z^4} \\ &= \frac{3(x^3y)(y^3z)(z^3x)}{x^4y^4z^4} \\ &= \frac{3x^4y^4z^4}{x^4y^4z^4}=3 \end{aligned}$$

(利用若 $a+b+c=0$,则 $a^3+b^3+c^3=3abc$).

题目 5 (2008 年上海交通大学保送生试题) 若函数 $f(x)$ 满足

$$f(x+y)=f(x)+f(y)+xy(x+y) \tag{1}$$

$$f'(0)=1$$

求函数 $f(x)$ 的解析式.

解 因为

$$xy(x+y)=(-x)(-y)(x+y)$$

注意到

$$-x-y+(x+y)=0$$

故

$$(-x)^3+(-y)^3+(x+y)^3=3xy(x+y)$$

由

$$\begin{aligned} &f(x+y)=f(x)+f(y)+xy(x+y) \\ \Rightarrow &f(x+y)=f(x)+f(y)+\frac{1}{3}[(x+y)^3-x^3-y^3] \\ \Rightarrow &f(x+y)-\frac{1}{3}(x+y)^3=f(x)-\frac{1}{3}x^3+f(y)-\frac{1}{3}y^3 \end{aligned}$$

令 $g(x)=f(x)-\frac{1}{3}x^3$,则式(1) 化为

$$g(x+y)=g(x)+g(y) \tag{2}$$

由于 $f'(0)=1$,则 $f(x)$ 在 $x=0$ 处连续. 由此可知式(2) 是一个 Cauchy 方程,其解为 $g(x)=ax$(其中 $a=g(1)$),所以

$$f(x)=\frac{1}{3}x^3+ax$$

那么

$$f'(x)=x^2+a$$

再由 $f'(0)=1$,知 $a=1$. 所以

$$f(x)=\frac{1}{3}x^3+x$$

注 Cauchy 方程 $g(x+y)=g(x)+g(y)$ 中,不一定非要求 $g(x)$ 连续,其实 $g(x)$ 只要单调或在某一点处连续均可以得到 Cauchy 方程的解为 $g(x)=ax$,其中 $a=g(1)$.

这个恒等式甚至还引起了数学史工作者的注意,如林开亮博士就提出了猜想:

已知

$$\begin{aligned}&x^3+y^3+z^3-3xyz\\&=(x+y+z)\left[\frac{1}{2}((x-y)^2+(x-z)^2+(y-z)^2)\right]\end{aligned}$$

问:$x^4+y^4+z^4+w^4-4xyzw$ 可否分解为 $\sum\limits_{i\neq j}(x_i-x_j)^2$ 与某因子的乘积,乃至更一般的

$$x_1^n+\cdots+x_n^n-nx_1\cdots x_n$$

如果回答"是",那么具体表达式又如何?

注 $n=2$ 的情况

$$x^2+y^2-2xy=(x-y)^2\cdot 1$$

即使是在被充分挖掘了的园地中,本书作者还是能提出新的应用.

在本书的第 14 页就给出了一个精彩应用:

证明:对于任何正整数 m 和 n,数 $8m^6+27m^3n^3+27n^6$ 都是合数.

证 看到有两项可以被 3 整除,并且有很多立方,我们想起了恒等式

$$\begin{aligned}&x^3+y^3+z^3-3xyz\\&=(x+y+z)(x^2+y^2+z^2-xy-yz-zx)\end{aligned}$$

我们试着用某种方式重写这个表达式,使得可以用上这个因式分解. 将前两项写成立方的形式并将 $27m^3n^3$ 拆开,我们有

$$\begin{aligned}&8m^6+27m^3n^3+27n^6\\=&(2m^2)^3+(3n^2)^3-27m^3n^3+54m^3n^3\\=&(2m^2)^3+(3n^2)^3+(-3mn)^3-\\&3(2m^2)(3n^2)(-3mn)\end{aligned}$$

现在,这个式子就形如$x^3+y^3+z^3-3xyz$了,那么我们就可以使用上面提到的恒等式,这里$x=2m^2,y=3n^2,z=-3mn$.这给出了

$$\begin{aligned}&(2m^2)^3+(3n^2)^3+(-3mn)^3-\\&3(2m^2)(3n^2)(-3mn)\\=&(2m^2+3n^2-3mn)(4m^4+9n^4+\\&9m^2n^2-6m^2n^2+9mn^3+6m^3n)\end{aligned}$$

因此,$2m^2+3n^2-3mn$总是$8m^6+27m^3n^3+27n^6$的一个因子.为了完成证明,我们使用m和n都是正整数这一事实,现在只要证明

$$1<2m^2+3n^2-3mn<8m^6+27m^3n^3+27n^6$$

这保证了乘积不会因为等于1乘以一个素数而成为素数.事实上,因为$3mn>0$,我们有

$$\begin{aligned}&2m^2+3n^2-3mn\\<&2m^2+3n^2\\<&8m^6+27m^3n^3+27n^6\end{aligned}$$

另一方面

$$2m^2+3n^2-3mn=2(m-n)^2+n^2+mn>1$$

于是我们得到$8m^6+27m^3n^3+27n^6$是合数.

不仅如此,在本书的186页还给出了另一个新应用:

设k是整数,并且设

$$n=\sqrt[3]{k+\sqrt{k^2-1}}+\sqrt[3]{k-\sqrt{k^2-1}}+1$$

证明:n^3-3n^2是整数.

证 令

$$a=\sqrt[3]{k+\sqrt{k^2-1}}$$

且

$$b=\sqrt[3]{k-\sqrt{k^2-1}}$$

那么 $n=a+b+1$. 这等价于

$$a+b+(1-n)=0$$

现在,回想 $x+y+z=0$ 推出 $x^3+y^3+z^3=3xyz$, 这已在第2章的理论部分证明过.

令 $x=a, y=b, z=1-n$, 我们有

$$a^3+b^3+(1-n)^3=3ab(1-n)$$

然而

$$ab=\sqrt[3]{(k+\sqrt{k^2-1})(k-\sqrt{k^2-1})}=\sqrt[3]{1}=1$$

并且

$$a^3+b^3=k+\sqrt{k^2-1}+k-\sqrt{k^2-1}=2k$$

于是前面的关系式就等价于

$$2k-(n-1)^3=-3(n-1)$$

整理后得到

$$n^3-3n^2=2k-2$$

在首届全国数学奥林匹克命题比赛中,北京大学的张筑生教授所提供的试题获唯一的一个一等奖. 题目为:空间中有1 989个点,其中任何三点不共线. 把它们分成点数互不相同的30组,在任何三个不同的组中各取一点为顶点作三角形. 要使这种三角形的总数最大,各组的点数应为多少?

解 当把这1 989个点分成30组,每组点数分别为 $n_1<n_2<\cdots<n_{30}$ 时,顶点分别在三个组的三角形的总数为

$$S=\sum_{1\leqslant i<j<k\leqslant 30} n_in_jn_k \tag{1}$$

1. $n_{i+1}-n_i\leqslant 2, i=1,2,\cdots,29$. 若不然,设有 i_0 使 $n_{i_0+1}-n_{i_0}\geqslant 3$,不妨设 $i_0=1$. 我们将式(1)改写为

$$S=n_1n_2\sum_{i=3}^{30}n_i+(n_1+n_2)\sum_{3<j<k<30}n_jn_k+\sum_{3<i<j<k<30}n_in_jn_k \tag{2}$$

令 $n_1'=n_1+1, n_2'=n_2-1$, 则 $n_1'+n_2'=n_1+n_2, n_1'n_2'>n_1n_2$. 当用

n_1', n_2'代替n_1, n_2,而$n_3, \cdots, n_{30}$不动时,S值变大,矛盾.

2. 使$n_{i+1} - n_i = 2$的i值不多于1个. 若有$1 \leqslant i_0 < j_0 \leqslant 29$,使$n_{i_0+1} - n_{i_0} = 2, n_{j_0+1} - n_{j_0} = 2$,则当用$n_{i_0}' = n_{i_0+1} + 1, n_{j_0+1}' = n_{j_0+1} - 1$代替$n_{i_0}, n_{j_0+1}$,而其余$n_k$不动时,容易看出$S$值变大,不可能.

3. 使$n_{i+1} - n_i = 2$的i值恰有一个. 若对所有$1 \leqslant i \leqslant 29$,均有$n_{i+1} - n_i = 1$,则30组的点数可分别为$m - 14, m - 13, \cdots, m, m + 1, \cdots, m + 15$. 这时

$$(m - 14) + \cdots + m + (m + 1) + \cdots + (m + 15) = 30m + 15$$

即点的总数是5的倍数,不可能是1 989.

4. 设第i_0个差$n_{i_0+1} - n_{i_0} = 2$,而其余的差均为1,于是可设

$$n_i = m + j - 1 \quad (j = 1, \cdots, i_0)$$

$$n_j = m + j \quad (j = i_0 + 1, \cdots, 30)$$

因而有

$$\sum_{j=1}^{i_0} (m + j - 1) + \sum_{j=i_0+1}^{30} (m + j) = 1\ 989$$

$$30m + \sum_{j=1}^{30} j - i_0 = 1\ 989$$

$$30m - i_0 = 1\ 524$$

可见,$m = 51, i_0 = 6$,即30组点的数目分别为

$$51, 52, \cdots, 56, 58, 59, \cdots, 82$$

这个试题的核心是处理$S = \sum_{1 \leqslant i < j < k \leqslant 30} n_i n_j n_k$,对于它的一种特殊情况的一般性结论在本书中有所体现.

计算$\sum_{1 \leqslant i < j < k \leqslant n} ijk$.

解 令

$$S_1 = \sum_{i=1}^{n} i, S_2 = \sum_{1 \leqslant i < j \leqslant n} ij, S_3 = \sum_{1 \leqslant i < j < k \leqslant n} ijk$$

再令

$$P_1 = \sum_{i=1}^{n} i, P_2 = \sum_{i=1}^{n} i^2, P_3 = \sum_{i=1}^{n} i^3$$

我们熟知

$$S_1 = P_1 = \frac{n(n+1)}{2}$$

$$P_2 = \frac{n(n+1)(2n+1)}{6}$$

$$P_3 = \left(\frac{n(n+1)}{2}\right)^2$$

我们可以使用 Newton 恒等式来解出题目中欲求的量 S_3. 首先,我们有

$$\begin{aligned} S_2 &= \frac{1}{2}(P_1^2 - P_2) \\ &= \frac{1}{2}\left(\frac{n^2(n+1)^2}{4} - \frac{n(n+1)(2n+1)}{6}\right) \\ &= \frac{n(n^2-1)(3n+2)}{24} \end{aligned}$$

现在,我们就可以用已经知道的表达式来表示出欲求的量 S_3

$$\begin{aligned} S_3 &= \frac{1}{3}(P_3 - P_1^3 + 3P_1S_2) \\ &= \frac{1}{3}\left(\frac{n^2(n+1)^2}{4} - \frac{n^3(n+1)^3}{8} + \right. \\ &\quad \left. 3\left(\frac{n(n+1)}{2}\right)\left(\frac{n(n^2-1)(3n+2)}{24}\right)\right) \\ &= \frac{1}{48}(n+1)^2n^2(n-1)(n-2) \end{aligned}$$

本书作者试图用奥数的手段挖掘天才少年,这是一个可行的方案.

曾经,美国的一个天才儿童军团借此取得了辉煌的战果. SMPY(Study of Mathematically Precocious Youth),大体可以翻译成“关于数学能力早熟青少年的研究”,是美国心理学家朱利安·斯坦利1971年在约翰·霍普金斯大学启动的一个超常儿童研究项目.

这个机构在45年的时间里追踪了美国约5 000名在全国排名1%的超常儿童的职业和成就(这些孩子基本上都在青春期

早期就考上了大学),这也是美国历史上持续时间最长的一次对超常儿童的纵向调查,调查内容包括他们从小到大在学校各个年级的表现,大学的录取率,硕、博士学位的获得率,科研专利的获得率,论文发表数量,进入职场后的年收入水平,等等.结果发现当年占据金字塔尖1%的孩子都成了一流科学家、世界500强的CEO、联邦法官、亿万富翁.其中最著名的人物如数学家陶哲轩、脸书创始人扎克伯格、谷歌联合创始人谢尔盖·布林.一点不夸张地说,这些人塑造了我们今天的世界.

斯坦利的研究有两点与众不同之处.第一,他没有使用IQ测试,而是用SAT的数学考试来选拔具有数学天赋的超常儿童.也就是说,数学能力比智商更能预测一个人在科学技术领域的成就.第二,他们的研究还表明了空间能力的重要性——空间能力是创造力与创新的试金石.那么数学和语言能力不怎么突出,但是空间能力出色的孩子往往更可能成为工程师、建筑师和医生.

本书的优秀译者已在另外一本书中介绍了,这里就不多说了.

刘培杰

2018年8月15日

于哈工大

函数方程与不等式
——解法与稳定性结果

约翰·迈克尔·拉西亚斯
E. 萨多帕尼
K. 拉维
B. V. 森西尔·库玛尔　著
刘培杰数学工作室　译

内容简介

本书介绍了广泛意义上的函数方程、函数方程的基本概念、解函数方程的方法、各类函数方程的一般解及稳定性结果的证明等内容,研究了不同空间中稳定性结果的函数方程和函数不等式.

本书适合高等院校数学及相关专业师生使用,也适合数学爱好者参考阅读.

前　言

函数方程是数学中一个非常有趣和有用的领域.它涉及简单的代数运算,却可以获得非常有趣且困难的解法.它几乎涉及了当代纯数学和应用数学的所有领域.

泛函方程理论起源于很久以前,它的理论和方法有助于其他数学分支的发展,如代数、分析和拓扑学等.在函数方程领域中发展起来的新方法和新技术,在物理学、生物学、经济学、力学、几何学、统计学、测度理论、代数几何、群论、天文学、博弈论、模糊集合论、信息理论、编码理论和随机过程等领域都得到了广泛的应用.许多不同领域的数学事实上已经成为函数方程和不等式研究的必要基础.

在过去的五十年左右,我们发现函数方程已经有了很大的发展趋势,许多研究性论文已经发表在不同的期刊中.特别是不同空间中的不同种类的函数方程,比如一般解、稳定性结果、Hyers-Ulam 稳定性、Hyers-Ulam-Rassias 稳定性和广义Hyers-Ulam 稳定性等,这些主题的许多有趣的结果都已经被研究了.有些分散的结果出现在各种期刊上,但不会以专著的形式定期更新.这就促使我们出版本书,书中包含了上述主题的最新成果,以满足科学界的需求.

本书试图以一种教学的方式呈现这个主题的基本原理.在每一章中都提供了足够多的已解决的例子,这些例子将激励读者解决类似的问题.本书将对大四的本科生和研究生以及那些非常喜欢研究函数方程的研究者有很大的帮助.

本书的亮点如下:

· 提供了一种系统的方法来研究函数方程;

· 详细介绍了函数方程的基本思想;

· 包含各种求解函数方程的方法;

· 给出了各类函数方程的一般解和稳定性结果的证明;

· 介绍了函数方程在不同空间中的稳定性的最新研究成果;

· 列出了前一章的练习和问题.

我们希望读者会喜欢本书由简到繁的介绍方式.

作者非常感谢所有的数学家,他们通过在著名的国际期刊上发表非常有价值的研究论文来促进函数方程的持续性发展,我们从中提取了一些他们的研究成果来撰写本书,我们感激他们每一个人.我们的最终目标是将这些广博的知识和函数方程的美妙成果带给年轻一代、崭露头角的数学家、研究学者、学术界人士,在某种程度上,这些知识和成果应该触及越来越多的人,反过来这些人也应该在数学领域的发展中发挥作用.

我们非常感谢 George A. Anastassiou 教授引导并指导我们出版这本书,感谢邝丽方女士和世界科技出版公司在“具体数学与应用数学系列”中出版了我们的书.

J. M. Rassias
E. Thandapani
K. Ravi
B. V. Senthil Kumar

经典场论

伊凡宁柯
索科洛夫　著
黄祖洽　译

内容简介

本书论述了经典场论(即非量子场论),但书中却利用了量子力学中所发展的数学方法,特别是指出了如何利用 δ - 函数去求得格林函数及如何用这些方法去求出经典电动力学中许多问题之解,其中有些问题具有很大的实际意义.

书中详述了许多期刊文献中的结果,其中相当大的一部分是苏联学者的创造性研究. 例如, 介绍了: 切廉科夫(Черенков)"超光速"电子的理论问题,非线性电动力学问题,静质量问题,λ - 过程与双场理论以及"发光"电子的理论. 在最后一章中探讨了有关经典介子动力学及引力的问题,而附录则介绍了真空理论的最新发展.

本书可以作为科学研究工作者及高等学校物理专业高级课程的参考书.

第二版序言

本书全貌在第二版中未做重大改变,除对已发现的误印之处加以改正外,有些章节已加以精确化,并补充了最新文献的引证. 不过,基本粒子和场的物理学(我们的书在相当大的程度上是基本粒子理论及场论的入门）正在不断地迅速发展，这就迫使我们在下列几点中做了更重大的补充.

首先，在“发光”电子的理论中补充了轨道压缩的研究. 其次我们认为，由于近年来所完成的一系列工作（在颇大程度上是由苏联物理学家完成的），不得不修改关于宇宙射线及各种介子起源和本性的材料. 应当特别着重指出，中性介子的发现（1950 年）第一次给经典介子动力学（它的叙述占我们的书的中心地位之一）打下了现实的基础. 以前引进的、假想的中性介子场，现在至少在定性方面已可获得实验的证明.

在核力理论中做了和赝标力理论中消去偶极困难的新方案有关的补充. 此外还特别注意了不久以前关于高速核子散射的实验，这些实验使我们能做出和核力特性有关的重要结论.

我们还增加了一节附录，目的是介绍最新的、在量子真空理论基础上对原子中电子能级移动的解释，以及对电子补充磁矩来源的解释. 量子真空理论在一定程度上也阐明了关于静止质量本性的问题. 还要指出，我们从前在 §34 加以探讨的补偿性双场现在正被用来消去量子的散度. 这个例子再一次证明用经典理论对静止质量问题的初步研究有相当大的启发力.

最后，作者十分高兴地认为应当感谢所有对第一版提供过意见的同志们，作者也很感激本书编者 В. А. Лешковцев 对本书第二版的关心及在编索引时的协助.

Д. 伊凡宁柯　A. 索科洛夫
莫斯科大学物理系
1950 年 11 月

第一版序言

一本经典地（即非量子地）论述各种场及基本粒子的书的出版，无疑需要有所说明. 为电磁场及引力场理论而做的大量专著及教程的存在似乎使经典理论的新论述成为多余. 此外，研究包含基本粒子（特别是介子）的过程通常几乎用不着说，是一定需要量子理论的.

提醒读者注意的是本书决不打算代替通常的电动力学教程.

我们的任务之一在于利用量子理论的某些数学方法来研究经典现象.

因为这个,我们对 δ - 函数理论有系统地加以叙述(第1章). 利用 δ - 函数理论可以描述各种和电荷(点电荷、表面电荷,等等)相关联的特殊点,也可以给格林函数以新的解释. 在第2章及第3章中发展了使我们能在解许多数学物理及电动力学问题时利用 δ - 函数的数学工具. 例如,所谓辐射原理,用 δ - 函数理论表述起来就特别简单.

在这三章中我们特别表明了新方法可以如何用来解决很多老问题. 在这里,我们让读者掌握的只是工具;所有新形式的更严格的论证都提请数学家们去注意.

场及基本粒子的经典理论近年来经历着大家都知道的复兴. 近来发现的许多现象:"超光速" 电子、"发光" 电子以及其他和带电粒子被加速相关的效应,基本上都可以用非量子的相对论理论来描述. 与此同时,对从经典的观点来分析还远没有得到解决的静止质量问题实质的更深刻理解,也有所帮助,至少可以在进一步发展基本粒子理论时起些启发作用. 我们用本书第4章来论述所有这些问题. 这样,在这章中读者可以找到只散见于杂志论文片段中的许多问题的系统论述.

最后,本书最末的第5章主要讨论由于经典介子场论的发展而出现的问题. 虽然能够直接应用经典论述的中性介子(还没有完全确实被发现),但经典介子动力学的很多结果和方法在严格的量子理论(论述中性介子的也好,带电介子的也好)中仍然有用. 在这里我们主要注意有关核力的问题,它是全部现代基本粒子物理的中心问题之一. 就其本身来说,粒子们通过场时相互作用的效应具有经典的本性,因此,无怪乎从经典的论述就已经基本上能够得出很多核力的介子理论的结果. 介子在核子(质子和中子) 上散射而考虑到阻尼的问题,在本章中也加以探讨;这个问题不仅在有关宇宙射线通过物质的理论中重要,而且对于和静止质量本性相关的普遍问题也是重要的. 对引力场的问题只稍微提到一下,主要因为关于引力(联系到它在基本粒子理论中作用的说明）的研究还在摸索的阶段.

所有的这些问题,相当大的部分最先都曾由苏联学者们加以探讨.

虽然我们的论述是讨论经典场论的,但在重要的地方我们都将指出量子推广时所得的进一步结果.

这样,我们的书一方面可以作为对电动力学和场论方面一些有名教程的补充,另一方面它也是当进一步研究时需依靠量子力学的现代基本粒子理论的小引.

Д. 伊凡宁柯　A. 索科洛夫
莫斯科大学物理系
1948 年 9 月

用数学奥林匹克精神解数论问题

迈克尔·罗西亚斯　著

编辑手记

1942 年末,北平一家书店与上海《宇宙风》杂志联合举办了一项名为“谁是最受欢迎的女作家”的读者调查.结果,上海的张爱玲与北平的梅娘并列第一,于是便有了“南玲北梅”之说.

我们工作室每年出版数学图书近 200 种,那么哪些书最受欢迎呢?据读者的反馈是数学奥林匹克和平面几何类图书,所以本书便应运而生.本书作者迈克尔·罗西亚斯(Michael Th. Rassias),在他 15 岁那一年,曾代表希腊参加了当年的 IMO.他获得了一枚银牌,并得到了希腊队的最高分.他是十多年来在这个年纪获得银牌的第一个希腊人.本书取材得当,叙述简洁,通俗易懂.

职业数学家写东西喜欢高度抽象,让一般读者看不懂.正如作家木心先生曾在一篇评价老子的文章中写道:

> 老子的文体与其他的诸子百家截然不同,就是不肯通俗,一味深奥玄妙,也许一边写,一边笑:你读不懂,我也不要你读,我写给懂的人看.

一般按照出版界的规律,写书喜欢请那些功成名就的学术地位得到公认的大家来写,但是这本书是迈克尔·罗西亚斯在雅典国立技术大学电气与计算机工程系的本科读书期间写成的. 本书由一些数论的基础知识构成,还包括迈克尔 · 罗西亚斯在进行奥林匹克训练时用到的一些问题. 他将焦点放在数论上面, 这也是他最开始被数学捕获的领域. 本书像是一位年轻的数学家向他这个年龄段的学生吐露心声,在提供一些特殊问题的解决方案的基础上向他们展示一些数论中他个人喜欢的课题,这些问题中的大部分也出现在本书中. 迈克尔 · 罗西亚斯并不将自己限制于那些特殊问题中. 他还研究经典数论的问题,并提供了广泛的证明结果,这些证明结果读起来就像"初学者想在本书中找到的所有细节" 一样,但这部分常常被忽视.

本着这种精神,本书囊括了勒让德符号和二次互反律、贝特朗假设、黎曼ζ - 函数、素数定理、算术函数、丢番图方程等内容. 本书为对数学感兴趣的年轻人提供了愉快的阅读体验,他们将会对数论中的一些重要问题形成更加容易的理解方式. 书中的题目会为他们提供锻炼解题技巧和应用理论的机会.

在介绍了原理之后,包括对素数集无穷的欧几里得证明方法,紧接着是以简单的矩阵形式展示扩展的欧几里得算法,被称为空白 Blankinship 方法. 对于这个定理的证明有许多种,比较少见的是 H. Furstenberg 在 1955 年给出的吸引人的拓扑证明. 由定义,集合 X 上的拓扑是满足以下条件的集族 T:

(1) $\varnothing, x \in T$;

(2) 对 T 中任何的集族 $(U_i)_{i\in I}$,并集 $\bigcup_{i\in I} U_i$ 也在 T 中;

(3) 对 T 中任何的 $U_1, U_2, \cdots, U_n$,交集 $U_1 \cap U_2 \cap \cdots \cap U_n$ 也在 T 中.

T 的元素称为开集,它们的补集称为闭集. 按照 Bourbaki 精神,这个定义是实轴上开集性质的抽象化.

Furstenberg 的想法是在 $\mathbf{Z}$ 上引入拓扑,即最小拓扑,其中由非常数等差数列所有项组成的所有集合是开集. 作为例子,在这个拓扑中,奇数集合与偶数集合都是开集. 因两个等差数列的交集是等差数列,故 T 的开集恰好是等差数列的并集. 特别的,任何开集是无限集或空集.

若定义

$$A_{a,d} = \{\cdots,a-2d,a-d,a,a+d,a+2d,\cdots\},a\in\mathbf{Z},d>0$$

则由假设 $A_{a,d}$ 是开集,但它也是闭集,因为它是开集 $A_{a+1,d}\cup A_{a+2,d}\cup\cdots\cup A_{a+d-1,d}$ 的补集,因此 $\mathbf{Z}\backslash A_{a,d}$ 是开集.

今设只有有限多个素数存在,例如 $P_1,P_2,\cdots,P_n$,则

$$A_{O,P_1}\cup A_{O,P_2}\cup\cdots\cup A_{O,P_n} = \mathbf{Z}\backslash\{-1,1\}$$

这个开集的并集是以下开集的补集

$$(\mathbf{Z}\backslash A_{O,P_1})\cup(\mathbf{Z}\backslash A_{O,P_2})\cup\cdots\cup(\mathbf{Z}\backslash A_{O,P_n})$$

所以它是闭集. 因此,这个闭集的补集,即 $\{-1,1\}$ 一定是开集. 因为这个集合既不是空集,也不是无限集,所以矛盾. 因此假设不成立,从而有无穷多个素数.

接着整数中的唯一分解定理被详细地指出,并给出了在主理想整环中证明相同事实所必需的基础知识. 在第一章中讨论了有理数和无理数,为 e 和 π 的无理性提供了简洁的综合证明,这是在明确的、扩展的步骤中打破证明的一种对 Rassias 方法的首次尝试.

关于算术函数的一章介绍了麦比乌斯 μ 函数和欧拉 φ 函数的定义与各种除数的和

$$\sigma_a(n) = \sum_{d\mid n} d^a$$

以及麦比乌斯反演公式的证明和应用. 本书作者找到了关于麦比乌斯的一本历史笔记,并在笔记中给数学内容添加了时间和历史的框架.

第三章致力于代数方面,讲述了完全数、梅森数和费马数,并介绍了一些与此相关的开放性问题.

第四章涉及同余、中国剩余定理和关于同余环 $\mathbf{Z}/(n\cdot\mathbf{Z})$ 的一些结果. 这些结果打开了通向本书第二部分的大门.

第五章处理勒让德符号和雅可比符号,给出了高斯关于二次互反律的第一个几何证明. 索洛威算法和斯特拉森算法 —— 这是导致数论基本概念的概率视角的开创性工作, 比如素数 —— 被描述为对雅可比符号的应用. 接下来的章节是分析的内容,介绍了 ζ 和迪利克雷序列. 它们引出了对素数定理的证明,该证明在第九章有完整的陈述. 实际上,第十章和第十一章不仅是向本书问题部分的顺利过渡,其中也包含了很多已解决的例

子,并且通过这些例子引出了一些定理. 在附录的最后两节中,迈克尔·罗西亚斯讨论了卡塔兰猜想.

为本书作序的德国哥廷根大学教授 Preda Mihăilescu 指出:可以通过介绍我最喜欢的问题来结束前言部分,但是我将提出并简要讨论本书中包含的另一个小问题. 这是一个猜想,迈克尔·罗西亚斯在 14 岁时想到了这一问题,并在计算机上进行了仔细的测算,然后才意识到该问题与解析数论中其他更深刻的猜想之间的密切关系. 这些猜想直到今天仍被认为是棘手的问题.

罗西亚斯猜想:对任意素数p,且$p > 2$时一定存在两个素数p_1,p_2,且$p_1 < p_2$,使得

$$p = \frac{p_1 + p_2 + 1}{p_1} \tag{1}$$

这个猜想曾在计算机上经过实证验证,并且与奥林匹克的一系列问题一起出现过. 在这里简单地提到这个猜想的目的是把这个猜想放在它的数学语境中,并把它与进一步知道的猜想联系起来.

乍一看,表达式(1) 是完全令人惊讶的,它可以代表表示素数问题的一些未知范畴. 在表达式(1) 中展开分数

$$(p - 1)p_1 = p_2 + 1$$

因为p是奇素数,所以可以得到以下相对通俗的猜想:对所有的$a \in \mathbf{N}$都有两个素数p,q,使得

$$2ap = q + 1 \tag{2}$$

当然,如果对于任意$a \in \mathbf{N}$,表达式(2) 具有一个解,那么表达式(1) 具有这个解. 因此,罗西亚斯猜想是正确的. 这个新问题的特殊之处在于它要求证明唯一解的存在. 但是,要注意到这个问题与一些著名的问题有关,这些著名的问题要求更普遍地去展现一个无穷素数如何验证某些特定条件.

例如,有一个无穷大的苏菲·吉尔曼素数p,$2p + 1$也是一个素数,有着与其他素数相似的结构,而在罗西亚斯猜想的表达式(2) 中,有一个自由参数a,寻找一对(p,q),在苏菲·吉尔曼问题中,可以考虑p本身也是被素数$2p + 1$约束的参数. 事实是苏菲·

吉尔曼素数的无穷大是公认的猜想,有人预计这些素数的密度是$O\left(\frac{x}{\ln^2(x)}\right)$. 然后通过引入一个常数$a$作为2的因数,并用$-1$代替1,从而得到修正的罗西亚斯猜想. 再加上$q=2p+1$变成$q=2ap-1$,即表达式(2). 由于$a$是一个参数,在这种情况下,并不知道对于每个$a$是否有唯一解. 当$a$固定时,解的问题可以在计算机上象征性地被验证.

还有一个相关的问题是Cunningham链. 给定两个互质整数m,n,Cunningham链是一个素数序列$p_1,p_2,\cdots,p_k$,当$i>1$时,满足$p_{i+1}=mp_i+n$. 有一些为了找到最长的Cunningham链的数学竞赛,可仍没有发现与Cunningham链的长度或频率有关的猜想. 关于表达式(2),在此可考虑$m=2a$和$n=-1$的固定长度为2的Cunningham链. 因此表达式(2)可以简化为:对于任意$a\in\mathbf{N}$,长度是2且参数为$2a,-1$的Cunningham链存在.

通过一般的启发式论证,人们应该期望表达式(2)对每一个固定的a都有一个无穷的解. 解由表达式(2)中的p或q所决定. 因此,我们定义

$$S_x=\{p<ax\mid p\text{是素数并且满足}(2)\}$$

并有计数函数$\pi_r(x)=|S_x|$. 有$O(\ln(x))$,素数$p<x$,并且$2ap-1$是一个奇素数,属于类-1模$2a$. 假设素数在剩余类模$2a$中是等分布的,得到了预期的表达式

$$\pi_r(x)\sim\frac{x}{\ln^2(x)} \tag{3}$$

为了得到罗西亚斯的扩展猜想(2)的解的密度.

Schinzel猜想H可能是关于素数系数分布的最普遍的猜想.

猜想H:考虑s多项式$f_i(x)\in\mathbf{Z}[X]$,$i=1,2,\cdots,s$为正首项系数,得出的结果$F(X)=\prod_{i=1}^{s}f_i(x)$作为一个多项式不能被除了$\pm1$以外的整数分割. 那么至少有一个整数$x$,所有多项式$f_i(x)$都可取其素数值.

当然,当$f_1(x)=x$且$f_2(x)=2ax-1$时,罗西亚斯猜想遵循$s=2$. 现在来回想最初的问题. 对于任意的a,可以证明表达式(2)在素数p,q中至少有一个解吗? 在Schinzel和Sierpiński的

文章中,猜想 H 可以表示为 x 的一个值或 x 的无穷多个值,因为这两个陈述是相同的. 因此,解决罗西亚斯猜想就像证明表达式(2) 有无数的孪生素数一样困难. 当然,不排除因为参数 a 的值的某些特殊的族,该猜想可以被更简单地证明的可能性.

本书甫一出版,便好评如潮,下面随便摘录几个:

> 随机打开这本令人愉快的书的任何一页,读者肯定会在这一页上找到一些有趣的东西. 这本书是用来准备数学竞赛和数学奥林匹克(数论理论部分)的一本很好的"训练手册".
>
> ——F. J. Papp,《数学评论》

> 这本书不是唯一一本把焦点放在数学奥林匹克问题上面的书,但是由于它包含论题和问题的编排结构使它对教育来说益处非凡.
>
> ——Mehdi Hassani,《MAA(美国数学学会)评论》

> 这本书提供了一个精彩的概念和想法以及在数论中的问题和解决方法. 本书所解决的大部分问题都是在国际数学竞赛中出现的,因此具有高度的复杂性. 笔者成功地以一种严谨而又非常简单、有趣的方式提供了解决方案和广泛的循序渐进的证明. 尽管作者是一位非常年轻的数学家(仅有 23 岁),但他是这一领域的杰出专家.
>
> ——Dorin Andrica,《数学文摘》

对于数学书来讲:数论书是最吸引读者的. 因为它有趣又易读,再加上与竞赛有关就更是如此了. 正如有人说:古龙笔下酒鬼多,但偶尔也写茶. 比如,他借李寻欢之口说道:茶只要是烫的,就不会太难喝;好比女人只要是年轻的,就不会太讨厌——后半句又露出古龙的本色来了.

仿此我们是否可说对于图书来讲只要有关数论和竞赛就不会太受冷落. 最近有一则微信在圈中流行,标题为"这是一道难倒了 49 个国家领队外加 4 个专家的竞赛题,抢了当年 12 岁获得 IMO 金牌的陶哲轩的风头,堪称数学竞赛史上最传奇的一道题”,讲的是 1986 年,在波兰举行的第 27 届国际数学奥林匹克竞赛(IMO)上,刚满 10 岁的陶哲轩一脸稚气地进入了考场,创造了 IMO 历史上最年轻选手的传奇. 那一年,陶哲轩得到了 19 分,收获了一枚铜牌. 1987 年,在古巴举行的第 28 届国际数学奥林匹克竞赛上,他得到了 40 分,按理说金牌已经稳稳到手,但是由于那一年满分的选手多达 22 名,所以年仅 11 岁的陶哲轩只收获了一枚银牌. 1988 年,在澳大利亚举办的第 29 届国际数学奥林匹克竞赛上,在 268 名参赛选手中,IMO 历史上堪称奇迹的传奇诞生了,年满 12 岁的陶哲轩获得了 34 分,收获了一枚金牌(金牌线 32 分),可是在那一年,有一道题差点抢了陶哲轩的风头,那是一道难倒了 49 个国家领队外加 4 个数论专家,堪称数学竞赛史上最具传奇色彩的一道题.

1988 年,在澳大利亚举办的第 29 届国际数学奥林匹克竞赛上,有 49 个国家,268 名选手参加了那届比赛,那是中国正式参加 IMO 比赛的第三届(1986 年中国第一次派出 6 名队员),那个时候苏联、罗马尼亚、德国还是 IMO 赛场上的不可匹敌的超级战队. 早在 1977 年,德国就参加了在南斯拉夫举办的第 19 届国际数学奥林匹克竞赛,而在 1982 和 1983 年连续两年拿到了团队总分第一的傲人成绩,可是接下来的 1984 ~ 1987 年连续四年中总分第一分别被苏联、罗马尼亚还有美国抢去,可能是出于报仇心理,所以在这一年德国给 IMO 投稿了一道精心计划已久的题目,而这道题也成功地通过了选题委员会还有会议的表决,成了第 29 届 IMO 的第六题. 六道题目选完了,就当所有人准备开开心心地开始比赛时,由领队们组成的主试委员会却陷入了长久的沉默中,而原因就是德国的这第六题. 由卢森堡、捷克斯洛伐克、英国、爱尔兰还有希腊投稿的前五题,主试委员会比较轻松地就解决了,可是这第六题,主试委员会所有人在思考许久之后还是没有一个人能解答出来,而考试很快就要开始了. 没办法,主试委员会将这道题交给了主办国澳大利亚四位最好的数论专家去做,可是四位专家各自捉摸了一天以后还是一筹莫展,气氛陷入了长久的尴尬和绝望中,连主试委员会中四位澳大利亚最好的数论专家都没办法解开这道题,所有人都确信这道题将会难倒所有的参赛选手,这可能是 IMO 历史上第一次有一道题没有人能解答出来,所有人以绝望的情绪等着成绩公布.不出所有人意料,在 268 名参赛选手中这一道题的平均分数仅有 0.6 分,是当时 IMO 举办了 29 年以来得分率最低的一道题.

就当所有人默默地为这 268 名参赛选手"默哀"的时候,另外一个消息的传出让所有在场的人都震惊不已,这一道难倒了主试委员会还有四位最好的数论专家的超级难题竟然有选手做出来了,而且还不止一个,整整有 11 个人以 7 分(满分)解答了出来,分别是来自罗马尼亚的 Nicuşor Dan 和 Adrian Vasiu、越南的 Ngô Bào Châu、苏联的 Sergei Ivanov 和 Nicolai Filonov,还有来自澳大利亚的 Wolfgang Stöcher、保加利亚的 Zvezdelina Stankova,以及来自中国的陈晞和何宏宇.

下面给出第 29 届国际数学奥林匹克竞赛的第 6 题及解答:正整数 a 与 b,使得 $ab+1$ 整除 a^2+b^2.求证:$\frac{a^2+b^2}{ab+1}$ 是某个正整数的平方.

证法 1 为方便,记

$$f(a,b)=\frac{a^2+b^2}{ab+1} \tag{4}$$

不妨设 $a\geqslant b>0$,并令

$$a=nb-r,n\geqslant 1,0\leqslant r<b \tag{5}$$

将式(5)代入(4),有

$$f(a,b)=\frac{n^2b^2-2nbr+r^2+b^2}{nb^2-br+1} \tag{6}$$

若 $f(a,b)\leqslant n-1$,则有

$$nb(b-r)+r^2+b^2\leqslant br+n-1$$

因为 $n\geqslant 1,b>r\geqslant 0$,所以

$$nb(b-r)\geqslant n,r^2+b^2\geqslant 2br\geqslant br$$

与上式矛盾,故 $f(a,b)\geqslant n$.

若 $f(a,b)\geqslant n+1$,则有

$$r^2+b^2\geqslant nb^2+(n-1)br+(n+1)$$

当 $r=0$ 时,因 $n\geqslant 1$,上式不成立.若 $r>0$,则由(5)知 $n\geqslant 2$,仍

与上式矛盾,故$f(a,b) \leqslant n$. 从而

$$f(a,b)=n \tag{7}$$

现在分两种情况进行讨论.

(1) 若$r=0$,则$a=nb$,由式(6)与(7)得

$$f(a,b)=\frac{n^2b^2+b^2}{nb^2+1}=n$$

即得

$$n=b^2 \tag{8}$$

这时,有

$$f(a,b)=f(b^3,b)=b^2 \tag{9}$$

(2) 若$r>0$,则由式(6)与(7)得

$$f(a,b)=\frac{n^2b^2-2nrb+r^2+b^2}{nb^2-br+1}=n$$

$$n^2b^2-2nbr+r^2+b^2=n^2b^2-nbr+n$$

解出n,得

$$n=\frac{b^2+r^2}{br+1}=f(b,r) \tag{10}$$

欲证n为完全平方数,可对$f(b,r)$继续上述讨论. 由于a,b是有限的正整数,必存在自然数$m(m \geqslant 2)$,使

$$\left.\begin{aligned}a&=nb-r\\b&=nr-s\\&\vdots\\u&=nv-y\\v&=ny\end{aligned}\right\}\text{共 } m \text{ 个等式} \tag{11}$$

这时,有

$$n=f(a,b)=f(b,r)=f(r,s)=\cdots=f(v,y) \tag{12}$$

在式(12)中,已有$v=ny$,从而

$$f(a,b)=f(v,y)=f(ny,y)=f(y^3,y)=y^2$$

$f(a,b)$必是完全平方数.

证法2 设$\dfrac{a^2+b^2}{ab+1}=n$,假设n不是完全平方数,则

$$a^2+b^2-nab-n=0 \tag{13}$$

设(a,b)是满足式(13)的所有正整数对中使$a+b$最小的.

不妨设 $a \geqslant b$,固定 b,n,则式(13) 可看作关于 a 的二次方程.

设 a' 是方程(13) 的另一个根,则有

$$a + a' = nb, aa' = b^2 - n$$

由此可知,a' 也是整数,且

$$a' = \frac{b^2 - n}{a} \tag{14}$$

若 $a' < 0$,则 $n > b^2 > 0$,与

$$a'^2 + b^2 - na'b - n = 0$$

矛盾. 所以 $a' \geqslant 0$.

又由假设 $n \neq b^2$,所以 $a' > 0$,即(a',b) 也是满足式(13) 的正整数对. 于是

$$a' + b \geqslant a + b$$

即 $a' \geqslant a$,代入式(14) 得

$$\frac{b^2 - n}{a} \geqslant a$$

或

$$b^2 - n \geqslant a^2$$

这和所设 $a \geqslant b$ 矛盾. 所以 n 必是一个完全平方数.

证法3　由于$\frac{a^2 + b^2}{ab + 1}$与$\frac{b}{a}$或$\frac{a}{b}$有关,不妨设 $b \geqslant a$,在此需要大致确定出$\frac{a^2 + b^2}{ab + 1}$的范围. 为了精确起见,令 $b = p_1 a + q_1$ $(0 < q_1 \leqslant a)$,这样就有

$$\begin{aligned}
S_1 = \frac{a^2 + b^2}{ab + 1} &= \frac{p_1^2 a^2 + 2p_1 q_1 a + q_1^2 + a^2}{p_1 a^2 + q_1 a + 1} \\
&= p_1 + \frac{p_1 q_1 a + q_1^2 + a^2 - p_1}{p_1 a^2 + q_1 a + 1} \\
&= p_1 + 2 - \frac{p_1 a(a - q_1) + q_1(a - q_1)}{p_1 a^2 + q_1 a + 1} + \\
&\quad \frac{(p_1 - 1)a^2 + p_1 + 2 + q_1 a}{p_1 a^2 + q_1 a + 1}
\end{aligned}$$

注意到

$$0 < q_1 \leqslant a, p_1 \geqslant 1$$

可得

$$p_1 < S_1 < p_1 + 2, q_1 > 0$$

由 S_1 是整数,故 $S_1 = p_1 + 1$,即

$$b = S_1 a - (a - q_1)$$

这时

$$(S_1 a - (a - q_1))^2 + a^2 = (a(S_1 a - (a - q_1)) + 1)S_1$$

即

$$S_1 = \frac{a^2 + (a - q_1)^2}{a(a - q_1) + 1}$$

再令 $a_1 = a - q_1$,则

$$\frac{a^2 + b^2}{ab + 1} = S_1 = \frac{a^2 + a_1^2}{1 + aa_1}$$

类似地,令

$$a = S_2 a_1 - a_2, a_1 = S_3 a_2 - a_3, \cdots$$

最终必有 $a_{t-1} = a_t S_{t+1}$,所以有

$$\frac{a^2 + b^2}{ab + 1} = S_1 = \frac{a^2 + a_1^2}{1 + aa_1} = S_2 = \cdots = \frac{a_{t-2}^2 + a_{t-1}^2}{1 + a_{t-2}a_{t-1}}$$

$$= S_t = \frac{a_t^2 + a_{t-1}^2}{1 + a_t a_{t-1}} = S_{t+1}$$

事实上,将 $a_{t-1} = S_{t+1} a_t$ 代入得

$$\frac{a_t^2 + a_{t-1}^2}{1 + a_t a_{t-1}} = \frac{a_t^2(S_{t+1}^2 + 1)}{1 + a_t^2 S_{t+1}} = S_{t+1}$$

解出 S_{t+1} 有

$$S_{t+1} = a_t^2$$

故

$$S_1 = S_2 = \cdots = S_{t+1} = a_t^2$$

由此可知$\frac{a^2 + b^2}{ab + 1}$为一个平方数,不难发现,a_t 正是 a,b 两数的最大公约数(辗转相除原理). 命题获证.

分析 考察$\frac{a^2 + b^2}{ab + 1}$这个整数,面临的一个障碍就是 $a^2 + b^2$ 与 $ab + 1$ 都是 a,b 的二次多项式,很难用同余、整除的方法将它们联系起来. 这实际上表明$\frac{a^2 + b^2}{ab + 1}$这个量很难描述,因此在这里

利用不等式的方法来描述它.

证法4　因a,b是对称的,故不妨设$b\geqslant a$.由带余数除法知,存在唯一的一对整数m,r_1,使得

$$b=am+r_1,\ -\frac{a}{2}<r_1\leqslant\frac{a}{2}\tag{15}$$

由于$b\geqslant a\geqslant 1$,故必有$m\geqslant 1$.由上式得

$$2\leqslant ab+1=a^2m+ar_1+1$$

$$a^2+b^2=m(ab+1)+a^2+amr_1+r_1^2-m$$

这样,$(ab+1)\mid(a^2+b^2)$就等价于

$$a^2m+ar_1+1\mid a^2+amr_1+r_1^2-m\tag{16}$$

直观地看,除数似应比被除数的绝对值大,所以猜测式(16)应等价于

$$a^2+amr_1+r_1^2-m=0\tag{17}$$

现在设法来证明这一点.从式(17)推出式(16)是显然的.下面来证明:从式(16)可推出式(17).分$m>1$和$m=1$两种情形来讨论.

容易算出

$$\begin{aligned}a^2+amr_1+r_1^2-m&=-(a^2m+ar_1+1)+\\&\quad(m+1)(a^2+ar_1-1)+r_1^2+2\\&>-(a^2m+ar_1+1)\end{aligned}\tag{18}$$

$$\begin{aligned}a^2+amr_1+r_1^2-m&=(a^2m+ar_1+1)-\\&\quad(m-1)(a^2-ar_1+1)+r_1^2-2\end{aligned}\tag{19}$$

当$m>1$时,利用$a^2-ar_1+1\geqslant 2$及$a^2-ar_1+1>r_1^2-2$,从式(18)和(19)推出

$$|a^2+amr_1+r_1^2-m|<a^2m+ar_1+1$$

因此由整除性质知,从式(16)可推出式(17).

当$m=1$时,若式(16)成立,则由式(19)可推出

$$a^2+ar_1+1\mid r_1^2-2\tag{20}$$

由于$0\leqslant|r_1|\leqslant\frac{a}{2}$,所以当$r_1\neq 0$时恒有

$$a^2+ar_1+1\geqslant\frac{a^2}{2}+1\geqslant 2r_1^2+1>|r_1^2-2|>0$$

因而当式(20)成立时必有 $r_1=0$,进而由式(20)推出 $a=1$. 这样,$m=1$ 时必有 $r_1=0,a=1$,显然式(17)也成立.

显见,当 $r_1\geqslant 1$ 时式(17)不可能成立. 因此,式(16)成立时必有

$$-\frac{a}{2}<r_1\leqslant 0 \tag{21}$$

而这时式(17)可改写为

$$m=\frac{|r_1|^2+a^2}{|r_1|a+1}$$

综合以上讨论,便证明了:若 $ab+1\mid a^2+b^2,b\geqslant a\geqslant 1$,则必有

$$m=\frac{a^2+b^2}{ab+1}=\frac{|r_1|^2+a^2}{|r_1|a+1} \tag{22}$$

其中,r_1,m 由式(15)给出,且满足式(20). 此外,当 $r_1=0$ 时,$m=a^2=(a,b)^2$,即当 $r_1=0$ 时所求的结论已证明. 当 $r_1\neq 0$ 时,$|r_1|,a$ 满足和 a,b 相同的条件,且有式(22)成立. 继续对 $|r_1|,a$ 进行同样的讨论. 这样不断进行下去,即利用式(15)形式的辗转相除法,最后可得一组数列

$$\{b,a\},\{|r_1|,a\},\{|r_2|,|r_1|\},\cdots,\{|r_l|,|r_{l-1}|\}$$

它们由下列式子给出,即

$$\begin{cases} b=am+r_1, & -\dfrac{a}{2}<r_1\leqslant -1 \\ a=|r_1|m+r_2, & -\dfrac{|r_1|}{2}<r_2\leqslant -1 \\ \quad\vdots \\ |r_{l-2}|=|r_{l-1}|m+r_l, & -\dfrac{|r_{l-1}|}{2}<r_l\leqslant -1 \\ |r_{l-1}|=|r_l|m \end{cases} \tag{23}$$

满足

$$m=\frac{a^2+b^2}{ab+1}=\frac{|r_1|^2+a^2}{|r_1|a+1}=\cdots=\frac{|r_l|^2+|r_{l-1}|^2}{|r_l||r_{l-1}|+1}=|r_l|^2$$

这就证明了所求的结论. 如果注意到最大公约数

$$(a,b)=(r_1,a)=(r_2,r_1)=\cdots=(r_l,r_{l-1})=|r_l|$$

就推出 $m=(a,b)^2$.

利用式(23)和 $m=|r_l^2|$ 以及循环数列的知识,可以证明满足本题条件的全部正整数解 $a_k,b_k(b_k\geqslant a_k)$,即

$$a_k=\frac{d}{\sqrt{d^4-4}}\left(\left(\frac{d^2+\sqrt{d^4-4}}{2}\right)^k-\left(\frac{d^2-\sqrt{d^4-4}}{2}\right)^k\right)$$

$$b_k=a_{k+1},k=1,2,\cdots$$

其中,d 是任意给定的正整数(d^2 相当于 m).

分析 解本题的基本思想是利用整除性质:若 s 整除 t(以下写为 $s|t$),则必有 $|s|\leqslant|t|$ 或 $t=0$. 为了在具体问题中能应用这一性质,常常要利用带余数除法. 本题答案是 $\frac{a^2+b^2}{ab+1}$ 等于 a 和 b 的最大公约数(以下记作 (a,b))的平方,即 $(a,b)^2$.

证法5 用 x,y 代替 a,b,得到一族双曲线

$$x^2+y^2-qxy-q=0 \tag{24}$$

对每个 q 有一条双曲线,所有双曲线关于 $y=x$ 都是对称的. 固定 q,设有一个格点 (x,y) 在这条双曲线 H_q 上,则关于 $y=x$ 对称的点 (y,x) 也在其上. 当 $x=y$ 时,易得 $x=y=q=1$. 因此可设 $x<y$. 如图1所示,如果 (x,y) 是格点,则固定 y 时,关于 x 的二次方程有两个解 x,x_1,其中,$x+x_1=qy,x_1=qy-x$,所以 x_1 也是整数,即 $B(qy-x,y)$ 是 H_q 的下支的一个格点. B 关于 $y=x$ 的对称点是格点 $C(y,qy-x)$,从 (x,y) 出发,利用变换

$$T:(x,y)\rightarrow(y,qy-x)$$

可以产生出 H_q 的上支的无限多个格点.

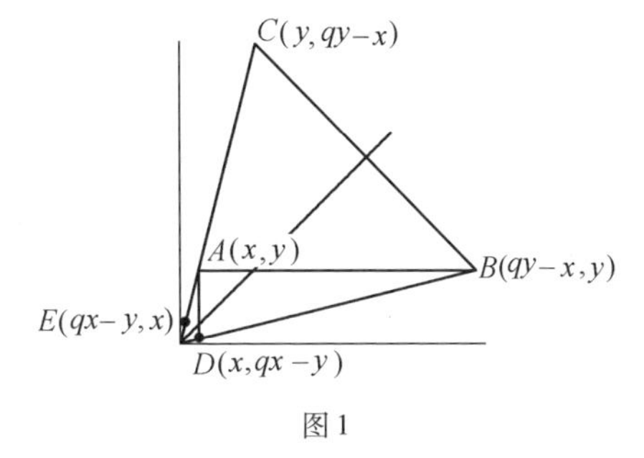

图1

再从点 A 出发,固定 x,(24) 是 y 的二次式,有两个解 y 和 y_1,其中,$y + y_1 = qx, y_1 = qx - y$. 因而 y_1 是整数,$D(x, qx - y)$ 是 H_q 的下支上的格点. D 关于 $y = x$ 的对称点是点 $E(qx - y, x)$. 从点 $A(x,y)$ 出发,可以由变换

$$S:(x,y) \to (qx - y, x)$$

得到双曲线 H_q 上支中在点 A 下面的点. 但这样的点只有有限个. 实际上,每次用变换 S 后,两个坐标都严格减小,当 y 是正的时,x 会是负的吗? 不会. 这时(24) 成为

$$x^2 + y^2 + q|xy| - q > 0$$

所以在最后会要求 $x = 0$,而由(24) 有 $q = y^2$,这就是要证明的.

在图 1 中,画出了 $q = 4$ 的双曲线. 事实上,这里是用它的渐近线代替它,因为对大的 x 或 y,双曲线与其渐近线的偏差是可以忽略的.

至此,并未证明 H_q 上有格点. 并不要求证明存在性. 即使在双曲线上没有格点,定理仍有效. 但对于每个完全平方数 q,易证格点的存在性. 点 $(x,y,q) = (c, c^3, c^2)$ 就是一个格点,因为

$$\frac{x^2 + y^2}{xy + 1} = q \Rightarrow \frac{c^2 + c^6}{c^4 + 1} = c^2$$

证法 6 如果 $ab = 0$,结果是清楚的. 如 $ab > 0$,由对称性可设 $a \leqslant b$. 设结果对于较小的乘积 ab 是成立的. 现要找整数 c 满足

$$q = \frac{a^2 + c^2}{ac + 1}, 0 \leqslant c < b$$

因为 $ac < ab$,由归纳假设,$q = \gcd(a, c^2)$. 为找到 c,解

$$\frac{a^2 + b^2}{ab + 1} = \frac{a^2 + c^2}{ac + 1} = q$$

把分子、分母都相减,得到

$$\frac{b^2 - c^2}{a(b - c)} = q \Rightarrow \frac{b + c}{a} = q \Rightarrow c = aq - b$$

注意 c 是整数且 $\gcd(a,b) = \gcd(a,c)$. 如果能证明 $0 \leqslant c < b$ 就完成了证明. 为证明这点,注意到

$$q = \frac{a^2 + b^2}{ab + 1} < \frac{a^2 + b^2}{ab} = \frac{a}{b} + \frac{b}{a}$$

$$aq < \frac{a^2}{b} + b \leqslant \frac{b^2}{b} + b = 2b \Rightarrow aq - b < b \Rightarrow c < b$$

为证明 $c\geqslant 0$,在此作估计

$$q=\frac{a^2+c^2}{ac+1}\Rightarrow ac+1>0\Rightarrow c>\frac{-1}{a}\Rightarrow c\geqslant 0$$

这就完成了证明.

其中证法 2 是来自保加利亚的 Emanouil Atanassov 的解答,他也因此获得了 IMO 授予的特别奖. 特别奖是不论总分多少,并且是针对某个学生对某道试题所做的解答非常漂亮,有独到之处,与事先拟定的标准解答不同(通常是更简捷),而获得特别奖的难度比起满分来说更加困难,所以获得特别奖的人数少之又少,而这一道难倒了主试委员会还有澳大利亚四位最好的数论专家的题,被 11 名平均年龄只有 17 岁的高中生解决了. 而平均分只有 0.6 分的最低得分率以及 IMO 史上最年轻获得金牌的选手陶哲轩也为这道题增加了些许传奇色彩. 值得一提的是,当年以满分解答这道题的中国选手陈晞现在是加拿大阿尔伯塔大学的数学系教授,而何宏宇现在是美国佐治亚理工学院的数学系教授以及博士生导师,从事李群还有微分几何等方向的研究. 而作为正式参加 IMO 满三年的中国,在那一年,以总分 201 分获得了总分第二的成绩.

值得指出的是上海的舒五昌、唐淳、田廷彦三位奥数教练又将其改为:

设正整数 a,b 使得 $ab-1\mid a^2+b^2$. 求一切这样的正整数数对 (a,b) 及商 $\frac{a^2+b^2}{ab-1}$ 的值.

这也是一道非常好的题目,并且证法 2 这样的妙招还可使用.

解 若 $a=b$,则 $ab-1\mid a^2+b^2$ 成为 $a^2-1\mid 2a^2$. 由于 $a^2-1\mid 2a^2-2$,从而 $a^2-1\mid 2$,即 $a^2-1=1$ 或 2,$a^2=2$ 或 3. 这样的正整数不存在,故可设 $a<b$.

若 $a=1$,则 $ab-1\mid a^2+b^2$ 成为 $b-1\mid b^2+1$. 由于 $b-1\mid b^2-1$,从而 $b-1\mid 2$,$b-1=1$ 或 2,即 $b=2$ 或 3. 这时,$(1,2)$,$(1,3)$ 都符合要求,且

$$\frac{1^2+2^2}{1\times 2-1}=5,\frac{1^2+3^2}{1\times 3-1}=5$$

下面求出另一些满足条件的(a,b).设正整数a,b满足$a<b$及$ab-1\mid a^2+b^2$.记$\frac{a^2+b^2}{ab-1}$为k,则

$$a^2+b^2=kab-k \tag{25}$$

如上所说,$(a,b,k)=(1,2,5)$及$(1,3,5)$都满足式(25).

在式(25)中,固定正整数k及b,把a作为待定的数,记为x,则式(25)成为

$$x^2-kbx+b^2+k=0$$

这是一个一元二次方程,它有一个根为a,另一个根记为$\tilde{a}$.于是

$$\tilde{a}+a=kb,\tilde{a}\cdot a=b^2+k$$

由$\tilde{a}=kb-a$可知$\tilde{a}$是整数,由$\tilde{a}=\frac{b^2+k}{a}$可知$\tilde{a}$是正数,故$\tilde{a}$是正整数.又由

$$a^2+b^2\geqslant 2ab>2(ab-1)$$

所以

$$\frac{a^2+b^2}{ab-1}>2$$

即$k>2$.从而

$$\tilde{a}=kb-a>b$$

可见,若(a,b,k)满足式(25),则$(b,kb-a,k)$满足式(25).

例如,由$(1,2,5)$满足式(25)可知$(2,9,5)$满足式(25),$(9,43,5)$也满足式(25),等等.

从而,作两个数列$\{a_n\}$,$\{b_n\}$如下

$$a_1=1,a_2=2,a_n=5a_{n-1}-a_{n-2}\quad(n\geqslant 3\text{ 时})$$

$$b_1=1,b_2=3,b_n=5b_{n-1}-b_{n-2}\quad(n\geqslant 3\text{ 时})$$

当取$(a,b)=(a_m,a_{m+1})$或$(b_m,b_{m+1})$$(m=1,2,3,\cdots)$时都满足$ab-1\mid a^2+b^2$,且商都是5.下面将要证明这就是全部使$ab-1\mid a^2+b^2$的$(a,b)$,从而商必定为5.

为此,需要先证明几件事情:若$ab-1\mid a^2+b^2$,这时$\frac{a^2+b^2}{ab-1}>2$,但商$k\neq 3$.因为如果商为3,$3\mid a^2+b^2$,那么必定$3\mid a$,$3\mid b$(因为当$3\nmid a$时$a^2\equiv 1(\bmod 3)$),由此$9\mid a^2+b^2$,而

$$ab-1\equiv -1 \pmod 9$$

分子是9的倍数,分母与9互质. 当$ab-1\mid a^2+b^2$时,商应为9的倍数,可见$k\geqslant 4$.

设正整数数对(a,b),使$ab-1\mid a^2+b^2$,且记$\dfrac{a^2+b^2}{ab-1}$为k,即(a,b,k)使式(25)成立,其中$1<a<b,k\geqslant 4$.(不必考虑$a=1$的情况,这时只有$(1,2,5)$及$(1,3,5)$使式(25)成立.)

记$\dfrac{b}{a}$为t,则$t>1$. 于是

$$4\leqslant k=\frac{a^2+b^2}{ab-1}=\frac{1+t^2}{t-\dfrac{1}{a^2}}$$

$$\leqslant\frac{1+t^2}{t-\dfrac{1}{4}}=\frac{t^2-\dfrac{1}{16}+\dfrac{17}{16}}{t-\dfrac{1}{4}}$$

$$=t+\frac{1}{4}+\frac{\dfrac{17}{16}}{t-\dfrac{1}{4}}<t+\frac{1}{4}+\frac{\dfrac{17}{16}}{\dfrac{3}{4}}$$

$$=t+\frac{1}{4}+\frac{68}{48}<t+2$$

所以$t>2$,从而$k<t+2<2t$.

由此,即$\dfrac{2b}{a}>k,2b>ka,b>ka-b$.

在式(25)中,固定k和a,把b作为待定的数,记为x,式(25)成为

$$x^2-kax+a^2+k=0$$

它的一个根为b,另一个根记为$\tilde{b}$. 由$\tilde{b}=ka-b$,故$\tilde{b}$是整数. 由$\tilde{b}\cdot b=a^2+k$,故b是正数,$\tilde{b}$是正整数. 由$\tilde{b}=ka-b$,故$\tilde{b}<b$. 而a和$\tilde{b}$仍使得$a\tilde{b}-1\mid a^2+\tilde{b}^2$且商为$k$. 当然$\tilde{b}\neq a$,这时必定$\tilde{b}<a$.(如果$\tilde{b}>a$,这时$1<a<\tilde{b}$. 这个一元二次方程仍是原来的,它的另一个根$(\tilde{\tilde{b}})$就是$b$,与上面所证的$(\tilde{\tilde{b}})<\tilde{b}$矛盾!)

由此,若正整数数对(a,b)使$ab-1\mid a^2+b^2$且$1<a<b$,则b可换成$\tilde{b}$,$\tilde{b}<a$且$(\tilde{b},a,k)$也满足式(25).

因此总能得到这样两个数中,小的数为1,即$(1,2)$或$(1,3)$,而这个过程是可逆的.

注 由此,若正整数a,b使$ab-1\mid a^2+b^2$,则

$$a^2+b^2=5(ab-1)$$

本书自成一体,内容严谨.对数论专业的本科生,高中生和训练他们参加普特南数学竞赛和数学奥林匹克竞赛的教师以及对数论感兴趣的学者来说,本书的许多方面都可以引起他们的注意.

刘培杰

2017年12月4日

于哈工大

《量子》数学短文精粹

周春荔　编译

译者的话

《立体几何短文集》是我们编译的《量子》数学短文精粹中的一本.《量子》杂志是苏联科学院、苏联教育科学院共同主办的一本数学、物理科普杂志. 其中的数学短文新颖、有趣味、针对性强,文字通俗易懂,能启迪智慧,培养能力,对指导中学生学习,开展第二课堂活动,举办数学奥林匹克竞赛都是极有价值的材料,对广大中学教师也是有益的教研资料.

立体几何是中学数学中重要的一个分科,也是中学生学习时多感困难的一门学科. 为此,我们选译了《量子》中的部分立体几何短文,奉献给广大读者.

学习立体几何需要很好地发展空间想象力;解立体几何问题往往要综合运用代数、三角、几何等诸多方面的知识与方法;要学会画总图与分图. 学习立体几何常常要与平面几何进行类比,常常要使用辅助元素. 如果说辅助的线段和角你可能比较熟悉,那么“辅助立方体” 就有不少新意! 当你学会解一些基本问题之后,怎样解多图形的立体几何问题? 怎样解非常规、非标准的立体几何问题? 短文中都有专门篇目进行介绍. 这些短文融知识与方法为一体,既有丰富的材料,又渗透着数学的思想,每篇后还都配备供读者练习的少量习题. 我们期望这本短文集能成为中学数学教师的助手,成为广大中学生学习立体几何的益友.

需要说明的是,我们选择的文章只是《量子》中立体几何短文中的一部分,由于资料不全,尚有不少优秀短文未能收入. 另外,由于译者水平所限,漏误难免,望读者指正.

最后,我们对裘宗沪副研究员在百忙中精校本书各篇的译稿表示感谢.

周春荔　樊　进
北京师范学院数学系
1988 年 1 月

编辑手记

这是一本好书,要读书一定要读好书!

在《人物》杂志中笔者读到一个专访,是2017年度《面孔》访日本作家林真理子. 现代、女性、心理,被认为是林真理子的写作关键词. 这位日本直木奖评委,以擅长描绘现代女性的情与爱著称. 评论人毛尖评论她:具有世界级作家的能力与素养,像简·奥斯汀一样,客观地对待笔下的女性,还时常在作品中对一些女性角色的行为做出嘲讽之言.

其中有一个问答是这样的:

P(人物杂志):对现在的年轻女性有何鼓励?

M(林真理子):最大的鼓励就是吃好吃的东西、交好的朋友. 作为女性最基本的一件事情,赚自己的钱,用自己的钱花在好吃的上面. 好吃的东西代表对幸福、对生活的追求. 这些东西要自己取得,这是对自己的尊重.

当时笔者就在想(当然是瞎想),如果有杂志访问自己对现在的年轻读者有何鼓励的话,自己一定会回答:"读好书,这代表着自己的理想与追求."

立体几何题目比较难命,以全国首届数学奥林匹克命题比赛为例,这是为迎接1990年在北京举办的第31届IMO而开展的一项活动,其征解到1 200 余道试题,但其中优秀的立体几何题目不过如下三道:

Ⅰ. 吉林省长春市二道区教师进修学校的万寿金老师提供的

题目:四面体$A_1A_2A_3A_4$中,记由顶点A_i到对面的距离为$h_i(i=1,2,3,4)$,对棱A_1A_2和A_3A_4,A_1A_3和A_4A_2,A_1A_4和A_2A_3之间的距离分别为d_1,d_2,d_3. 那么,$h_i,d_j(i=1,2,3,4;j=1,2,3)$所满足的方程为$\sum\limits_{i=1}^{4}\frac{1}{h_i^2}=\sum\limits_{j=1}^{3}\frac{1}{d_j^2}$.

证明 以每对棱为边,以它们所成的角(或其补角)为夹角所作成的三角形,称为对棱三角形,其面积用$\overline{S}_i(i=1,2,3)$表示. 记顶点A_i所对三角形的面积为$S_i(i=1,2,3,4)$. 棱A_1A_2,A_1A_3,A_1A_4,A_2A_3,A_3A_4,A_4A_2处的二面角依次为a_1,a_2,a_3,a_4,a_5,a_6,四面体的体积为V.

以四面体的顶点$A_i(i=1,2,3,4)$为顶点作一个三棱柱$A_1A_2B-CA_3A_4$(图1),作平面$DEF\perp$棱A_2A_3于D,与棱柱的三个侧面交成$\triangle DEF$. 那么,侧棱A_1C,BA_4都垂直平面DEF. 因此,DE,DF,EF分别是三条侧棱A_1C,A_2A_3,BA_4两两之间的距离.

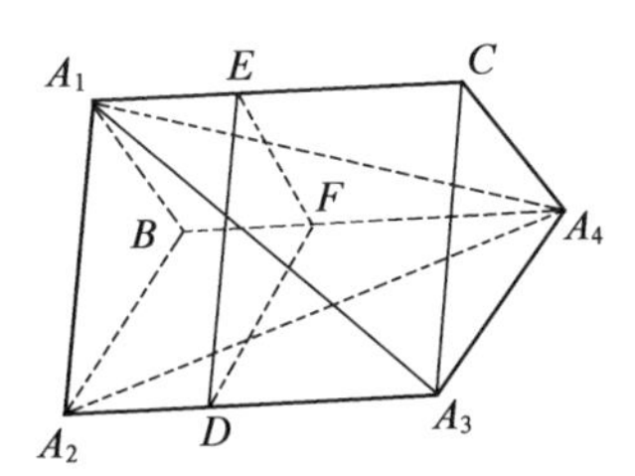

图1

在$\triangle DEF$中,由余弦定理知

$$EF^2=DE^2+DF^2-2DE\cdot DF\cdot\cos a_4$$

两边同乘以$\left(\frac{1}{2}A_2A_3\right)^2$,得

$$\overline{S}_3^2=S_4^2+S_1^2-2S_4S_1\cos a_4 \tag{1}$$

同理可证下列各式

$$\overline{S}_3^2=S_2^2+S_3^2-2S_2S_3\cos a_3 \tag{2}$$

$$\overline{S}_2^2=S_1^2+S_3^2-2S_1S_3\cos a_3 \tag{3}$$

$$\overline{S}_2^2=S_2^2+S_4^2-2S_2S_4\cos a_2 \tag{4}$$

$$\overline{S}_1^2 = S_1^2 + S_2^2 - 2S_1S_2\cos a_5 \tag{5}$$

$$\overline{S}_1^2 = S_3^2 + S_4^2 - 2S_3S_4\cos a_1 \tag{6}$$

将式(1)(3)(5)相加,注意到面积射影公式,得

$$\begin{aligned}\sum_{i=1}^{3}\overline{S}_i^2 &= \sum_{i=1}^{4}S_i^2 + 2S_1^2 - 2S_1(S_2\cos a_5 + S_3\cos a_6 + S_4\cos a_4)\\ &= \sum_{i=1}^{4}S_i^2 + 2S_1^2 - 2S_1^2\\ &= \sum_{i=1}^{4}S_i^2\end{aligned}$$

即

$$\sum_{i=1}^{4}S_i^2 = \sum_{i=1}^{3}\overline{S}_i^2 \tag{7}$$

因为 A_2A_3 // 侧面 A_1A_4,所以 A_2A_3 与侧面 A_1A_4 之间的距离就等于对棱 A_2A_3 和 A_1A_4 之间的距离.

记四面体 $A_1A_2A_4B$ 的体积为 V_1,则

$$V = V_1 = \frac{1}{3}d_3\overline{S}_3$$

同理可证

$$V = \frac{1}{3}d_2\overline{S}_2 = \frac{1}{3}d_1\overline{S}_1$$

因此

$$\overline{S}_i = \frac{3V}{d_j} \quad (j = 1,2,3)$$

又

$$S_i = \frac{3V}{h_i} \quad (i = 1,2,3,4)$$

代入式(7),得

$$\sum_{i=1}^{4}\frac{1}{h_i^2} = \sum_{j=1}^{3}\frac{1}{d_j^2}$$

Ⅱ. 山东省菏泽第一中学高三301班任保东同学提供的题目:已知棱锥的底面为凸 n 边形,且同时满足下列条件:

(1) 棱锥的底面积 S 与高 h 之间存在如下函数关系:$S = \pi - \pi h^2$(h 为变量,且 $0 < h < 1$).

(2) 棱锥内部存在内接于此棱锥的直 $n(n > 3)$ 棱柱(图2).

试求内接于棱锥的直 n 棱柱的最大体积 V 及此时棱锥的底面积 S 和高 h.

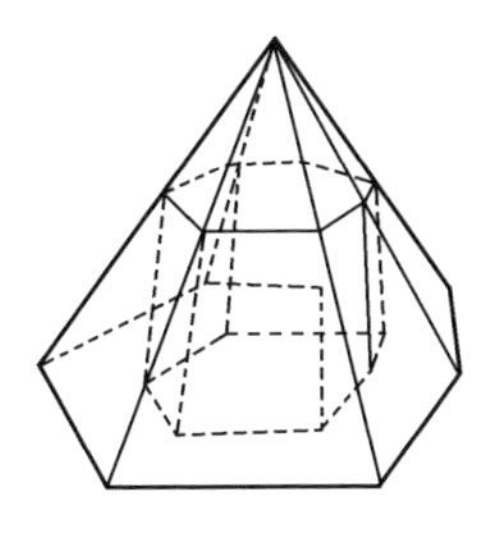

图 2

解 由于棱锥形状不确定,故在棱锥内考虑不方便.

根据祖暅原理,将棱锥转化为圆锥考虑,如图 2 所示,所构造的圆锥底面积和高与原棱锥的底面积和高相等,由祖暅原理和锥体性质可知:当圆锥的内接圆柱与棱锥的内接棱柱(直棱柱)两者之高相等时,两者体积相等. 于是只要求出圆锥内接圆柱体积的最大值,即可求得符合题意的棱锥内接棱柱的最大体积.

考虑圆锥的轴截面,如图 3. 设内接圆柱的底面半径为 r,圆锥母线 l 与圆锥底面夹角为 θ,圆锥底面圆半径为 R,则必有 $0 < r < R$. 由题设知:圆锥高为 h,底面积 $S = \pi - \pi h^2$,而 $S = \pi R^2$, $R^2 + h^2 = l^2$,得 $l = 1$,于是,$R = l\cos\theta = \cos\theta$,$0 < r < \cos\theta$. 内接圆柱的高 $h' = h - r\tan\theta = l\sin\theta - r\tan\theta = \sin\theta - r\tan\theta$,底面积 $S' = \pi r^2$,从而内接圆柱的体积

$$V' = S'h' = \pi r^2(\sin\theta - r\tan\theta) = \pi r^2\tan\theta(\cos\theta - r)$$

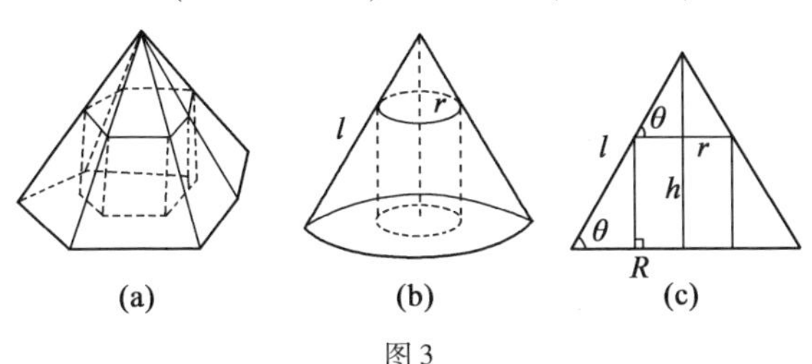

图 3

由题意知,r,θ 均为变量,但 r 的变化是以 θ 的变化为基础的,故可先假定 θ 不变,于是有

$$V' = \pi r^2\tan\theta(\cos\theta - r)$$

$$= 4\pi\tan\theta\,\frac{r}{2}\cdot\frac{r}{2}(\cos\theta - r)$$

$$\leqslant 4\pi\tan\theta\left(\frac{\frac{r}{2}+\frac{r}{2}+\cos\theta - r}{3}\right)^3$$

$$= \frac{4\pi}{27}\tan\theta\cdot\cos^3\theta$$

$$= \frac{4\pi}{27}\sin\theta\cdot\cos^2\theta$$

当且仅当$\frac{r}{2}=\cos\theta - r$,即$r=\frac{2}{3}\cos\theta$时(此时$r$在其取值范围内),上述不等式取等号,则

$$V' \leqslant \frac{4\pi}{27}\sin\theta\cdot\cos^2\theta$$

$$= \frac{4\pi}{27}\sqrt{\sin^2\theta\cdot\cos^4\theta}$$

(显然$0<\theta<\frac{\pi}{2}$,$\sin\theta$,$\cos\theta$均正),于是有

$$V' \leqslant \frac{4\pi}{27}\sqrt{\sin^2\theta\cdot\cos^4\theta}$$

$$= \frac{8\pi}{27}\sqrt{\sin^2\theta\cdot\frac{\cos^2\theta}{2}\cdot\frac{\cos^2\theta}{2}}$$

$$\leqslant \frac{8\pi}{27}\sqrt{\left(\frac{\sin^2\theta+\frac{\cos^2\theta}{2}+\frac{\cos^2\theta}{2}}{3}\right)^3}$$

$$= \frac{8\pi}{27}\sqrt{\left(\frac{1}{3}\right)^3}$$

$$= \frac{8\sqrt{3}}{243}\pi$$

当且仅当$\sin^2\theta=\frac{\cot^2\theta}{2}$,即$\cot^2\theta=2$时,上述不等式取等号. 于是$V'$最大值为$\frac{8\sqrt{3}}{243}\pi$,此时

$$h=\sin\theta=\sqrt{\sin^2\theta}=\sqrt{\frac{1}{\cot^2\theta+1}}=\frac{\sqrt{3}}{3}$$

$$S = \pi - \pi h^2 = \frac{2}{3}\pi$$

于是,根据解答开始所述,得原题答案为:内接于棱锥的直 n 棱柱的最大体积 V 为$\frac{8\sqrt{3}}{243}\pi$,此时棱锥的底面积 S 为$\frac{2}{3}\pi$,高为$\frac{\sqrt{3}}{3}$.

注 ① 本题还可以改进和加强,如原题可以加强为:已知棱锥的底面为凸 $n(n>3)$ 边形,且棱锥的底面积 S 与棱锥的高 h 之间存在函数关系:$S=\pi-\pi h^2$(h 为变量,$0<h<1$). 试求内接于棱锥的棱柱的最大体积 V 及此时棱锥的底面积 S 和高 h.

这样,题目的难度就增加了,但结果不变(仍可仿原题解法求得).

② 在解此题时,若不将棱锥转化为圆锥,解起来将是比较困难的,例如,设内接棱柱的底面积为 S',棱锥上端小棱锥高为 h',则有

$$\frac{S'}{\pi-\pi h^2}=\frac{h'^2}{h^2},S'=\frac{h'^2}{h^2}(\pi-\pi h^2)$$

内接棱柱的高为 $h-h'$,于是棱柱体积

$$V=S'(h-h')=\frac{h'^2}{h^2}(\pi-\pi h^2)(h-h')$$

$$=\frac{\pi h'^2(1-h^2)(h-h')}{h^2}$$

这里 h 和 h' 均为变量,难以求得其最大值.

Ⅲ. 重庆第二十三中学校的刘凯年老师提供的题目:$O-ABC$ 是空间中给定的一个三棱锥,P 是空间一点,点 Q,R,S,T 分有向线段$\overline{PO},\overline{QA},\overline{RB},\overline{SC}$ 所成的比都是 $\lambda(\lambda\neq-1)$.

(1) 证明:对每一个不等于 0 和 -2 的实数 λ $(\lambda\neq-1)$,空间中有且只有唯一的点 P 满足 $P=T$.

(2) 若三棱锥 $O-ABC$ 的三个侧面两两相互垂直,且

$$|OA|=a,|OB|=b,|OC|=c$$

当 $P=T$ 且 $\lambda=1$ 时,求点 P 到 O,A 的距离 $|PO|,|PA|$.

(3) 若 $P=T$,当点 P 在三棱锥内部时,λ 的值如何? 又对 $\lambda=-\frac{3}{2}$,说明点 P 的相对位置.

解 (1) 证法一:如图4,用 $P(O)$ 表示点 P 到平面 ABC 的"有向距离"(即当点 P 与 O 在平面 ABC 同侧时取 $P(O)>0$,异侧时 $P(O)<0$),余类推.

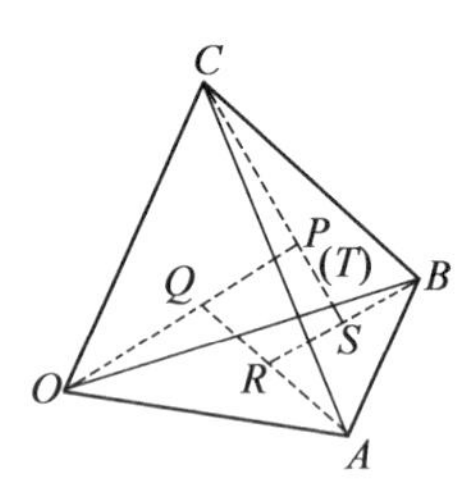

图4

由题设有

$$Q(O)=P(O)+\frac{\lambda}{1+\lambda}[O(O)-P(O)]$$

$$=\frac{1}{1+\lambda}P(O)+\frac{\lambda}{1+\lambda}O(O)$$

$$R(O)=\frac{1}{1+\lambda}O(O)$$

$$=\frac{1}{(1+\lambda)^2}P(O)+\frac{\lambda}{(1+\lambda)^2}O(O)$$

$$S(O)=\frac{1}{1+\lambda}R(O)$$

$$=\frac{1}{(1+\lambda)^3}P(O)+\frac{\lambda}{(1+\lambda)^3}O(O)$$

$$T(O)=\frac{1}{1+\lambda}S(O)$$

$$=\frac{1}{(1+\lambda)^4}P(O)+\frac{\lambda}{(1+\lambda)^4}O(O)$$

令 $T=P$,则有

$$\frac{1}{(1+\lambda)^4}P(O)+\frac{\lambda}{(1+\lambda)^4}O(O)=P(O)$$

当 $\lambda\neq 0,\lambda\neq -1,\lambda\neq -2$ 时

$$P(O)=\frac{\lambda}{(\lambda+1)^4-1}O(O)$$
$$=\frac{1}{(\lambda+2)(\lambda^2+2\lambda+2)}O(O)$$
$$=k_1\cdot O(O) \tag{1}$$

类似可得

$$P(A)=\frac{\lambda+1}{(\lambda+2)(\lambda^2+2\lambda+2)}A(A)$$
$$=k_2\cdot A(A) \tag{2}$$
$$P(B)=\frac{(\lambda+1)^2}{(\lambda+2)(\lambda^2+2\lambda+2)}B(B)$$
$$=k_2\cdot B(B) \tag{3}$$
$$P(C)=\frac{(\lambda+1)^3}{(\lambda+2)(\lambda^2+2\lambda+2)}C(C)$$
$$=k_4\cdot C(C) \tag{4}$$

在$\overline{OA}$上截取$\overline{OA'}=k_2\cdot\overline{OA}$,$\overline{OB'}=k_3\cdot\overline{OB}$,$\overline{OC'}=k_4\cdot\overline{OC}$($k_2<0$时,$A'$在$\overline{OA}$的反向延长线上,余类推).

以OA',OB',OC'为相邻三棱作平行六面体OP,对角线端点P满足式(2)(3)(4),例如

$$\frac{P(A)}{A(A)}=\frac{A'(A)}{A(A)}=\frac{\overline{OA'}}{\overline{OA}}=k_2$$
$$P(A)=k_2\cdot A(A)$$

对于式(1),因为

$$V_{O-ABC}=V_{P-ABC}+V_{P-OBC}+V_{P-OCA}+V_{P-OAB}$$

式中的V_{P-ABC},V_{P-OBC}等表示“有向体积”,即当点P与O在$\triangle ABC$面的同侧时V_{P-ABC}取正值,异侧时取负值,余类推. 因为

$$\frac{V_{P-ABC}}{V_{O-ABC}}=1-\frac{V_{P-OBC}}{V_{A-OBC}}-\frac{V_{P-OCA}}{V_{B-OCA}}-\frac{V_{P-OAB}}{V_{C-OAB}}$$
$$=1-\frac{P(A)}{A(A)}-\frac{P(B)}{B(B)}-\frac{P(C)}{C(C)}$$
$$=1-k_2-k_3-k_4$$
$$=k_1$$

即$\frac{P(O)}{O(O)}=k_1, P(O)=k_1\cdot O(O)$.

由点 P 的作法知,满足式(1)(2)(3)(4) 即满足$P=T$的点 P 唯一存在.

证法二:向量证法,以 O 为始点,记向量(有向线段)

$$\overrightarrow{OA}=\boldsymbol{a}, \overrightarrow{OB}=\boldsymbol{b}, \overrightarrow{OC}=\boldsymbol{c}$$

则

$$\begin{aligned}\overrightarrow{OR}&=\boldsymbol{a}+\overrightarrow{AR}\\&=\boldsymbol{a}+\frac{1}{1+\lambda}\overrightarrow{AQ}\\&=\boldsymbol{a}+\frac{1}{1+\lambda}\left(-\boldsymbol{a}+\frac{1}{1+\lambda}\overrightarrow{OP}\right)\\&=\frac{\lambda}{1+\lambda}\boldsymbol{a}+\frac{1}{(1+\lambda)^2}\overrightarrow{OP}\end{aligned}$$

由$\overrightarrow{OS}=r+\frac{\lambda}{1+\lambda}\overrightarrow{RB}$,类似地可求得

$$\overrightarrow{OS}=\frac{\lambda}{(1+\lambda)^2}\boldsymbol{a}+\frac{\lambda}{1+\lambda}\boldsymbol{b}+\frac{1}{(1+\lambda)^3}\overrightarrow{OP}$$

$$\overrightarrow{OT}=\frac{\lambda}{(1+\lambda)^3}\boldsymbol{a}+\frac{\lambda}{(1+\lambda)^2}\boldsymbol{b}+\frac{\lambda}{1+\lambda}\boldsymbol{c}+\frac{1}{(1+\lambda)^4}\overrightarrow{OP}$$

令 $T=P$,则$\overrightarrow{OT}=\overrightarrow{OP}$,代入上式,由于$\lambda\neq 0, \lambda\neq -1, \lambda\neq -2$,可解出

$$\overrightarrow{OP}=\frac{\lambda+1}{(\lambda+2)(\lambda^2+2\lambda+2)}[\boldsymbol{a}+(1+\lambda)\boldsymbol{b}+(1+\lambda)^2\boldsymbol{c}] \quad (5)$$

因为$\boldsymbol{a},\boldsymbol{b},\boldsymbol{c}$是已知向量,当$\lambda\neq 0, \lambda\neq -2, \lambda\neq -1$时,由式(5) 知向量$\overrightarrow{OP}$唯一存在,从而点 P 唯一存在.

(2) 当题设条件被满足时,图 5 中的平行六面体成为长方体,且

$$|OA'|=\frac{2}{15}a$$

$$|OB'|=\frac{4}{15}b$$

$$|OC'|=\frac{8}{15}c$$

所以 $$|PO| = \frac{2}{15}\sqrt{a^2 + 4b^2 + 16c^2}$$

又因为

$$\begin{aligned}|PA|^2 &= |OC'|^2 + |OB'|^2 + |A'A|^2 \\ &= \frac{64}{15^2}c^2 + \frac{16}{15^2}b^2 + \frac{169}{15^2}a^2\end{aligned}$$

所以 $$|PA| = \frac{1}{15}\sqrt{169a^2 + 16b^2 + 64c^2}$$

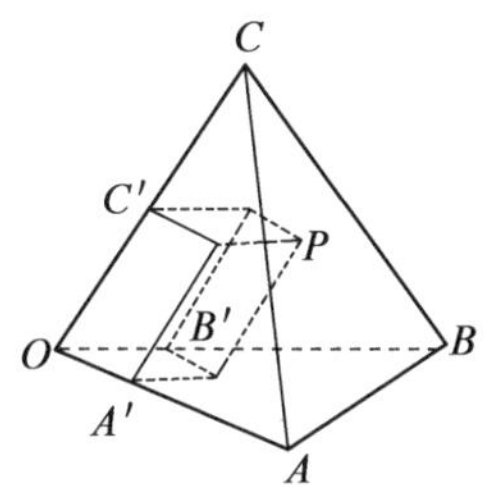

图 5

(3) 由式(1) ~ (4) 易知,当且仅当 $\lambda > -1$ 时点 P 在三棱锥 $O-ABC$ 内部. 但对于 $\lambda = 0$ 时的特殊情况,事实上推不出式(1) ~ (4),此时 $P = Q = R = S = T$,P 可为除棱锥四顶点外的任何点,故答案宜为 $\lambda > -1$ 且 $\lambda \neq 0$.

当 $\lambda = -\frac{3}{2}$ 时,$k_1 > 0$,$k_2 < 0$,$k_3 > 0$,$k_4 < 0$. 因而 P 与 O 在 $\triangle ABC$ 同侧,P 与 B 在 $\triangle OCA$ 同侧,P 与 A 在 $\triangle OBC$ 异侧,P 与 C 也在 $\triangle OAB$ 的异侧.

在世界各国的奥赛试题中立体几何试题很少见,一般都以四面体为对象,如 2018 年德国数学奥林匹克(决赛) 第 2 题.

给定一个四面体,它的两条棱长为 a,其余的棱长为 b,其中 a 和 b 为正实数,求比值 $v = a/b$ 的可能取值范围.

凉山州民族中学熊昌进老师给出了一个解答:构作出这样的四面体,并根据构作,求出使其存在的充要条件. 如何构作符合条件的四面体? 抓住四条棱长为 b.

解 本题视棱长为 $a \neq b$,则 $v \neq 1$.

分两种情形:(1) 棱长为 a 的两条棱共面;(2) 棱长为 a 的两条棱异面.

(1) 当同一个顶点出发的三条棱长都是 b,记这一点为 D,如图 6,四面体 $ABCD$ 中,$DA = DB = DC = b$,$AB = AC = a$,$BC = b$.

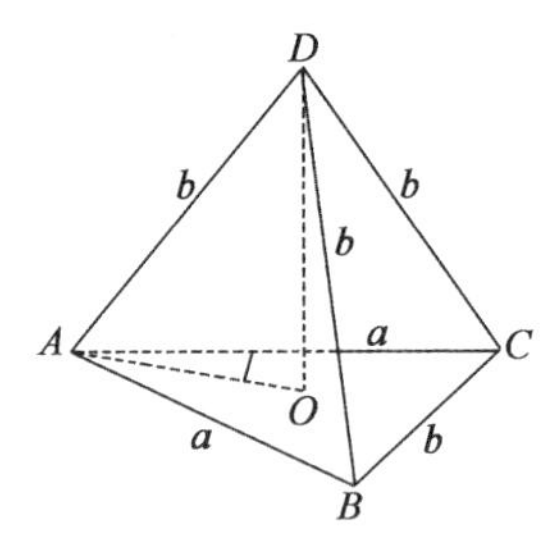

图 6

顶点 D 在平面 ABC 的射影点 O 是 $\triangle ABC$ 的外心,设 $AO = r$,则

$$\begin{cases} b > r \\ 2a > b \\ 2b > a \end{cases},由\begin{cases} 2a > b \\ 2b > a \end{cases},2 > \nu > \frac{1}{2} \tag{1}$$

现在来求 r,在 $\triangle ABC$ 中,由正弦定理

$$r = \frac{b}{2\sin A} \tag{2}$$

由余弦定理

$$\cos A = 1 - \frac{b^2}{2a^2} \Rightarrow \sin A = \frac{b}{a}\sqrt{1 - \frac{1}{4}\left(\frac{b}{a}\right)^2} \tag{3}$$

由式(2)(3)

$$r = \frac{b\left(\frac{a}{b}\right)}{\sqrt{4 - \left(\frac{b}{a}\right)^2}} < b \Rightarrow \nu < \sqrt{4 - \frac{1}{\nu^2}}$$

则 $\nu^4 - 4\nu^2 + 1 < 0, 0 < \nu < \sqrt{2 + \sqrt{3}}$,结合式(1)得:$\frac{1}{2} < \nu < \frac{\sqrt{6} + \sqrt{2}}{2}$,且 $\nu \neq 1$.

(2) 当棱长为 a 的棱成为对棱时,四面体另两组长为 b 的棱也是两组异面对棱,如图 7,可补成一个长、宽、高为 x,y,z 的长方体.

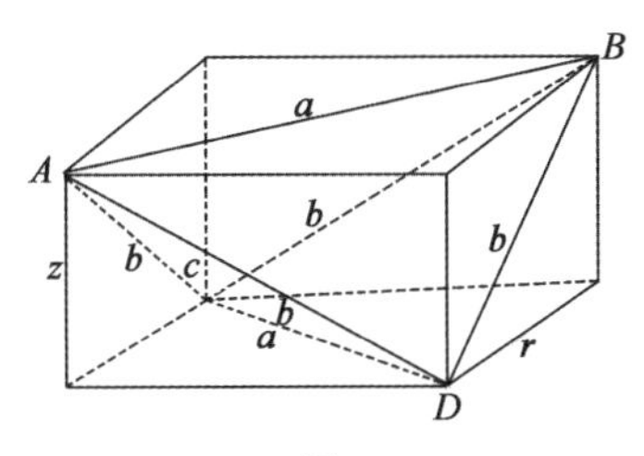

图 7

$2b > a \Rightarrow 0 < \nu < 2$,同时

$$\begin{cases} x^2 + y^2 = a^2 \\ y^2 + z^2 = b^2 \\ z^2 + x^2 = b^2 \end{cases}, \begin{cases} x^2 = y^2 = \dfrac{a^2}{2} \\ z^2 = \dfrac{2b^2 - a^2}{2} \end{cases}$$

则 $z^2 = \dfrac{2b^2 - a^2}{2} > 0 \Rightarrow 0 < \nu < \sqrt{2}$,则情形(2)时,$0 < \nu < \sqrt{2}$,且 $\nu \neq 1$.

综合(1)(2):$0 < \nu < \dfrac{\sqrt{6} + \sqrt{2}}{2}$ 且 $\nu \neq 1$.

注 (1)本题已得:给定四面体有两条棱长为 a,其余棱长都为 $b(b \neq a, a, b > 0)$.

① 当且仅当两条棱长为 a 的棱共面时,有 $\sqrt{2} \leqslant \dfrac{a}{b} < \dfrac{\sqrt{6} + \sqrt{2}}{2}$;

② 当且仅当两条棱长为 a 的棱异面时,有 $0 < \dfrac{a}{b} \leqslant \dfrac{1}{2}$.

(2)给定四面体有两种不同的棱长 $a, b(b \neq a, a, b > 0)$,可以讨论以下问题:

① 只有一条棱的长是 a,其余五条棱的长都是 b 时,$\dfrac{a}{b}$ 的取值范围;

② 只有三条棱的长是 a,其余三条棱的长都是 b 时,$\dfrac{a}{b}$ 的取值范围.

本书是俄罗斯著名的数学期刊《量子》杂志的短文译丛,此刊物是全世界数学爱好者都非常喜爱的期刊,它对俄罗斯数学人才的培养起到了重要作用,俄罗斯数学在国际数学界占有重要地位,除了这份刊物外,还有一所大学那就是著名的莫斯科大学. 7 个沃尔夫数学奖获得者加 6 个菲尔兹奖获得者(其中有两位双奖获得者) 出自同一所大学同一个系,数量之多,成就之大,估计世界上没有任何一所大学的数学系能出其右. 这些获奖者中,除了柯尔莫哥洛夫和盖尔方特(Israel Gelfand) 以外,基本都是 20 世纪 50 年代以后培养的. 毕业几年后基本都成了世界一流的数学家.

俄罗斯学数学的方式和中国不一样. 盖尔方特在莫斯科时每天四五点开始有讨论班,没有时间限制,一般要到晚上九十点. 讨论班的主力是学生,他通常都是去中学挑最好的学生到他的讨论班,一般十四五岁. 他会给他们一篇他感兴趣的文章,让这些学生在他讨论班上讲. 看不懂就自己补没有学过的内容,从头讲起,直到学生和盖尔方特自己都弄懂为止. 通常到了文章都弄懂的时候,也就已经有想法了,很快就会解决一些问题. 很多一流数学家都是这样培养出来的.

笔者曾专程到《量子》杂志社拜访过,它面积很小,隐于居民区中,也没有挂牌,但其水平世界瞩目. 关于如何评价苏俄数学,这是个大题目,已超出笔者能力,虽然笔者也曾去莫斯科大学等多所俄罗斯著名大学参观学习过,但终究是雾里看花,正好 2017 年 10 月 11 日中国数学会公众号上发表了一篇题为“俄罗斯的数学为什么这么强?”的文章,转载如下以解答这个世纪之问.

在世界第一数学强校的背后纵观整个 20 世纪的数学史,苏俄数学无疑是一支令人瞩目的力量. 百年来,苏俄涌现了上百位世界一流的数学家,其中如鲁金、亚历山大洛夫、柯尔莫哥洛夫、盖尔方特、沙法列维奇、阿诺尔德等都是响当当的数学大师. 而这些优秀数学家则大多毕业于莫斯科大学.

莫斯科大学所涌现的优秀数学家其数量之多,质量之高,恐怕除了19世纪末20世纪初的哥廷根大学,在20世纪就再也没有哪所大学敢与之相比了,即使是赫赫有名的普林斯顿大学也没有出过这么多的优秀数学家,莫斯科大学是当之无愧的世界第一数学强校.

对于莫斯科大学,我们是既熟悉又陌生,说熟悉是因为,中国大学的数学系都多少受了莫斯科大学的影响.我们曾经长期学习莫斯科大学的数学教材,做莫斯科大学的数学习题集,直到现在许多数学专业的学生还在做莫斯科大学编写的各种习题集.

如在下我,就曾经做过吉米多维奇的《数学分析习题集》、巴赫瓦洛夫的《解析几何习题集》、普罗斯库列科夫的《线性代数习题集》、法捷耶夫的《高等代数习题集》、菲利波夫的《常微分方程习题集》、沃尔维科斯基的《复变函数习题集》、弗拉基米洛夫的《数学物理方程习题集》、费坚科的《微分几何习题集》、克里洛夫的《泛函分析——理论·习题·解答》、捷利亚科夫的《实变函数习题集》.

说陌生是因为,莫斯科大学有很多方面和中国大学大相径庭.那么莫斯科大学成为世界数学第一强校奥秘何在?我很幸运家里有亲戚,曾于20世纪80年代公派到莫斯科大学数学力学系读副博士(相当于美国的博士),又有熟人正在莫斯科大学数学力学系读副博士.从中了解到莫斯科大学数学学科的具体情况,特地把这些都发在BBS上,让大家看看,世界一流的数学家是如何一个一个地从莫斯科大学走出来的.

邓小平同志有句话说足球要从娃娃抓起,莫斯科大学则是数学要从娃娃抓起.每年暑假,俄罗斯各个大学的数学力学系和计算数学系(俄罗斯的大学没有我们这样的数学学院,如莫斯科大学,有18个系和2个学院,和数学有关的是数学力学系和计算数学与控制论系,数学力学系下设数学部和力学部,其力学部和我国的力学系大不相同,倒接近于应用数学系,计算数学与控制论系包括计算数学部和控制论部 2 个部,计算数学部和我国的信息与计算科学专业相当,控制论部接近于我国的自动化系,但是数学学得很多. 前二年数学力学系及计算数学与控制论系一起上课,第三年数学力学系和计算数学与控制论系一起学计算数学方面的课程,到大四大五才单独上专业课)都要举办数学夏令营,凡是喜欢数学的中小学生都可以报名参加,完全是自愿的. 由各个大学的数学教授给学生讲课,做数学方面的讲座和报告. 莫斯科大学的数学夏令营是最受欢迎的,每年报名都是人满为患,大家都希望能一睹数学大师们的风采,听数学大师讲课,做报告,特别是苏联著名的数学家柯尔莫哥洛夫,维诺格拉朵夫,吉洪朵夫(苏联有了微型电子计算机后,吉洪朵夫经常在夏令营里教人玩计算机)几乎每年都参加夏令营的活动.

数学夏令营和我国的奥数班不同,他的目的不是让学生参加什么竞赛,拿什么奖,而是培养学生对数学的兴趣,发现有数学天赋的学生,使他们能通过和数学家的接触了解数学,并最终走上成为数学家的道路.

在柯尔莫哥洛夫的提议下,从 20 世纪 70 年代开始,苏联的各个名牌大学大多开办了科学中学,从夏令营中发现的有科学方面天赋的学生都能报名进入科学中学,由大学教授直接授课,他们毕业后都能进入各个名牌大学. 其中最著名的当属莫斯科大学的柯尔莫哥洛夫科学中学. 这所学校从全国招收有数学、物理方面天赋的学生,完全免费. 对家境贫寒的学生还发放补助,尽管莫斯科大学一度经济上困难重重,但这点直到现在都没变. 事实上科学中学的学生成才率相当高,这点是有目共睹的. 到 20 世纪 80 年代末,90 年代初,已经有几个当年的柯尔莫哥洛夫科学中学的学生成了科学院院士.

莫斯科大学是非硬功夫进不去的,莫斯科大学敢如此硬气,其实是其前校长彼得罗夫斯基(我们对这位大数学家不会陌生吧!)利用担任最高苏维埃主席团成员以及和苏共的各个高级官员的良好关系争来的尚方宝剑有关.

苏联有明确规定,包括莫斯科大学在内的几个名牌大学招生只认水平不认人(其他大学工作人员,高级官员的子女同等条件优先),必须是择优录取.莫斯科大学的生源好,和苏联的整体基础教育水平高也有关.苏联有一点值得中国学习,苏联的中小学的教学大纲和教材都是请一些有水平的科学家编写的,像数学就是柯尔莫哥洛夫、吉洪诺夫和庞特里亚金写的,而且苏联已经把微积分、线性代数、欧氏空间解析几何放到中学教了.大学的数学分析、代数、几何就可以在更高的观点上看问题了(其实和美国的高等微积分、初等微积分的方法相似).

有一流的生源,不一定能培养出一流的数学家,还必须要有严谨的学风.莫斯科大学的规定相当严格,必修课,一门不及格(不过政治和体育除外,政治是因为学校在这方面睁一只眼闭一只眼),留级,两门不及格,开除,而且考试纪律很严,作弊简直是比登天还难!莫斯科大学的考试方法非常特殊,完全用口试的方式.主课如数学分析或者现代几何学、物理学、理论力学之类,一个学期要考好几次,像数学分析,要考7 ~ 8 次.考试一般的方法如下:考场里有2 ~ 3 个考官考一个学生,第一个学生考试以前,第二个学生先抽签(签上就是考题),考试时间一般是30 ~ 45 分钟,第一个学生考试的时候,第二个学生在旁边准备,其他人在门外等候,考生要当场分析问题给考官听后,再做解答.据称难度远大于笔试,感觉像论文答辩.

不过在莫斯科大学就读有一点是挺自由的,就是转专业,这一般都能成功,像柯尔莫哥洛夫就是从历史系转到数学力学系,这是尽人皆知的.中国的数学专业往往是老师满堂灌,学生下面听,最糟糕的是有的老师基本是照本宣科，像一个读书机器. 莫斯科大学的老师上课，基本不按教学大纲讲课（其实教学大纲也说教师在满足大纲的基本要求的情况下，应当按自己的理解讲课），也没有什么固定的教材，教师往往同时指定好几本书为教材，其实就是没有教材，只有参考书. 而且莫斯科大学的课程都有相应的讨论课，每门课的讨论课和讲课的比例至少是1∶1，像外语课就完全是讨论课了. 讨论课一般是一个助教带上一组学生，组织讨论班，像一些基础课的讨论班比如大一、大二的数学分析、解析几何、线性代数与几何（其实讲的是微分几何和射影几何）、代数学、微分方程、复分析，大三的微分几何与拓扑，大四的现代几何学（整体微分几何）都是以讨论习题和讲课内容为主. 为了让学生多做题，做好题，所以教师要准备有足够的高质量的习题资料，像前面说的各种各样的习题集，就是把其中的一部分题目拿出来出版发行（事实上在打基础的阶段不多练习是不行的）. 总的来说，讨论课的数量大于讲授课的数量，如1987年大纲，大一第一学期，每周讲课是13节，讨论是24节（不算选修课）. 而且莫斯科大学有个好传统就是基础课都是由名教授甚至院士来讲，柯尔莫哥洛夫、辛钦都曾经给大一学生上过“数学分析”这样的基础课，莫斯科大学校长萨多夫尼奇，也给大一学生讲“数学分析”（不过校长事情太多，不太可能一个人把课给上下来）.

想培养一流数学家，就一定要重视科研训练，包括参加各种学术讨论班和写论文，莫斯科大学的学生如果在入学以前参加过数学夏令营，那他在入学以前已经有一定的科研训练，因为，在夏令营就要组织写小论文.

入学以后，学校也鼓励学生写论文，到大三下学期学生要参加至少一个学术讨论班，以决定大四大五是参加哪个教研组（莫斯科大学数学部有18个教研室，如数学分析教研室，函数论与泛函分析教研室，高等代数教研室,高等几何与拓扑学教研室,微分几何及其应用教研室,一般拓扑与几何学教研室,离散数学教研室,微分方程教研室,计算数学教研室,数理逻辑与算法论教研室,概率论教研室,数理统计与随机过程教研室,一般控制问题教研室,数论教研室,智能系统数学理论教研室,动力系统理论教研室,数学与力学史教研室,初等数学教学法教研室等). 每个教研室下设教研组(教研组既是科研单位又是教学单位)进行活动(莫斯科大学数学系,到了大四大五,学生每学期要参加一个学术讨论班,目的是写论文,莫斯科大学要求本科毕业生至少要有3篇论文,其中2篇是学年论文,1篇作为毕业论文,毕业论文要提前半年发表在专门发表毕业论文的杂志上,半年内无人提出异议方可进行论文答辩,而且参加答辩的人是从全国随机抽取的. 答辩时还要考察一下学生的专业知识,这种答辩又称为国家考试).

对于本科生,需要让他们对数学和相邻学科有个全面的了解,莫斯科大学在这点做得很不错,数学系的学生不仅要学习现代几何学、高等代数(内容大概包括交换代数和李群李代数)等现代数学,也要学习理论力学、连续介质力学、物理学中的数学方法(大概相当于我国物理专业的电动力学、热力学与统计物理、量子力学)等课程. 而且还有一些各种各样的选修课,供学生选择. 必修课中的专业课里不仅有纯数学课程也有变分法与最优控制这样的应用数学课程,所以莫斯科大学的学生在应用数学方面尤其出色.

要成为一个合格的数学家,光短短5年的本科是远远不够的,还要经过3～4年的副博士阶段的学习和无固定期限的做博士研究,应该说莫斯科大学的研究生院在数学方面绝对是天下第一的,莫斯科大学研究生院在数学方面有门类齐全的各种讨论班,讨论班的组织者都是世界闻名的数学家,参加讨论班的不仅有莫斯科大学的学者,还有来自全苏联各个科研机构的学者.经过5年的必修课和专业课,选修课的学习,凡是到莫斯科大学研究生院来的学生都有很扎实的专业知识,所以莫斯科大学的研究生是不上课的,一来就是上讨论班,进行科学研究,同样研究生想毕业也要拿出毕业论文和学年论文,毕业论文要拿到杂志上发表半年以后,有15名来自不同单位的博士签名,才能参加答辩.答辩的规矩比本科生更严格,只有通过毕业答辩和学年论文的答辩才能拿到数学科学副博士学位.至于数学科学博士,则是给有一定成就的科学家的学位,要拿博士至少要有一本合格的专著才行.

如果谁拿到莫斯科大学的数学科学博士的学位,那么谁就可以到大多数世界一流大学担任教授(包括助理教授).但是这个过程是十分难完成的,俄罗斯有种说法,说院士为什么比一般人长寿,是因为院士居然可以完成从本科到博士这样折磨人的过程,所以身体一定好得很!

说到莫斯科大学的数学,有一个人是不能不提的,那就是数学大师柯尔莫哥洛夫,应该说柯尔莫哥洛夫不仅是数学家,而且是教育家,但是这并不是我在这里要专门介绍他的原因,我专门介绍他是基于以下几个原因:(1) 如果说使莫斯科大学的数学跻身于世界一流是在鲁金和彼得洛夫斯基的带领之下,那么使莫斯科大学真正成为世界第一数学强校则是在柯尔莫哥洛夫担任数学力学部主任的时期.(2) 柯尔莫哥洛夫是莫斯科数学学派中承前启后的一代中的领军人物,特别是如盖尔方特、阿诺尔德等著名数学家都是他的学生.(3) 柯尔莫哥洛夫虽然没当过莫斯科大学校长,但是彼得罗夫斯基去世后,他在莫斯科大学基本上就是校长,莫斯科大学的一些改革措施都和他多少有些关系.对于数学家柯尔莫哥洛夫,大家一定很熟悉,但是对于教育家柯尔莫哥洛夫,大家就不大清楚了.下面是我从沃尔夫奖得主,日本著名数学家伊藤清写的一篇纪念柯尔莫哥洛夫的文章中摘抄下来的.

柯尔莫哥洛夫认为,数学需要特别的才能这种观念在多数情况下被夸大了,学生觉得数学特别难,问题多半出在教师身上,的确学生对数学的适应性存在差异,这种适应性表现在:(1) 算法能力,也就是对复杂式子作高明的变形,以解决标准方法解决不了的问题的能力.(2) 几何直观的能力,对于抽象的东西能把它在头脑里像图画一样表达出来,并进行思考的能力.(3) 一步一步进行逻辑推理的能力.

但是柯尔莫哥洛夫也指出,仅有这些能力,而不对研究的题目有持久的兴趣,不做持久的努力,也是无用的,柯尔莫哥洛夫认为,在大学里好的教师要做到以下几点:(1) 讲课高明,特别是能用其他科学领域的例子来吸引学生,增进理解,培养理论联系实际的能力.(2) 以清楚的解释和广博的知识来吸引学生.(3) 善于因材施教.

柯尔莫哥洛夫认为以上三条都是有价值的,特别是(3),这是一个好老师必须做到的,那么对于数学力学系或计算数学与控制论系的学生又应当怎样做呢?柯尔莫哥洛夫认为除了通常的要求外,有两点要特别强调:(1) 要把泛函分析这样的重要学科(他说的重要学科恐怕还包括拓扑学和抽象代数)当成日常工具一样应用自如.(2) 要重视实际问题.

柯尔莫哥洛夫认为,学生刚开始搞研究时,首先必须让学生树立"我能够搞出东西"的自信心,所以教师在帮助学生选课题时,不能光考虑问题的重要性,关键是要看问题是否在学生的能力范围之内,而且需要学生做出最大的努力才能解决问题.

其实科研训练应当是越早越好,在学生做习题的时候就要注意进行科研训练了!这也是莫斯科大学数学教育成功的秘诀之一.莫斯科大学讨论课上的习题根本没有我们常见的套公式、套定理的题目.比如,我的那个亲戚,在莫斯科大学读书时担任数学分析课的助教(莫斯科大学学数学的学生毕业后大多数是到各个大学担任教师,所以莫斯科大学很重视学生的教学能力,一般,研究生都要做助教,本科生毕业前要进行大学数学的教学实习),据他说,主讲教授每次布置的讨论课题目简直稀奇古怪,比如说有一次,是叫他让学生利用隐函数定理证明拓扑学中的 Morse 引理,还有一次,叫他给出有界变差函数的定义,然后证明什么全变差的可加性,等等,一直到雅可比分解!基本上把我们国家的实变函数课中的有关问题都干掉了!总之他们经常叫学生证明一些后续课程中的定理,据他们认为这样做基本等于叫学生做小论文,算是模拟科研,对以后做科研是有好处的.

在撰写此编辑手记之前,笔者刚刚参加完一年一度的哈尔滨"对俄经贸洽谈会"及"俄罗斯油画展",感受是:相对于中国来讲,俄罗斯的工业品是粗糙的,俄罗斯的艺术品是独树一帜的,看完本书您会发现俄罗斯的数学是独创性极强的!

刘培杰
2018.6.20
于哈工大

代数数论

冯克勤　编著

内容简介

代数数论是研究代数数域和代数整数的一门学问. 本书的主要内容是经典代数数论,全书共分三部分:第一、二部分为代数理论和解析理论,全面介绍了 19 世纪代数数论的成就;第三部分为局部域理论,简要介绍了 20 世纪代数数论的一些内容. 附录中给出了本书用到的近世代数的基本知识和进一步学习代数数论的建议,每节末附有习题.

本书的读者对象是大学数学系教师和高年级学生,也可作为研究生教材使用.

前　言

代数数论是研究代数数域(即有理数域的有限次扩域)和代数整数的一门学问,用代数工具来研究数论问题.

数(shù)起源于数(shǔ). 数论是历史最悠久的一个数学分支. 在有文字历史之前,由于生产和生活实践的需要,用石子、树枝或结绳、刻痕来计数,人类就有了整数概念. 在东方各文明古国,伴随文字的产生而创造了形式各异的数字和记数法(包括沿用至今的十进制记数法). 数论的历史大约有 3 000 年. 初等数论的主要课题是研究整数的性质和方程(组)的整数解,它也起源于古代的东方.中国最早的数学名著《周髀算经》的开篇就记载了西周人商高知道方程 $x^2+y^2=z^2$ 有整数解 $(x,y,z)=(3,4,5)$.另一部数学名著《孙子算经》(4—5世纪)载有"物不知数"问题,研究整数的同余性质,被世人称为"中国剩余定理".

东方古国的数论主要基于计算实践,具有鲜明的直观、实用和算法特性.而在古希腊数学(前6世纪—公元3世纪)中,整数作为认识世界的最基本手段和工具,数论具有崇高的位置.毕达哥拉斯(前572—前497)学派的名言为"万物皆数".古希腊的数学充满理性思辨的特征.欧几里得(前330—前275)的名著《几何原本》共13卷,其中有3卷讲述数论,书中讲述了初等数论的基石:算术基本定理(每个大于1的整数均可唯一地表示成有限个素数的乘积),证明了素数有无限多个(这可能是数论中第一个无限性的证明),得到了方程 $x^2+y^2=z^2$ 全部(无限多个)整数解的表达公式.古希腊的另一重要数论著作是丢番图(Diophantus)的《算术》(3世纪).书中研究了三百多个数论问题,列举了寻求一次和二次方程(组)有理数解和整数解的各种方法.这是世界上第一本脱离开几何而独立研究数论的著作.对数论后来的发展具有特殊的意义.

人类文明逐渐转到欧洲.在欧洲文艺复兴时代(15和16世纪),数学也得到复兴和发展,但主要是基于天文、航海、建筑和绘画等需要的画法几何学,数论的进展不大.17和18世纪的数论中心在法国.当时的大数论学家勒让德、拉格朗日、拉普拉斯、费马等都是法国人,唯一的例外是欧拉.丢番图的《算术》一书于1621年被译成拉丁文.1637年,费马在阅读此书中讨论方程 $x^2+y^2=z^2$ 的那一页的空白处写了一个评注.他认为对每个整数 $n\geqslant 3$,方程 $x^n+y^n=z^n$ 都没有正整数解.他声称给出了这一猜想的一个巧妙的证明,但是空白处太小写不下.自那以后,人们只看到费马对 $n=4$ 的情形给出的证明.费马提出了许多数论猜想,这些猜想引起了欧拉对数论的兴趣.经过多年的努力,欧拉(肯定或否定地)解决了费马提出的诸多猜想,只剩下唯一的上述费马猜想,一直到1994年才由怀尔斯所证明.

19世纪,数论得到重大的进步.其主要标志是深刻的解析方法和代数工具引入数论当中，产生了数论的两个新的分支：解析数论和代数数论. 解析数论的创始人为德国数学家黎曼，代数数论的奠基者为德国数学家高斯和库默尔，世界数论中心也由法国转到德国.

代数数论至今整整有 200 年的历史. 1801 年高斯出版了著作《算术探索》(*Disquisitiones Arithmeticae*)，深入地研究了二元二次型 $ax^2+bxy+cy^2=n$ 的整数解问题(其中，a,b,c,n 均为整数). 以方程 $x^2+y^2=n$ 为例，它把此方程写成 $n=(x+\mathrm{i}y)(x-\mathrm{i}y)$，其中 $\mathrm{i}=\sqrt{-1}$. 高斯研究形如 $a+\mathrm{i}b$ 的数(其中 a 和 b 是整数)，这种数现在称为高斯整数. 高斯整数所成的集合 $\mathbf{Z}[\mathrm{i}]$ 中可以进行加减乘运算，这是一个交换环，叫高斯整数环. 于是，正整数 n 可以表示成两个整数的平方和当且仅当 n 可以表示成两个高斯整数的乘积. 高斯证明了环 $\mathbf{Z}[\mathrm{i}]$ 中具有与通常整数环 $\mathbf{Z}$ 类似的唯一因子分解性质，由此完全解决了方程 $x^2+y^2=n$ 的整数解问题，即完全解决了哪些正整数 n 可以是两个整数的平方和，并且给出方程 $x^2+y^2=n$ 的整数解个数的计算公式. 对于一般的二元二次型 $ax^2+bxy+cy^2=n$，需要研究环 $\mathbf{Z}[\sqrt{d}]$，其中 $d=4ac-b^2$. 他发现这些环当中有许多不具有唯一因子分解性质，从而使问题变得复杂. 高斯研究这些环和对应的二次域 $\mathbf{Q}(\sqrt{d})$ 的深刻性质，引入了一系列重要数学概念(理想类数、genus 理论、基本单位等)，开创了二次域的理论研究.

1847 年，库默尔用同样的想法研究费马猜想. 对每个奇素数 p，他把费马方程分解成

$$z^p=x^p+y^p=(x+y)(x+\zeta_p y)\cdots(x+\zeta_p^{p-1}y)$$

其中 $\zeta_p=\mathrm{e}^{\frac{2\pi\mathrm{i}}{p}}$. 于是考虑比整数环 $\mathbf{Z}$ 更大的环 $\mathbf{Z}[\zeta_p]$. 如果这个环具有唯一因子分解性质，库默尔证明了方程 $x^p+y^p=z^p$ 没有正整数解，即费马猜想对 $n=p$ 成立. 他证明了当 $p\leqslant 19$ 时，$\mathbf{Z}[\zeta_p]$ 具有唯一因子分解性质，从而用统一方法证明了费马猜想对 n 为不超过 22 的所有正整数($n\geqslant 3$)都是对的. 他也证明了 $\mathbf{Z}[\zeta_{23}]$ 不具有唯一因子分解性质. 进而，他提出了“理想数”的概念，证明了：即使 $\mathbf{Z}[\zeta_p]$ 不具有唯一因子分解性质(即

$\mathbf{Z}[\zeta_p]$ 的理想类数 h_p 大于 1)，但只要 h_p 不被 p 除尽，则方程 $x^p+y^p=z^p$ 也没有正整数解. 他还给出判别 p 是否除尽 h_p 的初等方法(详见本书第六章)，由此证明了对于 100 以内的所有奇素数 p，除了 37，59，67 之外，费马猜想对于 $n=p$ 均正确. 库默尔研究了环 $\mathbf{Z}[\zeta_p]$ 的一系列深刻的性质(理想类数、分圆单位、理想数等)，开创了对分圆域的理论研究.

高斯和库默尔分别对于二次域和分圆域所做的深刻研究，成为用深刻代数工具研究数论问题的奠基性工作，由此产生了代数数论. 这门学问后来由德国数学家戴德金和迪利克雷在理论上加以完善(例如：库默尔的"理想数"就是现今环论中的理想概念). 到了 1898 年，德国大数学家希尔伯特(Hilbert，1862—1943)在《数论报告》(*Zahleberícht*)中对于各种代数数域的性质加以系统总结和发展，经过整整 100 年，经典的代数数论由此定型.

解析数论的源头可以上溯到欧拉，1737 年，欧拉在研究无穷级数和无穷乘积的收敛性时，发现对于大于 1 的实数 s，有等式

$$\begin{aligned}&1+\frac{1}{2^s}+\frac{1}{3^s}+\cdots+\frac{1}{n^s}+\cdots\\&=\prod_p\left(1+\frac{1}{p^s}+\frac{1}{p^{2s}}+\cdots+\frac{1}{p^{ms}}+\cdots\right)\\&=\prod_p\left(1-\frac{1}{p^s}\right)^{-1}\end{aligned}$$

其中无穷乘积中 p 过所有素数，事实上，这个等式等价于算术基本定理，这就把数论和解析公式联系在一起. 取 $s=1$，由于上式左边是发散的(即值为 $+\infty$)，可知右边的素数有无限多个. 这是由解析特性推出数论结果的最简单例子. 沿用这种方法，迪利克雷构作了一批新的函数 $L(s,\chi)$(叫作 L - 函数)，从它们的解析特性得到了不平凡的结果：若 l 和 k 是互素的正整数，则算术级数 $l,l+k,l+2k,\cdots$ 中一定有无限多个素数. 1859 年，黎曼把函数 $\zeta(s)=\sum\limits_{n\geqslant 1}n^{-s}$ 看成复变量 $s=\sigma+\mathrm{i}t$(σ,t 为实数)的函数. 这个级数只在 $\sigma>1$ 时收敛，但是他把此级数解析开拓成整个复平面上的亚纯函数，并且满足函数方程 $\zeta(s)=f(s)\zeta(1-s)$，其中 $f(s)$ 是一个熟知的复变函数(见本书第五

章). 黎曼猜想 $\zeta(s)$ 的所有非平凡零点的实数部分都是$\frac{1}{2}$,这就是至今未解决的黎曼猜想. 这个猜想对于研究素数的分布和许多数论问题都是重要的,这就开创了研究数论的解析方法. $\zeta(s)$ 也由此被后人称作黎曼 zeta 函数.

代数数论中也可采用解析方法. 对每个代数数域 K,戴德金构作了一个 zeta 函数 $\zeta_K(s)$. 当 s 的实数部分大于 1 时定义它的级数收敛并且有无穷乘积展开,它也可解析开拓成整个复平面上的亚纯函数,并且有函数方程把 $\zeta_K(s)$ 和 $\zeta_K(1-s)$ 联系起来. $\zeta_K(s)$ 的各种解析特性可以反映代数数域 K 和它的整数环 O_K 的代数和数论性质,所以解析方法也是代数数论的重要研究手段.

本书的主要内容是介绍经典代数数论,即 19 世纪代数数论的成就. 本书的前身是 1988 年出版的《代数数论入门》一书(上海科学技术出版社),经过十多年的讲授,这次把原书内容做了删节,改正了一些错误之处. 在原书两大部分(代数理论和解析理论)的基础上,增加了第三部分:局部域理论,介绍局部数域的基本结果,还介绍了代数数域的某些应用. 换句话说,我们增加了 20 世纪代数数论的一些内容. 最后,在结语中扼要介绍了 20 世纪代数数论的发展轮廓,希望读者对于近代和现代数论的情况有一些基本的了解.

本书的预备知识是初等数论和近世代数的基本知识和代数技巧. 附录 A 扼要地介绍了本书用到的近世代数中的一些基本概念和主要结果. 附录 B 对今后进一步深造代数数论提供一些参考性建议.

十多年来,有许多同事和学生对原书提出许多宝贵的意见,这里一并表示感谢. 作者也感谢"中国科学院研究生教材基金"对本书的出版所给予的资助,并且也欢迎读者提出宝贵的意见和建议,以便把本书改得更好.

冯克勤
1999 年 5 月
于北京

编辑手记

本书是出于笔者对费马大定理的偏爱而再版的. 费马大定理是代数数论的源头之一.

在数学解题中一般是用小定理来证明大定理的多. 由低阶结论论证高阶结论的多. 反过来的情况比较少见. 偶有出现,必有惊喜之处. 笔者近期遇到两个小例子.

在普林斯顿大学第7届数学竞赛试题中有这样一个问题:

求 $a^{503}+b^{1\,006}=c^{2\,012}$ 的解的个数,其中 a,b,c 是整数并且 $|a|,|b|,|c|$ 都小于 2 012.

这是个高次丢番图方程. 看上去很难,但命题委员会给出的解答却很出人意料. 不仅很简单而且还巧妙地"植入了广告". 将费马大定理与怀尔斯教授都融入其中. 很有意思,现将其录于后:答案为 189. 注意到方程可以写成

$$(a)^{503}+(b^{2})^{503}=(c^{4})^{503}$$

感谢普林斯顿大学的数学教授怀尔斯. 他证明了费马大定理,使得我们知道这个方程没有非平凡解. 因此对于任何解(a,b,c),a,b,c 中至少有一个为 0.

若 $a=0$,则 $b^{1\,006}=c^{2\,012}$,$b=c^{2}$. 注意到 $44<\sqrt{2\,012}<45$. 那么我们有下面的解

$$S_{a}=\{(0,c^{2},c)\mid c=0,\ \pm1,\ \pm2,\cdots,\ \pm44\}$$

若 $b=0$,则 $a^{503}=c^{2\,012}$,$a=c^{4}$. 注意到 $6<\sqrt[4]{2\,012}<7$,那么我们有下面的解

$$S_{b}=\{(c^{4},0,c)\mid c=0,\ \pm1,\ \pm2,\cdots,\ \pm6\}$$

若 $c=0$,则 $a^{503}=-b^{1\,006}$,$a=-b^{2}$. 那么我们有下面的解

$$S_{c}=\{(-b^{2},b,0)\mid b=0,\ \pm1,\ \pm2,\cdots,\ \pm44\}$$

我们有 $|S_{a}|=|S_{c}|=89$,$|S_{b}|=13$. (这里 $|S|$ 表示 S 中元素的个数.) 注意到这三个解集都包含$(0,0,0)$,则

$$\begin{aligned}|S_{a}\cup S_{b}\cup S_{c}|&=|S_{a}|+|S_{b}|+|S_{c}|-2\\&=89+13+89-2=189\end{aligned}$$

无独有偶.

在美国著名数学教育家查·特里格编著的《数学机敏》一

书中也有一个类似题目：

对于区间$(0,\frac{\pi}{2})$内的任何一个θ，$\sqrt{\sin\theta}$和$\sqrt{\cos\theta}$能不能同时取有理值？

解答更巧妙：设

$$\sqrt{\sin\theta}=\frac{a}{b},\sqrt{\cos\theta}=\frac{c}{d}$$

其中，a,b,c,d都是正整数. 于是

$$\sin^2\theta+\cos^2\theta=\frac{a^4}{b^4}+\frac{c^4}{d^4}$$

利用公式$\sin^2\theta+\cos^2\theta=1$，可得

$$(bd)^4=(ad)^4+(bc)^4$$

但是这个等式不成立，因为方程$x^4+y^4=z^4$没有正整数解. 因此$\sqrt{\sin\theta}$和$\sqrt{\cos\theta}$不能同时取有理值.

本题是查·特里格先生从早期的《美国数学月刊》中精选出来的，其特点是题目看似很难，但解法别出心裁，巧辟捷径，颇出人意料.

费马猜想的证明不仅因其叙述简单明了，历史充满传奇深受业余爱好者所津津乐道，职业数学工作者也颇为认可.

著名数学家瑟斯顿指出的："当数学家在做数学的时候，更加依赖于想法的涌动和社会关于有效性的标准，而不是形式化的证明. 数学家通常并不善于检验一个证明的形式上的正确性，但却擅长探查证明中潜在的弱点和缺陷."

一个典型的例子就是数学共同体对英国数学家怀尔斯对费马大定理证明的态度. 专家很快就开始相信怀尔斯的证明在高级别的想法上是对的，然后才开始检验证明的细节. 因此，对数学共同体来说，对一个未曾接受充分验证的数学证明的接受往往不是在全面详查之后才给出的，而是在大体肯定的基础上，再来逐步验证的. 实际上，在怀尔斯最初对费马大定理的证明中有错误，后来得以更正. 有12位专家组成的小组参与了对怀尔斯论文的审核，而其他数学家则没有跟进对论文细节的审核，而是采取了基于社会信任的态度接受了怀尔斯证明的合法性.

笔者久仰冯先生大名,但始终没能谋面.冯先生经常出国.所以一般是通过其胞弟冯克俭先生才能与其联系上.我们数学工作室每年出版数学类图书150种左右,在中国出版业中是个很微不足道的存在,犹如要在参天大树上啄出一个可以容身的洞并不容易.其实我们为了自己能在出版领域谋得一席之地已经默默地奋斗了12年了.这一路得到了众多数学大家的支持与帮助,仅以数论方向为例,我们先后出版了吴文俊院士、王元院士、潘承洞院士、柯召院士、陈景润院士以及越民义、潘承彪、朱尧辰、陆洪文、裴定一、单墫、于秀源、孙智伟等著名数论专家的著作.特别是冯克勤先生,他已经与我们合作好几次了.我们希望将来会有更多的合作.

最后也为我们的数学工作室做点宣传.英国思想家伯林的名著《刺猬与狐狸》灵感源于古希腊诗人阿尔基诺库斯的残句:"狐狸知道许多事情,而刺猬只知道一件大事."仿此我们提出的口号是:别的出版商出版许多类图书,而我们只出版像冯先生这样大家的数学书.

刘培杰

2017.10.11

于哈工大

数学测评探营

沈文选　杨清桃　编著

内容提要

本书共分八章,第一章数学测评的意义;第二章数学测评的内容与要求;第三章从数学测评到测评数学的研究;第四章测评数学内容设计的知识与能力并重方略;第五章测评数学内容的资源开发;第六章测评数学基本题型试题的命制;第七章测评数学特殊性试题的命制;第八章从测评数学试题中发掘研究素材.

本书可作为高等师范院校、教育学院、教师进修学院数学专业及国家级、省级中学数学骨干教师培训班教材或教学参考书,亦是广大中学数学教师及数学爱好者的数学视野拓展读物.

序

我和沈文选教授有过合作,彼此相熟.不久前,他发来一套数学普及读物的丛书目录,包括数学眼光、数学思想、数学应用、数学模型、数学方法、数学史话等,洋洋大观.从论述的数学课题来看,该丛书的视角新颖,内容允实,思想深刻,在数学科普出版物中当属上乘之作.

阅读之余，忽然觉得公众对数学的认识很不相同，有些甚至是彼此矛盾的. 例如：

一方面，数学是学校的主要基础课，从小学到高中，12 年都有数学；另一方面，许多名人在说“自己数学很差”的时候，似乎理直气壮，连脸也不红，好像在宣示：数学不好，照样出名.

一方面，说数学是科学的女王，“大哉数学之为用”，数学无处不在，数学是人类文明的火车头；另一方面，许多学生说数学没用，一辈子也碰不到一个函数，解不了一个方程，连相声也在讽刺“一边向水池注水，一边放水”的算术题是瞎折腾.

一方面，说“数学好玩”，数学具有和谐美、对称美、奇异美，歌颂数学家的“美丽的心灵”；另一方面，许多人又说，数学枯燥、抽象、难学，看见数学就头疼.

数学，我怎样才能走近你，欣赏你，拥抱你？说起来也很简单，就是不要仅仅埋头做题，要多多品味数学的奥秘，理解数学的智慧，抛却过分的功利，当你把数学当作一种文化来看待的时候，数学就在你心中了.

我把学习数学比作登山，一步步地爬，很累，很苦. 但是如果你能欣赏山林的风景，那么登山就是一种乐趣了.

登山有三种意境.

首先是初识阶段. 走入山林，爬得微微出汗，坐拥山色风光. 体会“明月松间照，清泉石上流”的意境. 当你会做算术，会记账，能够应付日常生活中的数学的时候，你会享受数学给你带来的便捷，感受到好似饮用清泉那样的愉悦.

其次是理解阶段. 爬到山腰，大汗淋漓，歇足小坐. 环顾四周，云雾环绕，满目苍翠，心旷神怡. 正如苏轼名句：“横看成岭侧成峰，远近高低各不同. 不识庐山真面目，只缘身在此山中.”数学理解到一定程度，你会感觉到数学的博大精深，数学思维的缜密周全，数学的简捷之美，使你对符号运算能够有爱不释手的感受. 不过，理解了，还不能创造. “采药山中去，云深不知处.”对于数学的伟大，还莫测高深.

第三则是登顶阶段. 攀岩涉水，越过艰难险阻，到达顶峰的时候，终于出现了“会当凌绝顶，一览众山小”的局面. 这时，一切疲乏劳顿、危难困苦，全都抛到九霄云外. “雄关漫道真如铁”,欣赏数学之美,是需要代价的. 当你破解了一道数学难题,“蓦然回首,那人却在,灯火阑珊处”的意境,是语言无法形容的快乐.

好了,说了这些,还是回到沈文选先生的丛书. 如果你能静心阅读,它会帮助你一步步攀登数学的高山,领略数学的美景,最终登上数学的顶峰. 于是劳顿着,但快乐着.

信手写来,权作为序.

张奠宙
2016 年 11 月 13 日
于沪上苏州河边

附　文

(文选先生编著的丛书,是一种对数学的欣赏. 因此,再次想起数学思想往往和文学意境相通,2007 年年初曾在《文汇报》发表一短文,附录于此,算是一种呼应.)

数学和诗词的意境

张奠宙

数学和诗词,历来有许多可供谈助的材料. 例如:

一去二三里,烟村四五家.
亭台六七座,八九十枝花.

把十个数字嵌进诗里,读来朗朗上口. 郑板桥也有题为《咏雪》的诗云:

一片二片三四片,五六七八九十片.
千片万片无数片,飞入梅花总不见.

诗句抒发了诗人对漫天雪舞的感受. 不过,以上两诗中尽管嵌入了数字,却实在和数学没有什么关系.

数学和诗词的内在联系,在于意境. 李白的题为《送孟浩然之广陵》的诗云：

故人西辞黄鹤楼，烟花三月下扬州.

孤帆远影碧空尽，唯见长江天际流.

数学名家徐利治先生在讲极限的时候，总要引用“孤帆远影碧空尽”这一句，让大家体会一个变量趋向于0的动态意境，煞是传神.

近日与友人谈几何，不禁联想到初唐诗人陈子昂的题为《登幽州台歌》的诗中的名句：

前不见古人，后不见来者.

念天地之悠悠，独怆然而涕下.

一般的语文解释说：上两句俯仰古今，写出时间绵长；第三句登楼眺望，写出空间辽阔；在广阔无垠的背景中，第四句描绘了诗人孤单寂寞、悲哀苦闷的情绪，两相映照，分外动人. 然而，从数学上看来，这是一首阐发时间和空间感知的佳句. 前两句表示时间可以看成是一条直线(一维空间). 陈老先生以自己为原点，前不见古人指时间可以延伸到负无穷大，后不见来者则意味着未来的时间是正无穷大. 后两句则描写三维的现实空间：天是平面，地是平面，悠悠地张成三维的立体几何环境. 全诗将时间和空间放在一起思考，感到自然之伟大，产生了敬畏之心，以至怆然涕下. 这样的意境，数学家和文学家是可以彼此相通的. 进一步说，爱因斯坦的四维时空学说，也能和此诗的意境相衔接.

贵州省六盘水师专的杨老师告诉我他的一则经验. 他在微积分教学中讲到无界变量时，用了宋朝叶绍翁的题为《游园不值》中的诗句：

春色满园关不住，一枝红杏出墙来.

学生每每会意而笑. 实际上，无界变量是说，无论你设置怎样大的正数 M，变量总要超出你的范围，即有一个变量的绝对值会超过 M. 于是，M 可以比喻成无论怎样大的园子，变量相当于红杏，结果是总有一枝红杏越出园子的范围. 诗的比喻如此恰切，其意境把枯燥的数学语言形象化了.

数学研究和学习需要解题，而解题过程需要反复思索，终于在某一时刻出现顿悟. 例如，做一道几何题，百思不得其解，突然添了一条辅助线,问题豁然开朗,欣喜万分.这样的意境,想起了王国维用辛弃疾的词来描述的意境:“众里寻他千百度.蓦然回首,那人却在,灯火阑珊处.”一个学生,如果没有经历过这样的意境,数学大概是学不好的了.

前言

音乐能激发或抚慰情怀,绘画使人赏心悦目,诗歌能动人心弦,哲学使人获得智慧,科技可以改善物质生活,但数学却能提供以上的一切.

——Klein

数学就是对于模式的研究.

——A. N. 怀特海

甚至一个粗糙的数学模型也能帮助我们更好地理解一个实际的情况,因为建立数学模型时,我们通常受限地考虑了各种逻辑,不含混地约定了所有的概念,并且区分了重要的和次要的因素.一个数学模型即使导出了与事实不完全符合的结果,它也还可能是有价值的,因为一个模型的失败常常可以帮助我们去寻找和建立更好的模型.应用数学和战争是相似的,有时一次失败比一次胜利更有价值,因为它帮助我们认识到我们的武器或战略的不适当之处.

——A. Renyi

人们喜爱音乐,因为它不仅有神奇的乐谱,而且有悦耳的优美旋律!

人们喜爱画卷,因为它不仅描绘出自然界的壮丽,而且可以描绘人间美景!

人们喜爱诗歌,因为它不仅是字词的巧妙组合,而且有抒发情怀的韵律!

人们喜爱哲学,因为它不仅是自然科学与社会科学的浓缩,而且使人更加聪明!

人们喜爱科技,因为它不仅是一个伟大的使者或桥梁,而且是现代物质文明的标志!

而数学之为德,数学之为用,难以用旋律、美景、韵律、聪明、标志等词语来表达!你看,不是吗?

数学精神,科学与人文融合的精神,它是一种理性精神!一种求简、求统、求实、求美的精神!数学精神似一座光辉的灯塔,指引数学发展的航向!数学精神似雨露阳光滋润人们的心田!

数学眼光,使我们看到世间万物充满着带有数学印记的奇妙的科学规律,看到各类书籍和文章的字里行间有着数学的踪迹,使我们看到满眼绚丽多彩的数学洞天!

数学思想,使我们领悟到数学是用字母和符号谱写的美妙乐曲,充满着和谐的旋律,让人难以忘怀,难以割舍!让我们在思疑中启悟,在思辨中省悟,在体验中领悟!

数学方法,它是人类智慧的结晶,也是人类的思想武器!它像画卷一样描绘着各学科的异草奇葩般的景象,令人目不暇接!它的源头又是那样的寻常!

数学解题,它是人类学习与掌握数学的主要活动,它是数学活动的一个兴奋中心!数学解题理论博大精深,提高其理论水平是永远的话题!

数学技能,它是人类在数学知识的学习过程中逐步形成并发展的一种大脑操作方式,它是一种智慧!它是数学能力的一种标志!操握数学技能是追求的一种基础性目标!

数学应用,给我们展示出了数学的神通广大,它在各个领域与角落闪烁着人类智慧的火花!

数学建模,呈现出了人类文明亮丽的风景!特别是那呈现出的抽象彩虹——一个个精巧的数学模型,璀璨夺目,流光溢彩!

数学竞赛,许多青少年喜爱的一种活动,这种数学活动有着深远的教育价值!它是选拔和培养数学英才的重要方式之一.这种活动可以激励青少年对数学学习的兴趣,可以扩大他们的数学视野,促进创新意识的发展!数学竞赛中的专题培训内容展示了竞赛数学亮丽的风景!

数学测评,检验并促进数学学习效果的重要手段.测评数学的研究是教育数学研究中的一朵奇葩!测评数学的深入研究正期待着我们!

数学史话,充满了前辈们创造与再创造的诱人的心血机智.让我们可以从中汲取丰富的营养!

数学欣赏,对数学喜爱的情感的流淌.这是一种数学思维活动的崇高表情!数学欣赏,引起心灵震撼!真、善、美在欣赏中得到认同与升华!从数学欣赏中领略数学智慧的美妙!从数学欣赏走向数学鉴赏!从数学文化欣赏走向文化数学研究!

因此,我们可以说,你可以不信仰上帝,但不能不信仰数学.

从而,提高我国每一个人的数学文化水平及数学素养,是提高我国各个民族整体素质的重要组成部分,这也是数学基础教育中的重要目标.为此,笔者构思了《中学数学拓展丛书》.

这套丛书是笔者学习张景中院士的教育数学思想,对一些数学素材和数学研究成果进行再创造并以此为指导思想来撰写的;是献给中学师生,试图为他们扩展数学视野、提高数学素养以响应张奠宙教授的倡议:建构符合时代需求的数学常识,享受充满数学智慧的精彩人生的书籍.

不积小流,无以成江河;不积跬步,无以至千里.没有积累便没有丰富的素材,没有整合创新便没有鲜明的特色,这套丛书的写作,是笔者在多年资料的收集、学习笔记的整理及笔者已发表的文章的修改并整合的基础上完成的.因此,每册书末都列出了尽可能多的参考文献,在此,衷心地感谢这些文献的作者.

这套丛书,作者试图以专题的形式,对中小学中典型的数学问题进行广搜深掘来串联,并以此为线索来写作的.

这一本是《数学测评探营》.

探营,是指要采取各种方法深入到第一线获取第一手材料.

要检验数学教育的效果,离不开对被教育者的评价,其中最重要的一环就是用数学测量的方法来检测教育效果.

什么是数学测量呢？数学测量就是根据教育测量的方法表对数学教育效果或过程加以确定.

数学测量不能直接测量,它只能通过检测心理现象的外显行为或外在表现特征来推知个体的心理能力和个性特点等.同时,数学测量很难排除一些无关因素的影响,使之出现随机性或误差.

进行数学测量必须要有相应的测量工具.数学测量的主要工具就是测验,数学测量所用的测验总是由一组题目组成,题目是构成测验的元素,好的测验必须是优良的题目的组合.比如一个以选拔性为目的的测验就应当把具有不同学业水平的考生区分开来,而若该测验中某一道题目所有的考生都得满分或都不得分,这一道题就失了区分不同学业水平考生的效用.可见,选好题目是数学教育进行科学测量的一项重要工作.

作者有着多年参与大型测评试题命制的较多体验,以多年的亲身经历对数学测评进行了探讨,提出了从数学测评到测评数学研究的课题,探营了测评数学内容设计的知识与能力并重方略,测评数学内容的资源开发,测评数学试题中基本题型以及特殊性试题的命制等问题.在这其中,作者提出了一些见解,并以大量的现实考试题为例说明了一些观点,数学高考是一种极为重要的数学测评.因此,例题中高考试题占了较大的比例.

从事测评数学研究是为了更好地进行数学测评,数学测评是数学教育中的一项重要工作,因而从事测评数学研究也就是从事教育教学研究的一部分.这也是作者对研究教育数学做的一些工作.

测评数学的研究,是教育数学研究中的一朵奇葩.教育测量理论的发展,给数学测量工作带来了无限的生机,因而深入研究测评数学是一项任务艰巨而又前途无量的事业.

衷心感谢张奠宙教授在百忙中为本丛书作序!

衷心感谢刘培杰数学工作室,感谢刘培杰老师、张永芹老师等诸位老师,是他们的大力支持和精心编辑,使得本书以这样的面目展现在读者面前!

衷心感谢我的同事邓汉元教授,我的朋友赵雄辉、欧阳新龙、黄仁寿,我的研究生们:羊明亮、吴仁芳、谢圣英、彭喜、谢立红、陈丽芳、谢美丽、陈森君、孔璐璐、邹宇、谢罗庚、彭云飞等对我写作工作的大力协助,还要感谢我的家人对我们写作的大力支持!

沈文选　杨清桃

2018年6月

于岳麓山下

数学精神巡礼

沈文选　杨清桃　著

内容简介

本书共分八章:第一章科学与科学精神;第二章人文与人文精神;第三章数学精神;第四章数学精神的光辉结晶——数学推理;第五章数学精神的显著标志——数学证明;第六章数学精神的灯塔指引——数学推广;第七章数学精神的重要载体——数学思维;第八章数学精神的雨露滋润——数学素养.

本书可作为高等师范院校、教育学院、教师进修学院数学专业及国家级、省级中学数学骨干教师培训班的教材与教学参考用书.本书是广大中学数学教师及数学爱好者的数学视野拓展读物.

前　言

音乐能激发或抚慰情怀,绘画使人赏心悦目,诗歌能动人心弦,哲学使人获得智慧,科技可以改善物质生活,但数学却能提供以上的一切.

——Klein

数学就是对于模式的研究.

——A. N. 怀特海

甚至一个粗糙的数学模型也能帮助我们更好地理解一个实际的情况,因为建立数学模型时,我们通常受限地考虑了各种逻辑,不含混地约定了所有的概念,并且区分了重要的和次要的因素.一个数学模型即使导出了与事实不完全符合的结果,它也还可能是有价值的,因为一个模型的失败常常可以帮助我们去寻找和建立更好的模型.应用数学和战争是相似的,有时一次失败比一次胜利更有价值,因为它帮助我们认识到我们的武器或战略的不适当之处.

——A. Renyi

人们喜爱音乐,因为它不仅有神奇的乐谱,而且有悦耳的优美旋律!

人们喜爱画卷,因为它不仅能描绘出自然界的壮丽,而且可以描绘人间美景!

人们喜爱诗歌,因为它不仅是字词的巧妙组合,而且有抒发情怀的韵律!

人们喜爱哲学,因为它不仅是自然科学与社会科学的浓缩,而且使人更加聪明!

人们喜爱科技,因为它不仅是一个伟大的使者或桥梁,而且是现代物质文明的标志!

而数学之为德,数学之为用,难以用旋律、美景、韵律、聪明、标志等词语来表达!

你看,不是吗?

数学精神,科学与人文融合的精神,它是一种理性精神,一种求简、求统、求实、求美的精神! 数学精神似一座光辉的灯塔,指引数学发展的航向! 数学精神似雨露阳光滋润人们的心田!

数学眼光,使我们看到世间万物充满着带有数学印记的奇妙的科学规律,看到各类书籍和文章的字里行间的数学踪迹,使我们看到满眼绚丽多彩的数学洞天!

数学思想,使我们领悟到数学是用字母和符号谱写的美妙乐曲,充满着和谐的旋律,让人难以忘怀,难以割舍! 让我们在思疑中启悟,在思辨中省悟,在体验中领悟!

数学方法,它是人类智慧的结晶,也是人类的思想武器!

它像画卷一样描绘着各学科的异草奇葩般的景象,令人目不暇接!它的源头又是那样的寻常!

数学解题,人类学习与掌握数学的主要活动,它是数学活动的一个兴奋中心!数学解题理论博大精深,提高其理论水平是永远的话题!

数学技能,在数学知识的学习过程中逐步形成并发展的一种大脑操作方式.它是一种智慧!它是数学能力的一种标志!操握数学技能是应能达到的一种基础性目标!

数学应用,给我们展示出了数学的神通广大,在各个领域与角落闪烁着人类智慧的火花!

数学建模,呈现出了人类文明亮丽的风景!特别是那呈现出的抽象彩虹——一个个精巧的数学模型,璀璨夺目,流光溢彩!

数学竞赛,许多青少年喜爱的一种活动,这种数学活动有着深远的教育价值!它是选拔和培养数学英才的重要方式之一.这种活动可以激励青少年对数学学习的兴趣,可以扩大他们的数学视野,促进创新意识的发展!数学竞赛中的专题培训内容展示了竞赛数学亮丽的风采!

数学测评,检验并促进数学学习效果的重要手段!测评数学的研究是教育数学研究中的一朵奇葩!测评数学的深入研究正期待着我们!

数学史话,充满了诱人的前辈们的创造与再创造的心血机智,让我们可以从中汲取丰富的营养!

数学欣赏,对数学喜爱的情感的流淌.这是一种数学思维活动的崇高情感表达.数学欣赏,引起心灵震撼,真、善、美在欣赏中得到认同与升华.从数学欣赏中领略数学智慧的美妙,从数学欣赏走向数学鉴赏,从数学文化欣赏走向数学文化研究!

因此,我们可以说,你可以不信仰上帝,但不能不信仰数学.

从而,提高我国每一个人的数学文化水平及数学素养,是提高我国各个民族整体素质的重要组成部分,这也是数学基础教育中的重要目标.为此,笔者构思了这套书.

这套书是笔者学习张景中院士的教育教学思想,对一些数学素材和数学研究成果进行再创造并以此为指导思想来撰写的;是献给中学师生,试图为他们扩展数学视野、提高数学素养以响应张奠宙教授的倡议——构建符合时代需求的数学常识,享受充满数学智慧的书籍.

不积小流无以成江河,不积跬步无以至千里,没有积累便没有丰富的素材,没有整合创新便没有鲜明的特色. 这套书的写作,是笔者在多年资料的收集、学习笔记的整理及笔者已发表的文章的修改并整合的基础上完成的. 因此,每本书末都列出了尽可能多的参考文献. 在此,笔者也衷心地感谢这些文献的作者.

这套书,作者试图以专题的形式,对中小学中典型的数学问题进行广搜深掘来串联,并以此为线索来写作的.

本册书是《数学精神巡礼》.

数学精神是科学精神与人文精神的融合. 因为数学是科学与人文的共同基因,科学与人文都借助数学,依赖数学来完成各自的使命.

这是一种理性精神. 数学的证明与公理化,数学的抽象与应用性,构成了数学理性的几个主要特性.

数学的求简、求统、求实、求美精神体现了数学精神的主要内容.

数学中的求简精神主要表现于表达形式的简洁、求解方法的简洁以及逻辑结构的简洁;数学中的求统精神主要表现于追求数学形式的统一,数学内容的统一,数学处理手段的统一,等等;数学的求实精神主要表现于追求从数学现实出发,追寻数学实质,揭示数学问题的实际联系;数学求美精神主要表现于追求内在的美、表现的形式美、运用的功能美等,在美的熏陶下,得到情感共鸣和思维启迪.

数学精神的光辉结晶,这就是数学推理. 数学推理有论证推理、合情推理,合情推理中有归纳推理和类比推理.

数学精神的显著标志,这就是数学证明. 数学证明是一种特殊形式的推理,这是一种与科学的证明存在深刻差别的证明. 科学的证明依赖于观察、实验和理解力,而数学证明依靠逻辑推理,数学证明是有绝对的意义,是无可怀疑的,一旦证明了就永远是对的.

数学精神的灯塔指引便可获得数学推广. 数学推广是一种重要的创造性活动,数学推广闪现着创造性火花,数学推广是一种全面、主动、积极的数学学习方式.

数学精神的重要载体,这就是数学思维. 数学本身既是数学思维的结果,又是科学思维的工具. 思维是人类特有的一种能力,思维的规律谓之逻辑,善于运用逻辑的人易于摘下智慧之果!

数学精神的雨露滋润,培育了数学素养. 数学素养是一种数学情感态度价值观的呈现,是数学知识、数学能力的综合体现.

数学精神似一幅崭新的蓝图,启引我们追寻梦想,昂首疾步!

数学精神似一艘现代化航母,载着我们劈波斩浪,一往无前!

衷心感谢张奠宙教授在百忙中为本套书作序!

衷心感谢刘培杰数学工作室,感谢刘培杰老师、张永芹老师、李宏艳老师、陈雅君老师等诸位老师,是他们的大力支持,精心编辑,使得本书以这样的面貌展现在读者面前!

衷心感谢我的同事邓汉元教授,我的朋友赵雄辉、欧阳新龙、黄仁寿及我的研究生们:羊明亮、吴仁芳、谢圣英、彭喜、谢立红、陈丽芳、谢美丽、陈淼君、孔璐璐、邹宇、谢罗庚、彭云飞等对我写作工作的大力协助,还要感谢我们的家人对我们写作的大力支持!

沈文选　杨清桃
于岳麓山下
2017 年 6 月

编辑手记

沈文选先生是我多年的挚友,我又是这套丛书的策划编辑,所以有必要在这套书即将出版之际,说上两句.

有人说:“现在,书籍越来越多,过于垃圾,过于商业,过于功利,过于弱智,无书可读."

还有人说:"从前,出书难,总量少,好书就像沙滩上的鹅卵石一样显而易见,而现在书籍的总量在无限扩张,而佳作却无法迅速膨化,好书便如埋在沙砾里的金粉一样细屑不可寻,一读便上当,看书的机会成本越来越大."(无书可读 —— 中国图书业的另类观察,侯虹斌《新周刊》,2003,总 166 期)

但凡事总有例外,摆在我面前的沈文选先生的著作便是一个小概率事件的结果. 文如其人,作品即是人品,现在认认真真做学问,老老实实写著作的学者已不多见,沈先生算是其中一位. 用书法大师、教育家启功给北京师范大学所题的校训"学为人师,行为世艺"来写照,恰如其分. 沈先生"从一而终",从教近四十年,除偶有涉及 n 维空间上的单形研究外,将全部精力投入到初等数学的研究中,不可不谓执着,成果也是显著的,称其著作等身并不为过.

目前,国内高校也开始流传美国学界历来的说法"不发表则自毙(Publish or Perish)". 于是大量应景之作迭出,但沈先生已退休,并无此压力,只是想将多年的研究做个总结,可算封山之作. 所以说这套书是无书可读时代的可读之书,选读此套书可将读书的机会成本降至无穷小.

这套书非考试之用,所以切不可抱功利之心去读. 中国最可怕的事不是大众不读书,而是教师不读书,沈先生的书既是给学生读的,也是给教师读的. 2001 年陈丹青在上海《艺术世界》杂志开办专栏时,他采取读者提问他回答的互动方式. 有一位读者直截了当地问:"你认为在艺术中能够得到什么?"陈丹青答道:"得到所谓'艺术':有时自以为得到了,有时发现并没得到."(陈丹青. 与陈丹青交谈. 上海文艺出版社,2007,第 12 页.) 读艺术如此,读数学也如此. 如果非要给自己一个读的理由,可以用一首诗来说服自己,曾有人将古代五言《神童诗》扩展成七言:

古今天子重英豪,学内文章教尔曹.

世上万般皆下品,人间唯有读书高.

沈先生的书涉猎极广,可以说只要对数学感兴趣的人都会开卷有益,可自学,可竞赛,可教学,可欣赏,可把玩,只是不宜远离.米兰·昆德拉在《小说的艺术》中说:“缺乏艺术细胞并不可怕,一个人完全可以不读普鲁斯特,不听舒伯特,而生活得很平和,但一个蔑视艺术的人不可能平和地生活.”(米兰·昆德拉.小说的艺术.董强,译.上海译文出版社,2004,第169页.)将艺术换以数学,结论也成立.

本套丛书旨在提高公众数学素养,打个比方说,它不是药,但它是营养素与维生素,缺少它短期似无大碍,长期缺乏必有大害.2007年9月初,法国中小学开学之际,法国总统尼古拉·萨科奇发表了长达32页的《致教育者的一封信》,其中他严肃指出:当前法国教育中的普通文化日渐衰退,而专业化学习经常过细、过早.他认为:“学者、工程师、技术员不能没有文学、艺术、哲学素养;作家、艺术家、哲学家不能没有科学、技术、数学素养.”

最后我们祝沈老师退休生活愉快,为数学工作了一辈子,教了那么多学生,写了那么多书和论文,您太累了,也该歇歇了.

刘培杰

2018年3月1日

初等数学研究在中国
（第 1 辑）

杨学枝　刘培杰　主编

内容简介

本书旨在汇聚中小学数学教育教学和初等数学研究最新成果，提供学习与交流的平台，促进中小学数学教育教学和初等数学研究水平的提高.

本书适合大中学师生阅读，也可供数学爱好者参考研读.

创刊辞

士兵打仗需要有阵地，研究人员搞研究同样也需要阵地，那就是拥有一本属于自己的学术刊物. 一份期刊就像行军者的号角，恰似流浪者的家园，更像是同好者的俱乐部，也可能是失意者心灵的慰藉.

20 世纪 80 年代以降，初等数学研究在中国由盛而衰，逐渐式微. 从振臂一呼应者云集到星星之火，散兵游勇. 但爱好初等数学研究是一种癖. 古人云：“人无癖不可与交，以其无深情也.” 对某项事业用情至深便形成了某种癖好，一旦养成，终身受累. 所以以中国之大，人口之多，我们可以断言，初等数学研究的“铁粉”“死忠粉” 一定会大有人在，要让他们心有所系，神有所安，于是在各位同仁的热心鼓励和倡导之下，一本新的刊物诞生了，我们为之欢呼，为之雀跃.

余生也晚，有幸受杨学枝主编之命，在刊首写上几句，其实对于旧时文人来讲，佛头着粪与狗尾续貂是最受诟病的，但与杨主编相识多年，亦师亦友，所以恭敬不如从命.

余以为本期有以下三个亮点：

第一个亮点是"现冰山之一角"，即从院士思维的宏大体系中截取一小段供爱好者赏析之余，同时对海水之下庞大的冰山保持敬畏之心.

本期的卷首文章是林群、张景中院士的"余弦面积正弦高". 学数学有一句名言叫："要向大师学习，而不要向他的学生学." 杨振宁先生对此也深表认同. 他曾在一次访谈中回忆说：

> 先讲数学. 在我念大学一年级的时候，我父亲从图书馆借来一本《纯数学》(*Pure Mathematics*)，这是20世纪初一个英国的大数学家Hardy写的，我看了这本《纯数学》后大开眼界，什么缘故呢？因为所有世界上的数学在开始的时候都是像教小孩子1、2、3、4、小数点、分数这样出来的，但是，对整个逻辑系统没有注意. 这本书的整个方法是从逻辑的系统开始的，这使得当时16岁的我忽然了解到，数学的结构原来还可以有另外一种看法，这对我是一个很大的启发.
>
> (摘自《杨振宁的科学世界：数学与物理的交融》，季理真、林开亮主编，高等教育出版社，2018.)

微积分是近代数学的起点，也是所有学数学困难者的梦魇. 但这又是门槛，想向更高的层次迈进，熟练掌握微积分是必需的.

哈佛大学数学系主任丘成桐和普林斯顿大学数学系前主任Elias Stein经常告诫学生：一切高级的数学，归根结底都是微积分和线性代数的各种变化.

所以全社会都有低成本、高效率学习微积分的需求，于是各种解决方案应运而生. 几乎每一位大家都有自己的一套，光是中科大数学系早年就有三种方法体系,即“华龙、吴龙、关龙”.

第二个亮点是:居江湖之远与庙堂之高者同台献技.

本期文章的作者中有功成名就的鸿学大儒,但更多的是默默耕耘在三尺讲台的普通中学教师.但他们无一例外都是所研究之专题的行家,读他们的文章,借用梁启超的话说:“庶可为向学之士省精力,亦可唤起学问上兴味也.”(梁启超《清代学术概论》)

特别是许多作者都已经有了自己的著作,如“关于 Walker 不等式的单形推广”的作者樊益武,他是西安交通大学附属中学的老师,其专著《四面体不等式》甫一出版,即获好评.因为这是中国第一本专门论述四面体不等式的专著.

国人著书立说是有悠久传统的.中国有个成语叫“著书立说”,出自清代吴敬梓的《儒林外史》,第五十三回中有“将南京元武湖赐予庄尚志著书立说,鼓吹休明”之句;源自唐代陈黯的《诘凤》,《诘凤》中说“扬雄亦慕仲尼之教者,以著书立言为事,得自易哉”,“立言”就是“立说”.“立言”所论人事是汉代扬雄和春秋时孔子著书的事情,也就是说,早在两千五百年前,孔子“著书”的重要目的就是立说.

本期中有些作者虽然并非专业人员,但他们无疑都具有很高的数学水准.如“Fibonacci 数列的模阵表示”的作者程静.程静虽然目前工作于广东成德电子科技股份有限公司,但他毕业于武汉大学数学系.著名神童数学家 N. Weiner 指出:数学家脱离其公众的表现,并不主要是因为一种智力美学的势力观点,而更多的是因为一个业余爱好者只有达到很高的必要训练水平才有可能欣赏展示给他的那些内容,还因为如果缺少这种技术上的欣赏力,外行人似乎根本没有可以感觉任何事情的渠道,哪怕仅仅是被动的感知.

第三个亮点是:莺飞草长,春色满园,即维护多样性.本刊所登论文的方向几乎涵盖初等数学的所有方向,有数论、图论、组合论、几何、不等式、趣味数学、数学史、高考研究,等等.我们都知道,多样性是生物界带给我们的重要启示.

作为远古霸主的恐龙在地球上生活了亿万年,最终只化为几根骨头留给了世人. 而在各种灾难面前,憨态可掬的大熊猫竟稳当地生活了 800 万年依旧潇洒,成为科学家研究生物进化的“活化石”,一举奠定了其国宝级地位.

然而这个没事就卖卖萌的家伙,是靠什么活到了现在? 据科学家研究发现:这一切可能归因于大熊猫是个吃货. 近日在线发表在《当代生物学》的一项研究发现,历史演化过程中,大熊猫曾经口味多样,适应性超强.

在 2019 年罗马尼亚大师杯数学竞赛(Romanian Master of Mathematics)上,中国代表队因第三题是一个我们不熟悉的图论题目,完全没有落入我们大量刷口味单一陈题的套路之中,所以被团灭. 本期中苏克义、陈祥恩、于全高的“关于完全三部图 $K(n-m,n,n+k)$ 色唯一性的判定”,就是一篇图论方面的好文章,我们期待更多的图论文章出现.

李明教授的“从德国 80 后数学家获得菲尔兹奖谈第二次世界大战后的德国数学家”一文则从道的层面介绍了德国数学家“天才成群出现”的社会现象,这对中国这个数学大国变成数学强国大有益处.

早在东汉班固《通幽赋》中就说道:“道混成而自然兮,术同原而分流”;唐代韩愈《师说》中也说道:“闻道有先后,术业有专攻”;西汉司马谈《论六家要旨》,“大道之要,去健羡,绌聪明,释此而任术. 夫神大用则竭,形大劳则敝”.

本刊是《中国初等数学研究》的延续,由于某项规定,难再以中国二字开头,所以改成《初等数学研究在中国》,以系列图书形式推出.

法国出版家加斯东·加利玛尔感慨:“在这个行当干了四十年,我只能告诉你一件事,就是我们永远无法预测一本书的命运.”一本书的社会影响,在于阅读之后,初衷可揭橥否? 命由己造,相由心生,世间万物皆是化相,书命也如此. 山间兰芝,暗香浮动;空中鸿鸢,目标远方. 以飘忽之思,运空灵之笔,文笔之外,关键在于思想的光芒. 没有火,焉有烟,功夫达到极致,而后精神可立.

《新喜剧之王》里有一句台词非常打动笔者:你觉得你有机会吗? 我有,你永远都没有. 永远是多远啊? 永远就是从现在直到宇宙毁灭.那宇宙毁灭之后呢?

希望这份坚持可以感染到我们从事初等数学研究的每一个人.正如一位著名作家赠给一位书友的一个条幅所写:道有精粗傻乃大,诗无新旧放而雄.是为序.

刘培杰

2019年3月5日

于哈工大

澳大利亚中学数学竞赛试题及解答·初级卷·1978—1984

刘培杰数学工作室　编

内容简介

本书收录了1978年至1984年澳大利亚中学数学竞赛初级卷的全部试题,并给出了详细解答,其中一些题目给出了多种解答方法,以便读者加深对问题的理解并拓宽思路.

本书适合中小学生及数学爱好者参考阅读.

编辑手记

数学竞赛是一项吸引人的活动,著名数学家M. Gardner指出:初学者解答一个巧题时得到了快乐,数学家解决了更先进的问题时也得到了快乐,在这两种快乐之间没有很大的区别.二者都关注美丽动人之处——即支撑着所有结构的那匀称的,定义分明的,神秘的和迷人的秩序.

由于中国数学奥林匹克如同乒乓球和围棋一样在世界享有盛誉,所以有关数学竞赛的书籍也多如牛毛,但这是本工作室首次出版澳大利亚的数学竞赛题解.

澳大利亚笔者没有去过,但与之相邻的新西兰笔者去过多次,虽然新西兰也出过菲尔兹奖得主即琼斯——琼斯多项式的提出者,但整体上数学教育水平还是澳大利亚略高一筹.以至于新西兰中小学生参加的数学竞赛还是使用澳大利亚的竞赛题目,按说从历史上看新西兰的早期移民大多是欧洲的贵族,而澳大利亚居民大多是被发配的罪犯,经过百年的历史演变可以看出社会制度的威力,这是值得我们深思的.

回顾历史,19世纪的欧洲,大量的娱乐时间意味着一个人的社会地位很高:一位哲学家曾这样描述1840年前后巴黎文人、学士的生活——他们的时间十分富余,以至于在游乐场遛乌龟成了一件非常时髦的事情,类似的项目在澳大利亚还能找到.

摘一段《数学竞赛史话》(单墫著,广西教育出版社,1990.)中关于澳大利亚数学竞赛的介绍.

> 第29届IMO于1988年在澳大利亚首都堪培拉举行.
>
> 这一届IMO有49个国家和地区参加,选手达到268名,规模之大超过以往任何一届.
>
> 这一年,恰逢澳大利亚建国200周年,整个IMO的活动在十分热烈、隆重的气氛中进行.
>
> 这是第一次在南半球举行的IMO,也是第一次在亚洲地区和太平洋沿岸地区举行的IMO.参赛的非欧洲国家和地区有25个,第一次超过了欧洲国家(24个).
>
> 东道主澳大利亚自1971年开展全国性的数学竞赛,并且在70年代末成立了设在国家科学院之下的澳大利亚数学奥林匹克委员会,该委员会专门负责选拔和培训澳大利亚参加IMO的代表队.澳大利亚各州都有一名人员参加这个委员会的工作.澳大利亚自1981年起,每年都参加IMO.IMO(物理、化学奥林匹克)的培训都在堪培拉高等教育学院进行.澳大利亚数学会一直对这个活动给予经费与业务方面的支持和帮助.澳大利亚IBM有限公司每年提供赞助.
>
> 早在1982年,澳大利亚数学会及一些数学界、教育界人士就提出在1988年庆祝该国建国200周年之

际举办IMO.澳大利亚政府接受了这一建议,并确定第29届IMO为澳大利亚建国200周年的教育庆祝活动.在1984年成立了"澳大利亚1988年IMO委员会".委员会的成员包括政府、科学、教育、企业等各界人士.澳大利亚为第29届IMO做了大量准备工作,政府要员也纷纷出马.总理霍克与教育部部长为举办IMO所印的宣传册等写祝词.霍克还出席了竞赛的颁奖仪式,他亲自为荣获金奖(一等奖)的17位中学生(包括我国的何宏宇和陈晞)颁奖,并发表了热情洋溢的讲话.竞赛期间澳大利亚国土部部长在国会大厦为各国领队举行了招待会,国家科学院院长也举办了鸡尾酒会.竞赛结束时,教育部部长设宴招待所有参加IMO的人员.澳大利亚数学界的教授、学者也做了大量的组织接待及业务工作,为这届IMO做出了巨大的贡献.竞赛地点在堪培拉高等教育学院.组织者除了堪培拉的活动外,还安排了各代表队在悉尼的旅游.澳大利亚IBM公司将这届IMO列为该公司1988年的14项工作之一,它是这届IMO的最大的赞助商.

竞赛的最高领导机构是"澳大利亚1988年IMO委员会",由23人组成(其中有7位教授,4位博士).主席为澳大利亚科学院院士、亚特兰大大学的波茨(R. Potts)教授.在1984年至1988年期间,该委员会开过3次会来确定组织机构、组织方案、经费筹措等重大问题.在1984年的会议上决定成立"1988年IMO组织委员会",负责具体的组织工作.

组委会共有13人(其中有3位教授,4位博士),主席为堪培拉高等教育学院的奥哈伦(P. J. O'Halloran)先生,波茨教授也是组委会委员.

组委会下设6个委员会.

1. 学术委员会

主席由组委会委员、新南威尔士大学的戴维·亨特(D. Hunt)博士担任.下设两个委员会:

(1)选题委员会.由6人组成(包括3位教授,1位副教授和1位博士.其中有两位为科学院院士).该委员会负责对各国提供的赛题进行审查、挑选,并推荐其中的一些题目给主试委员会讨论.

(2)协调委员会.由主任协调员1人,高级协调员6人(其中有两位教授,1位副教授,1位博士),协调员33人(其中有5位副教授,18位博士)组成.协调员中有5位曾代表澳大利亚参加IMO并获奖.协调委员会负责试卷的评分工作:分为6个组,每组在1位高级协调员的领导下核定一道试题的评分.

2.活动计划委员会

该委员会有70人左右,负责竞赛期间各代表队的食宿、交通、活动等后勤工作.给每个代表队配备1位向导.向导身着印有IMO标记的统一服装.各队如有什么要求或问题均可通过向导反映.IMO的一切活动也由向导传送到各代表队.

3.信息委员会

负责竞赛前及竞赛期间的文件的编印,准备奖品和证书等.

4.礼仪委员会

负责澳大利亚政府为1988年IMO组织的庆典仪式、宴会等活动.由内阁有关部门、澳大利亚数学基金会、首都特区教育部门、一些院校及社会公益部门的人员组成.

5.财务委员会

负责这届IMO的财务管理.由两位博士分别担任主席和顾问,一位教授任司库.

6.主试委员会(Jury,或译为评审委员会)

由澳大利亚数学界人士和各国或地区领队组成.主席为波茨教授.别设副主席、翻译、秘书各1位.

主试委员会为IMO的核心.有关竞赛的任何重大问题必须经主试委员会表决通过后才能施行,所以主席必须是数学界的权威人士,办事果断并具有相当的外交经验.

以上6个委员会共约140人,有些人身兼数职.各机构职能分明又互相配合.

这届竞赛活动于1988年7月9日开始.各代表队在当日抵达悉尼并于当日去新南威尔士大学报到.领队报到后就离开代表队住在另一个宾馆,并于11日去往堪培拉.各代表队在副领队的带领下由澳大利亚方面安排在悉尼参观游览,14日去往堪培拉,住在堪培拉高等教育学院.

领队抵达堪培拉后,住在澳大利亚国立大学,参加主试委员会,确定竞赛试题,译成本国文字.在竞赛的第二天(16日)领队与本国或本地区代表队汇合,并与副领队一起批阅试卷.

竞赛在15、16日两天上午进行,从8:30开始,有15个考场,每个考场有17至18名学生.同一代表队的选手分布在不同的考场.比赛的前半小时(8:30—9:00)为学生提问时间.每个学生有三张试卷,一题一张;又有三张专供提问的纸,也是一题一张.试卷和问题纸上印有学生的编号和题号.学生将问题写在问题纸上由传递员传送.此时领队们在距考场不远的教室等候.学生所提问题由传递员首先送给主试委员会主席过目后,再交给领队.领队必须将学生所提问题译成工作语言当众宣读,由主试委员会决定是否应当回答.领队的回答写好后,必须当众宣读,经主试委员会表决同意后,再由传递员送给学生.

阅卷的结果及时公布在记分牌上.各代表队的成绩如何,一目了然.

根据中国香港代表队的建议,第29届IMO首次设立了荣誉奖,颁发给那些虽然未能获得一、二、三等奖,但至少有一道题得到满分的选手.于是有26个代表队的33名选手获得了荣誉奖,其中有7个代表队是没有获得一、二、三等奖的.设置荣誉奖的做法,显然有利于调动更多国家或地区、更多选手的积极性.

在整个竞赛期间,澳大利亚工作人员认真负责,彬彬有礼,效率之高令人赞叹!

为了表达对大家的感谢,荷兰领队J. Noten boom教授完成了一件奇迹般的工作,他用200个高脚玻璃杯组成了一个大球(非常优美的数学模型!),在告别宴会上赠给组委会主席奥哈伦教授.

单墫教授当年在这本著作出版后即赠了一本给笔者,二十多年过去了,这本书仍留在笔者的案头上,听说最近又要再版了.

寥寥数语,是以为记.

刘培杰

2019. 2. 21

于哈工大

天才中小学生智力测验题（第一卷）

刘培杰数学工作室　编

编辑手记

国家与国家之间的竞争归根到底是人才的竞争，就像第二次世界大战之后数学人才大量涌入美国，一下子使世界数学中心移到了美国，直到今天都独执牛耳. 家族与家族的竞争更是如此，中国近代史上的曾氏家族、梁氏家族、钱氏家族等无一不是人才辈出，经世不衰. 国人由于传统的历史及贯彻独生子女政策几十年，使得几乎所有的家庭都普遍存在望子成龙的奢求以及输不起的焦虑，对子女教育，特别是幼年时期的子女教育格外重视，都希望自己家里能培养出一个小天才，于是各种测试便充斥于世.

其实，从教育学和数学的角度讲，一位少年天才特别是数学天才是很难被早期发现的. 它是有一定规律和发现手段的，像大家津津乐道的匈牙利数学家Erdös考查天才少年Pósa的题目不是什么人都能想出来的，而且很多时候还会出现乌龙.

网上流传一道"六年级奥数题"，后来人们发现六年级的知识根本就做不了.

著名解题能手杭州市东洲中学骆来根老师给出解法1；华南师范大学的吴康教授给出解法2；广东省初等数学学会常务理事、澳门培正中学数学科组长胡俊明先生给出解法3.

题目 如图1,求阴影部分的面积(六年级).

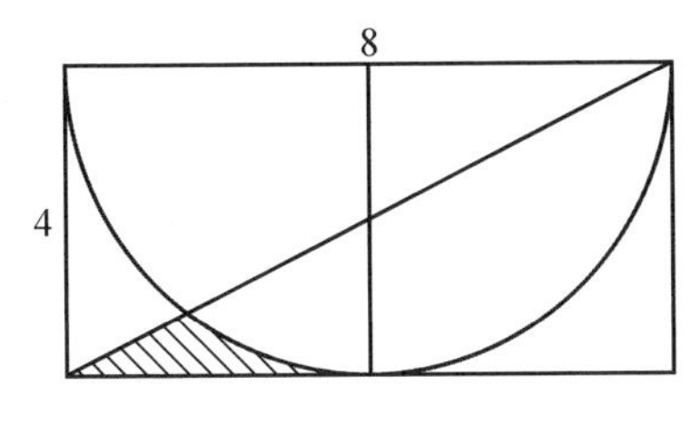

图1

解法1 如图2,易得 $DF=\frac{8\sqrt{5}}{5}$,$CF=\frac{16\sqrt{5}}{5}$,由余弦定理,得

$$\cos\theta=\frac{4^2+4^2-\left(\frac{16\sqrt{5}}{5}\right)^2}{2\times4\times4}=-\frac{3}{5}$$

$$\theta=\pi-\arccos\frac{3}{5}$$

$$\sin\theta=\frac{4}{5}$$

$$\begin{aligned}S_{\text{弓形}CEF}&=S_{\text{扇形}COF}-S_{\triangle COF}=8\theta-\frac{32}{5}\\&=8\pi-8\arccos\frac{3}{5}-\frac{32}{5}\end{aligned}$$

$$S_{\text{弓形}CaE}=\frac{1}{4}S_{\text{圆}O}-S_{\triangle COE}=4\pi-8$$

$$\begin{aligned}S_{\text{阴影}}&=S_{\triangle ABC}-S_{\text{弓形}CEF}-S_{\triangle BCE}+S_{\text{弓形}CaE}\\&=16-\left(8\pi-\frac{32}{5}-8\arccos\frac{3}{5}\right)-8+(4\pi-8)\\&=8\arccos\frac{3}{5}-4\pi+\frac{32}{5}\end{aligned}$$

或

$$\begin{aligned}S_{\text{阴影}}&=S_{\triangle ACE}+S_{\text{弓形}CaE}-S_{\text{弓形}CEF}\\&=8+4\pi-8-\left(8\pi-\frac{32}{5}-8\arccos\frac{3}{5}\right)\end{aligned}$$

$$= 8\arccos\frac{3}{5} - 4\pi + \frac{32}{5}$$

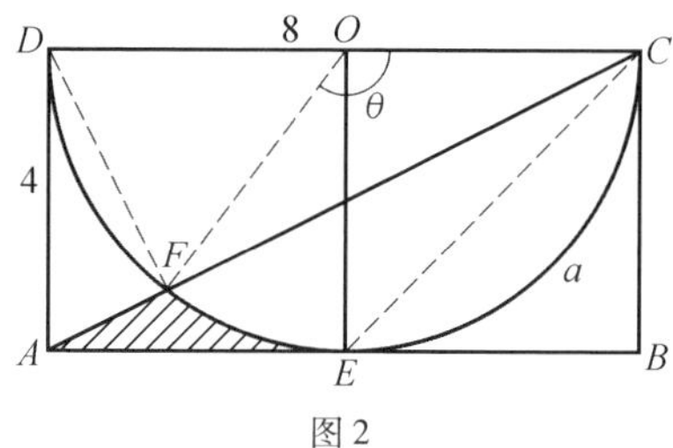

图2

解法2 如图3,以 O 为原点,OC 为 x 轴正向,OF 为 y 轴正向,作平面直角坐标系,易见 $B(8,4)$,直线 OB 的方程为

$$y = \frac{1}{2}x \tag{1}$$

半圆的方程为

$$(x-4)^2 + (y-4)^2 = 4^2 \quad (0 \leqslant x \leqslant 8, 0 \leqslant y \leqslant 4) \tag{2}$$

联立两个方程求解点 E 的坐标 (a,b),把方程(1)代入(2),得

$$(2y-4)^2 + (y-4)^2 = 4^2 \tag{3}$$

即

$$5y^2 - 24y + 16 = 0 \tag{4}$$

解得

$$y = \frac{4}{5} \tag{5}$$

方程(2)可写为

$$x = 4 - \sqrt{8y - y^2} \tag{6}$$

于是

$$S_{阴影} = \int_0^{4/5} [(4 - \sqrt{8y - y^2}) - 2y]\mathrm{d}y$$

$$= \left[4y - \frac{y-4}{2}\sqrt{8y-y^2} - 8\arcsin\left(\frac{y}{4} - 1\right) - y^2\right]\Bigg|_0^{4/5}$$

$$= \left(\frac{16}{5} + \frac{96}{25} + 8\arcsin\frac{4}{5} - \frac{16}{25}\right) - 8\arcsin 1$$

$$= \frac{32}{5} + 8\arcsin\frac{4}{5} - 4\pi \tag{7}$$

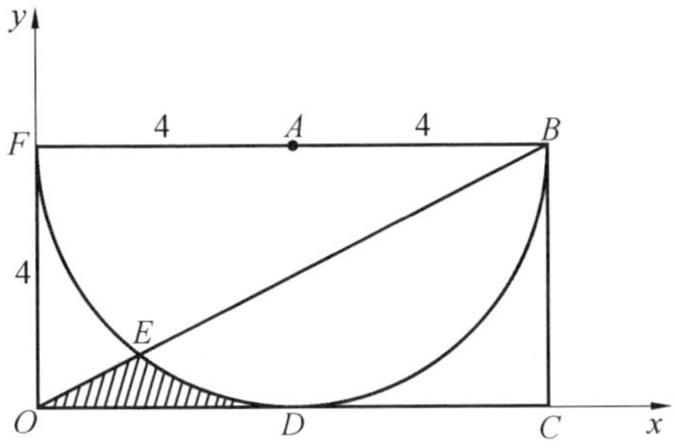

图3

解法3　如图4，有

$$AC = 4\sqrt{5} \quad（勾股定理）$$

$$\angle DFC = 90^\circ \quad（半圆上圆周角为直角）$$

设 $AF = x, DF = y$，则

$$\frac{1}{2}y \cdot 4\sqrt{5} = \frac{1}{2} \cdot 4 \cdot 8 \Rightarrow y = \frac{8}{\sqrt{5}} \quad（等面积计算）$$

$$x = \frac{4}{\sqrt{5}} \quad（相似三角形）$$

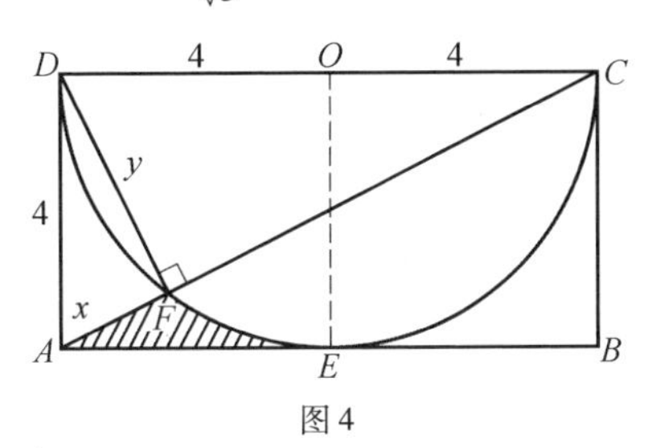

图4

如图5，有

$$GF = \frac{4}{\sqrt{5}} \quad（G 为中点，等腰三角形三线合一）$$

$$OG = \frac{8}{\sqrt{5}} \quad（勾股定理）$$

$$\sin\theta=\frac{\frac{4}{\sqrt{5}}}{4}=\frac{1}{\sqrt{5}}\quad（三角函数）$$

$$\theta=\arcsin\left(\frac{1}{\sqrt{5}}\right)\quad（反三角函数）$$

$$\begin{aligned}S_{弓形}&=S_{扇形DOF}-S_{\triangle DOF}\\&=\frac{1}{2}\times4\times4\times2\arcsin\left(\frac{1}{\sqrt{5}}\right)-\frac{1}{2}\times\frac{8}{\sqrt{5}}\times\frac{8}{\sqrt{5}}\\&=16\arcsin\left(\frac{1}{\sqrt{5}}\right)-\frac{32}{5}\end{aligned}$$

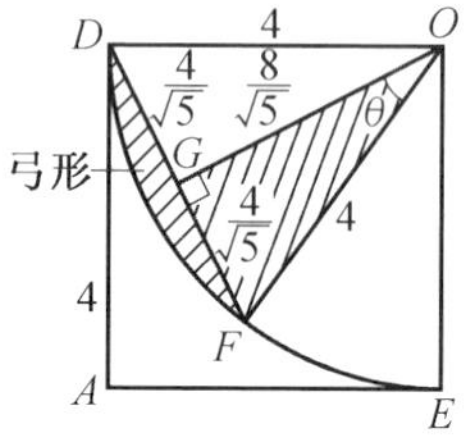

图 5

如图 6，有

$$\begin{aligned}&所求的阴影面积\\&=4\times4-\frac{1}{2}\times\frac{4}{\sqrt{5}}\times\frac{8}{\sqrt{5}}-\frac{1}{4}\times4\times4\times\pi+\\&\left[16\arcsin\left(\frac{1}{\sqrt{5}}\right)-\frac{32}{5}\right]\\&=\frac{32}{5}-4\pi+16\arcsin\frac{1}{\sqrt{5}}\end{aligned}$$

为了更好地说明此类问题，吴康教授还举了另外一个例子：

例 1 如图 7，边长为 1 的正方形 $OABC$ 的内切圆 P 与圆 C 围成月牙形（图中阴影部分），求其面积 S.

解 记曲边 $\triangle ADE$ 的面积为 S_1，曲边 $\triangle ODG$ 的面积为 S_2. 由对称性与相似图形的性质，易得

$$S+S_1+2S_2=4S_1=S_{正方形OABC}-S_{圆P}$$

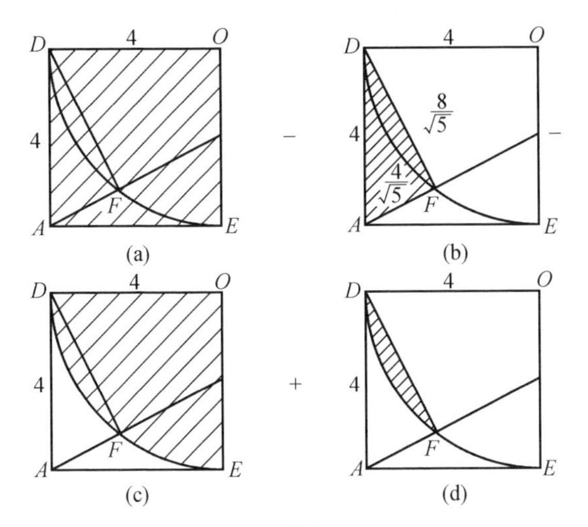

图 6

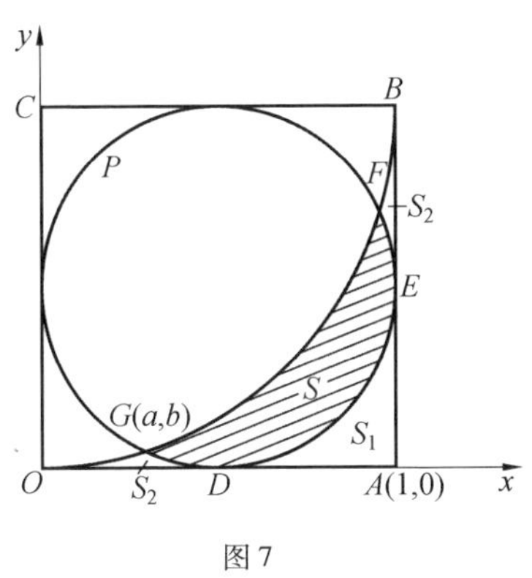

图 7

$$= 1^2 - \pi \times \left(\frac{1}{2}\right)^2$$

$$= 1 - \frac{\pi}{4} \qquad (1)$$

以 O 为原点，OA 为 x 轴正向，OC 为 y 轴正向建立平面直角坐标系，则 $A(1,0)$，$\overparen{OB}$ 的方程为

$$x^2 + (y-1)^2 = 1 \quad (0 \leqslant x \leqslant 1, 0 \leqslant y \leqslant 1) \qquad (2)$$

圆 P 的方程为

$$\left(x-\frac{1}{2}\right)^2+\left(y-\frac{1}{2}\right)^2=\left(\frac{1}{2}\right)^2 \tag{3}$$

联立(2)(3)得方程组,其解(a,b)为 G 的坐标,(2)-(3)得

$$x-y=\frac{1}{4} \tag{4}$$

代入方程(2)得

$$\left(y+\frac{1}{4}\right)^2+(y-1)^2=1$$

可化简为

$$32y^2-24y+1=0 \tag{5}$$

易解得

$$y=b=\frac{3-\sqrt{7}}{8} \tag{6}$$

由方程(3)可得$\overparen{DG}$的方程为

$$x=\frac{1}{2}-\sqrt{y-y^2}\quad(0\leqslant y\leqslant b) \tag{7}$$

由方程(2)可得$\overparen{OG}$的方程为

$$x=\sqrt{2y-y^2}\quad(0\leqslant y\leqslant b) \tag{8}$$

因此

$$\begin{aligned}S_2&=\int_0^b\left[\left(\frac{1}{2}-\sqrt{y-y^2}\right)-\sqrt{2y-y^2}\right]\mathrm{d}y\\&=\left[\frac{y}{2}-\frac{2y-1}{4}\sqrt{y-y^2}-\frac{1}{8}\arcsin(2y-1)-\right.\\&\quad\left.\frac{y-1}{2}\sqrt{2y-y^2}-\frac{1}{2}\arcsin(y-1)\right]\Bigg|_0^b\\&=\frac{b}{2}-\frac{2b-1}{4}\sqrt{b-b^2}-\frac{1}{8}\arcsin(2b-1)-\\&\quad\frac{b-1}{2}\sqrt{2b-b^2}-\frac{1}{2}\arcsin(b-1)+\\&\quad\frac{5}{8}\arcsin(-1)\end{aligned} \tag{9}$$

易求得

$$\begin{cases} b-b^2=\dfrac{3-\sqrt{7}}{8}-\dfrac{16-6\sqrt{7}}{64}=\dfrac{8-2\sqrt{7}}{64} \\ 2b-b^2=\dfrac{3-\sqrt{7}}{4}-\dfrac{16-6\sqrt{7}}{64}=\dfrac{32-10\sqrt{7}}{64} \end{cases} \tag{10}$$

从而

$$\begin{aligned} S&=3S_1-2S_2 \\ &=\frac{3}{4}\left(1-\frac{\pi}{4}\right)-\frac{3-\sqrt{7}}{8}-\frac{1+\sqrt{7}}{8}\times\frac{\sqrt{7}-1}{8}- \\ &\quad \frac{1}{4}\arcsin\frac{1+\sqrt{7}}{4}-\frac{5+\sqrt{7}}{8}\times\frac{5-\sqrt{7}}{8}- \\ &\quad \arcsin\frac{5+\sqrt{7}}{8}+\frac{5}{8}\pi \\ &=\frac{\sqrt{7}}{8}+\frac{7}{16}\pi-\frac{1}{4}\arcsin\frac{1+\sqrt{7}}{4}-\arcsin\frac{5+\sqrt{7}}{8} \end{aligned} \tag{11}$$

其实这类貌似简单实则深奥的题目在奥林匹克数学竞赛中时有出现. 美国著名奥林匹克数学竞赛教练 Titu Andreescu 也介绍过一个例子:

例 2 求一切正整数组(x,y),使$x!+y!+3$是完全立方数.

他介绍了 Richard Stong 对这一问题的加强的解. 他评论说这其实要比预料中的难一些.

解 设$x!+y!+3=z^3$,$x,y\geqslant 7$. 我们有$z^3\equiv 3\pmod 7$,因为立方数模 7 余 0,1,6,所以得到矛盾. 于是,不失一般性,设$x\leqslant 6$. 现在讨论下面几种情况:

(1)$x=1$.

$y!+4=z^3$,$y\geqslant 7\Rightarrow z^3\equiv 4\pmod 7$,这不可能,所以要得到一个立方数,就要$y\leqslant 6$.

(2)$x=2$.

$y!+5=z^3$,$y\geqslant 7\Rightarrow z^3\equiv 5\pmod 7$,这不可能,所以$y\leqslant 6$,得到解$y=5$.

(3)$x=3$.

$y!+9=z^3$,$y\geqslant 7\Rightarrow z^3\equiv 2\pmod 7$,这不可能,所以$y\leqslant 6$,得到解$y=6$.

(4) $x=4$. 放到后面处理.

(5) $x=5$.

$y!+123=z^3, y\geqslant 7\Rightarrow z^3\equiv 4(\bmod 7)$, 这不可能, 所以 $y\leqslant 6$, 得到解 $y=2$.

(6) $x=6$.

$y!+723=z^3, y\geqslant 7\Rightarrow z^3\equiv 2(\bmod 7)$, 这不可能, 所以 $y\leqslant 6$, 得到解 $y=3$.

最后, 得到原方程的解是 $(x,y)=(2,5)$, $(x,y)=(3,6)$, $(x,y)=(5,2)$, $(x,y)=(6,3)$.

现在回到情况(4). 因为我们已经处理了 $x\leqslant 6, x\neq 4$ 的情况, 根据对称性, 假定 $y=4$(此时 $24+24+3=51$ 不是立方数), 或 $y\geqslant 7$. 因此 $x!+y!+3=y!+27$ 是 3 的倍数, 所以必是 27 的倍数. 于是必有 $y\geqslant 9$, $y!+27=27m^3$, 或 $\frac{y!}{27}=m^3-1=(m-1)(m^2+m+1)$.

容易检验(将 m 模 9 的值代入), m^2+m+1 不能是 9 的倍数. 如果 p 是整除 m^2+m+1 的质数, 那么 $(2m+1)^2=4(m^2+m+1)-3\equiv -3(\bmod p)$. 因此 $-3(\bmod p)$ 是平方数, 根据二次互反律, $p\equiv 1(\bmod 3)$.

设 $y!=3^a\cdot M\cdot N$, 这里 M 的所有质因数模 3 余 1, N 的所有质因数模 3 余 2. 刚才证明过 $3M\geqslant m^2+m+1$. 因为 $\frac{y!}{27}=3^{a-3}MN=(m-1)(m^2+m+1)$, 所以 $m-1\geqslant 3^{a-4}N$. 于是得到

$$3M\geqslant m^2+m+1\geqslant (m-1)^2\geqslant 3^{2a-8}N^2$$

可改写成以下形式

$$\frac{M}{N}\geqslant 3^{a-6}(y!)^{\frac{1}{3}}$$

下面我们将会看到当 $y\geqslant 9$ 时, 矛盾. 对于所有较小的 y(在下面的证明中, 可以看出 $y<23\ 200$), 用计算进行检验是十分麻烦的. 对于较大的 y, 因为左边至多是以 y 的指数增长的, 而右边增长得快. 为了得到 y 有多大的具体的界, 必须做一些考虑. 这里要用到一些技巧, 但是是初等的. 这就相当于要证明质数数论中某些较容易的部分, 以及引申到等差数列中的质数.

下面给出的所有这些界限可以用更好的命题改进. 注意到这一定义给出:von Mangoldt Lambda 函数定义为

$$\Lambda(n) = \begin{cases} \log p & n = p^r \quad (p\text{ 是某质数}) \\ 0 & (\text{其他情况}) \end{cases}$$

注意到这一定义给出 $\log n = \sum_{d|n} \Lambda(d)$. 再定义 Chebyshev 函数

$$\psi(x) = \log\{1,2,\cdots,x\} = \sum_{n \leqslant x} \Lambda(n)$$

其中$\{1,2,\cdots,x\}$表示 $1,2,\cdots,x$ 的最小公倍数.

再定义 Dirichlet 特征值

$$\chi(n) = \begin{cases} 0 & n \equiv 0(\bmod 3) \\ 1 & n \equiv 1(\bmod 3) \\ -1 & n \equiv 2(\bmod 3) \end{cases}$$

注意到对于所有整数 a,b,有$\chi(ab) = \chi(a)\chi(b)$.

我们用这些定义计算$(n = dm)$

$$\log(y!) = \sum_{n \leqslant y} \log n = \sum_{n \leqslant y} \sum_{d|n} \Lambda(d)$$

$$= \sum_{n \leqslant y} \Lambda(d) \sum_{m \leqslant \frac{y}{d}} 1 = \sum_{n \leqslant y} \left\lfloor \frac{y}{d} \right\rfloor \Lambda(d)$$

这一公式中 $\log p$ 的系数是以下熟知的结果:$y!$ 的 p 的倍数的个数是

$$\left\lfloor \frac{y}{p} \right\rfloor \left\lfloor \frac{y}{p^2} \right\rfloor + \cdots$$

(实际上在$p = 3$的情况下,用这一公式容易检验,对$y \geqslant 54$,有$a \geqslant \frac{y}{3} + 6$.) 在$\frac{M}{N}$中分子包含$\chi(p) = 1$的质数,分母包含$\chi(p) = -1$的质数. 于是得到上界为

$$\log \frac{M}{N} \leqslant \sum_{n \leqslant y} \chi(n)\Lambda(n) \left\lfloor \frac{y}{n} \right\rfloor$$

因为右边只对模 3 余 2 的质数的偶数次幂计数,提供的是正的,但是它也对$\frac{M}{N}$提供负的. 用分数$\frac{y}{n}$代替地板函数$\left\lfloor \frac{y}{n} \right\rfloor$误差至多是 1. 因此对和的每一项进行这样的替换后,总的误差至多是$\sum_{n \leqslant y} \Lambda(n) = \psi(n)$. 于是进一步得到上界为

$$\log\frac{M}{N}\leqslant y\sum_{n\leqslant y}\frac{\chi(n)\Lambda(n)}{n}+\psi(y)$$

容易得到下界

$$\log(y!)=\sum_{n\leqslant y}\log n\geqslant\int_1^y\log t\mathrm{d}t=y\log y-y$$

将所有这些结果相结合，可以看出上界表明

$$\sum_{n\leqslant y}\frac{\chi(n)\Lambda(n)}{n}+\frac{\psi(y)}{y}\geqslant\frac{1}{3}\log y+\frac{(a-6)\log 3}{y}-\frac{1}{3}$$

对于 $y\geqslant 54$，我们可以利用对 a 的计算以及 $\log 3>1$ 这一事实，把不等式简化为

$$\sum_{n\leqslant y}\frac{\chi(n)\Lambda(n)}{n}+\frac{\psi(y)}{y}\geqslant\frac{1}{3}\log y$$

由下面引理的(1)(2)，我们看到左边至多是

$$1.963+2\log 2<3.35$$

于是

$$y<\mathrm{e}^{3\times 3.35}<23\ 200$$

于是当 $y\geqslant 23\ 200$ 时，不等式不成立. 容易检验(尽管麻烦)，原不等式对于 $y<23\ 200$ 仍然不成立. 于是这种情况下无解.

引理 (1) $\psi(x)\leqslant 2x\log 2$.

(2) 对一切 $x\geqslant 150$，有 $\sum_{n\leqslant x}\frac{\chi(n)\log n}{n}\leqslant -0.2$.

(3) 对一切 x，有 $\left|\sum_{n>x}\frac{\chi(n)}{n}\right|<\frac{1}{x}$.

(4) $L_1=\sum_{n=1}^{\infty}\frac{\chi(n)}{n}=\frac{\pi}{3\sqrt{3}}$.

(5) 对一切 $x\geqslant 150$，有 $\sum_{n\leqslant x}\frac{\chi(n)\Lambda(n)}{n}<1.963$.

引理的证明 对于(1)，我们对 x 进行归纳. 当 $x=1$ 时结论显然成立. 当 $x\geqslant 2$ 时，注意到由上面给出的 $\log(y!)$ 的公式得到

$$\begin{aligned}\log\binom{x}{\lfloor x/2\rfloor}&=\sum_{n\leqslant x}\left(\left\lfloor\frac{x}{n}\right\rfloor-\left\lfloor\frac{\lfloor x/2\rfloor}{n}\right\rfloor-\left\lfloor\frac{\lceil x/2\rceil}{n}\right\rfloor\right)\Lambda(n)\\&\geqslant\sum_{\lceil x/2\rceil<n\leqslant x}\Lambda(n)\end{aligned}$$

$$= \psi(x) - \psi(\lceil x/2 \rceil)$$

以上不等式之所以成立是因为括号中的表达式非负，对于在给定的范围内的任何 n，其值都是1. 因为对 $x \geqslant 1$，二项式公式给出

$$2\binom{x}{\lfloor x/2 \rfloor} \leqslant \sum_{k=0}^{x} [1 + (-1)^{\lfloor x/2 \rfloor - k}]\binom{x}{k} = 2^x$$

（利用归纳假定）推得

$$\begin{aligned}\psi(x) &\leqslant (x-1)\log 2 + \psi(\lceil x/2 \rceil)\\ &\leqslant (x-1)\log 2 + \frac{1+x}{2} \times 2 \times \log 2\\ &= 2x\log 2\end{aligned}$$

（1）是熟知的 Erdös 的结果，通常写成以下形式

$$\mathrm{lcm}\{1,2,\cdots,x\} < 4^x$$

这里 $\mathrm{lcm}\{1,2,\cdots,x\}$ 是 $1,2,\cdots,x$ 的最小公倍数. 对于(2)和(3)，我们注意到(不考虑 n 是3的倍数的项)两个和都是不增的项的交叉数列，因此这两个和都收敛，部分和轮流地取上界和下界. 对于(2)，取 $x = 148$ 给出所说的上界. 对于(3)，取和中的第一个非零的项，给出所说的上界.

对于(4)，我们注意到 $\chi(n) = \frac{2}{\sqrt{3}}\mathrm{Im}(\mathrm{e}^{2\pi i n/3})$. 因此

$$L_1 = -\frac{2}{\sqrt{3}}\mathrm{Im}(\log(1 - \mathrm{e}^{2\pi i/3})) = \frac{\pi}{3\sqrt{3}}$$

对于(5)，计算($n = dn$)

$$\begin{aligned}-0.2 &\geqslant \sum_{n \leqslant x} \frac{\chi(n)\log n}{n}\\ &= \sum_{n \leqslant x} \frac{\chi(n)}{n} \sum_{d \mid n} \Lambda(d)\\ &= \sum_{d \leqslant x} \frac{\chi(d)\Lambda(d)}{d} \sum_{m \leqslant x/d} \frac{\chi(m)}{m}\\ &= L_1 \sum_{d \leqslant x} \frac{\chi(d)\Lambda(d)}{d} -\\ &\quad \sum_{d \leqslant x} \frac{\chi(d)\Lambda(d)}{d} \sum_{m > x/d} \frac{\chi(m)}{m}\end{aligned}$$

$$\geqslant L_1\sum_{d\leqslant x}\frac{\chi(d)\Lambda(d)}{d}-\sum_{d\leqslant x}\frac{\Lambda(d)}{x}$$

$$=L_1\sum_{d\leqslant x}\frac{\chi(d)\Lambda(d)}{d}-\frac{\psi(x)}{x}$$

$$=L_1\sum_{d\leqslant x}\frac{\chi(d)\Lambda(d)}{d}-2\log 2$$

于是

$$\sum_{d\leqslant x}\frac{\chi(d)\Lambda(d)}{d}\leqslant\frac{2\log 2-0.2}{L_1}<1.963$$

本书有效地避开了这类问题. 特别是在数独部分,许多超级难的题都没列入. 例如:芬兰的一位数学家 Arto Inkala 用了 3 个月时间使用特编程序做出的一道世界上迄今为止最难的"数独"题. 学者公开宣称如果你能解开这道题无疑是数独的天才. 试题如下:

		5	3					
8							2	
	7			1		5		
4					5	3		
	1			7				6
		3	2				8	
	6		5					9
		4					3	
					9	7		

自视天才的你,可以试试!

本书的读者对象是小学生和初中低年级学生,他们学什么一般是由父母决定的.

管理大师 Peter F. Drucker 说:"战略不是研究我们未来做什么,而是研究我们今天做什么才有未来."

父母作为孩子的战略规划师也要考虑孩子今天学什么才

有未来,因为该学的东西太多了. 有人说数独是数字游戏不是真正的数学,当你看到下面这一道类似数独的竞赛题后你还会这样认为吗?

这是一道 2018 ~ 2019 年度 USAMTS(美国中学生参加的一个很重要的竞赛) 试题:

请在 5×6 的表格的每一格中填入 $1,2,\cdots,30$ 中的一个数,每个数恰用一次,满足条件:对 $1\leqslant n\leqslant 29$,填入 n 及 $n+1$ 的两格必须同行或同列. 有些数已经事先填好.(你只要找到一个满足上述要求的解,不需要证明解的唯一性.)

29					
	19			17	
13			21		8
	4		15		24
10				26	

(徐州　　赵力,译)

一位读者称:我做到这里做不下去了.

29					
	19		16	17	
13	20	12	21		8
14	4		15	25	24
10		11		26	9

参考答案如下:

29	3	30	22	28	23
18	19	6	16	17	7
13	20	12	21	27	8
14	4	5	15	25	24
10	2	11	1	26	9

本套书中还有一些英语阅读内容.这有两方面考虑:一是将来的人才一定是国际化的,英语一定要好;二是在尝试翻译的时候进行中文翻译的修辞训练.杨振宁先生曾举过一个例子:“中文电影的名字比英文电影的名字有诗意.我在西南联大念书的时候,同学们常常去看一部名为*The Great Waltz*的电影,中文翻译成《翠堤春晓》;另外一部电影*Waterloo Bridge*,中文翻译成《魂断蓝桥》,多么美!仔细想想,这不是偶然的,因为中文的结构有它特别的地方,用中文容易制造出诗意的文章、诗意的成语,或者有诗意的字句.”(摘自《杨振宁的科学世界:数学与物理的交融》,季理真,林开亮主编,高等教育出版社,2018.)

愿望很美好,结果拭目以待!

刘培杰
2019 年 1 月 25 日
于哈工大

中国历届高考数学试题及解答(1949—1979)

刘培杰数学工作室 编

内容简介

本书汇集了1949—1979年中国高考数学试题及解答,其中有些年份为多套试卷,不仅包含清华大学及北京大学的试题,同时还给出了试题的多种解法,并且注重初等数学与高等数学之间的联系,更有一些试题的解法出自数学名家之手.

本书适合中学生、中学教师及数学爱好者阅读参考.

编辑手记

马克·吐温曾经说过一句话:

History does not repeat itself, but it does often rhyme.

历史不会重复,但是会押韵.

最近在网上有这样一个话题引起了无数网友的讨论:“假如可以穿越,以你现在的数学水平,你会选择回到哪一年.”

“1832年,我会想尽一切办法,劝说或者救下伽罗瓦.”

“肯定是1777年啊,赶在高斯出生之前,出一套数学教科书,然后把现代的数学知识详尽地教给他,这样就可以直接提升文明进程至少一两百年.”

“1637年,我一定要回到1637年,我不想做其他事情,只想带上草稿纸去找费马.”

无数网友都将自己的想象力飙到极限.

就当所有网友热烈讨论时,有一个网友的回答引起了所有人的注意和强烈共鸣.

“你们这些人是真的傻,如果能穿越,难道你们不想实现自己曾经的清华、北大的大学梦吗,以我们现在的数学水平,回到以前考上清华、北大难道不是十分简单吗,所以我选择回到1949年,那时中华人民共和国刚成立,清华、北大的数学高考试题绝对简单.”

无数网友对这一回答深表赞同,而当1949年清华大学、北京大学两所大学的数学高考试题出现时,所有人脸上的笑容瞬间凝固了.

具体的试题及解答请见本书的前两章.这两份试题具有较高的历史价值,使我们得以了解当年中国初等教育的顶级水准.以1949年清华大学的试题为例,我们可以推断出华罗庚先生应该是命题者之一.华先生一生有许多“高大上”的身份,但他一直以清华大学数学教授这个身份为荣.由于有华罗庚先生等大数学家亲自参与命制,所以那时的试题尽管难度不大(今天看来),但许多试题构思巧妙且背景深刻.比如,1949年清华大学试题的第6题的背景为下列一般问题:求整数 $a_0,a_1,\cdots,a_n$,使三角多项式

$$a_0+a_1\cos\varphi+\cdots+a_n\cos n\varphi\geqslant 0\quad(\text{对一切 }\varphi)$$

且适合

$$0<a_0<a_1,a_2\geqslant 0,\cdots,a_n\geqslant 0$$

并使

$$a=\frac{a_1+a_2+\cdots+a_n}{2(\sqrt{a_1}-\sqrt{a_0})^2}$$

最小,并求这个最小值.

华先生觉得这个问题太难,所以给出了几个特例.

【命题一】

1. 当 $n=2$ 时,有

$$\begin{aligned}3+4\cos\varphi+\cos 2\varphi&=3+4\cos\varphi+2\cos^2\varphi-1\\&=2(1+\cos\varphi)^2\geqslant 0\end{aligned}$$

$$a=\frac{4+1}{2(2-\sqrt{3})^2}=\frac{35}{2}+10\sqrt{3}\approx 34.82$$

这就是1949年清华大学试题的第6题.

2. 当 $n=3$ 时,有

$$\begin{aligned}&5+8\cos\varphi+4\cos 2\varphi+\cos 3\varphi\\&=5+8\cos\varphi+4(2\cos^2\varphi-1)+4\cos^3\varphi-3\cos\varphi\\&=4\cos^3\varphi+8\cos^2\varphi+5\cos\varphi+1\\&=(\cos\varphi+1)(2\cos\varphi+1)^2\geqslant 0\end{aligned}$$

$$a=\frac{8+4+1}{2(\sqrt{8}-\sqrt{5})^2}=\frac{169}{18}+\frac{26}{9}\sqrt{10}\approx 18.52$$

华先生将此特例提供给了1978年“文化大革命”后举办的第一次全国及各省市中学数学竞赛,当作第2试的2(2)题.

3. 当 $n=4$ 时,有

$$\begin{aligned}&18+30\cos\varphi+17\cos 2\varphi+6\cos 3\varphi+\cos 4\varphi\\&=18+30\cos\varphi+17(2\cos^2\varphi-1)+\\&\quad 6(4\cos^3\varphi-3\cos\varphi)+(8\cos^4\varphi-8\cos^2\varphi+1)\\&=8\cos^4\varphi+24\cos^3\varphi+26\cos^2\varphi+12\cos\varphi+2\\&=2[(4\cos^4\varphi+4\cos^3\varphi+\cos^2\varphi)+\\&\quad(8\cos^3\varphi+8\cos^2\varphi+2\cos\varphi)+\\&\quad(4\cos^2\varphi+4\cos\varphi+1)]\\&=2(\cos\varphi+1)^2(2\cos\varphi+1)^2\geqslant 0\end{aligned}$$

$$a=\frac{30+17+6+1}{2(\sqrt{30}-\sqrt{18})^2}=9+\frac{27}{12}\sqrt{15}\approx 17.71$$

华先生指出命题一中的1,2情况可用于素数定理的证明,3可用于估计某些素数函数的上界.

关于黎曼 ζ 函数 $\zeta(s)$ 有一个极其重要的性质:

定理一 在直线 $\sigma=1$ 上 $\zeta(s)$ 没有零点,即

$$\zeta(1+\mathrm{i}t)\neq 0\quad(-\infty<t<+\infty)\tag{1}$$

这是利用 ζ 函数来证明素数定理的关键. 它的证明利用了 $\zeta(s)$ 的无穷乘积及命题一,即:对任意实数 θ,有

$$3+4\cos\theta+\cos 2\theta=2(1+\cos\theta)^2\geqslant 0\tag{2}$$

证明 由

$$\ln\zeta(s) = -\sum_{p}\ln\left(1-\frac{1}{p^{s}}\right)\quad(\sigma>1)$$

及

$$\ln(1-z) = -\sum_{m=1}^{+\infty}\frac{z^{m}}{m}\quad(|z|<1)$$

得

$$\ln\zeta(s) = \sum_{p}\sum_{m=1}^{+\infty}\frac{1}{mp^{ms}}\quad(\sigma>1)\tag{3}$$

两端取实部,得

$$\ln|\zeta(\sigma+\mathrm{i}t)| = \sum_{p}\sum_{m=1}^{+\infty}\frac{\cos(mt\ln p)}{mp^{m\sigma}}\quad(\sigma>1)\tag{4}$$

由此可得

$$\begin{aligned}&3\ln\zeta(\sigma)+4\ln|\zeta(\sigma+\mathrm{i}t)|+\ln|\zeta(\sigma+2\mathrm{i}t)|\\=&\sum_{p}\sum_{m=1}^{+\infty}\frac{1}{mp^{m\sigma}}[3+4\cos(mt\ln p)+\\&\cos(2mt\ln p)]\geqslant 0\end{aligned}\tag{5}$$

最后一步用到了不等式(2),因而有

$$\zeta^{3}(\sigma)|\zeta(\sigma+\mathrm{i}t)|^{4}|\zeta(\sigma+2\mathrm{i}t)|\geqslant 1\quad(\sigma>1)\tag{6}$$

如果式(1)不成立,那么必有 $t_0\neq 0$,使

$$\zeta(1+\mathrm{i}t_0)=0$$

在式(6)中取 $t=t_0$,并改写为

$$\begin{aligned}&[(\sigma-1)\zeta(\sigma)]^{3}\left|\frac{\zeta(\sigma+\mathrm{i}t_0)}{\sigma-1}\right|^{4}|\zeta(\sigma+2\mathrm{i}t_0)|\\\geqslant&\frac{1}{\sigma-1}\quad(\sigma>1)\end{aligned}\tag{7}$$

由

$$\zeta(s)=\frac{1}{s-1}+\gamma+O(|s-1|)$$

知

$$\lim_{\sigma\to 1^{+}}(\sigma-1)\zeta(\sigma)=1$$

由定理:$\zeta(s)$ 可以解析开拓到半平面 $\sigma>0$,$s=1$ 是它的一级极点,留数为1.知 $\zeta(s)$ 在 $1+\mathrm{i}t_0(t_0\neq 0)$ 解析,因此

$$\lim_{\sigma\to1^+}\frac{\zeta(\sigma+\mathrm{i}t_0)}{\sigma-1}=\zeta'(1+\mathrm{i}t_0)$$

由以上两式知,式(7)的左端当 $\sigma\to1^+$ 时趋于极限

$$|\zeta'(1+\mathrm{i}t_0)|^4|\zeta(1+2\mathrm{i}t_0)|$$

这是一有限数,而式(7)的右端当 $\sigma\to1^+$ 时趋于无穷,这一矛盾就证明了定理.

下面我们将命题一推广至一般情形,为此我们需要几个引理.

【引理一】 证明

$$\frac{1}{2}+\cos\theta+\cos2\theta+\cdots+\cos n\theta=\frac{\sin\left(n+\frac{1}{2}\right)\theta}{\sin\frac{\theta}{2}}$$

证明 左边是

$$-\frac{1}{2}+(1+\mathrm{e}^{\mathrm{i}\theta}+\mathrm{e}^{2\mathrm{i}\theta}+\cdots+\mathrm{e}^{n\mathrm{i}\theta})$$

的实部.括号中的项是等比数列之和,等于

$$\frac{\mathrm{e}^{\mathrm{i}(n+1)\theta}-1}{\mathrm{e}^{\mathrm{i}\theta}-1}=\frac{[\mathrm{e}^{\mathrm{i}(n+1)\theta}-1]\mathrm{e}^{-\frac{\mathrm{i}\theta}{2}}}{2\mathrm{i}\sin\frac{\theta}{2}}$$

实部是

$$\frac{\sin\left(n+\frac{1}{2}\right)\theta}{2\sin\frac{\theta}{2}}+\frac{1}{2}$$

现在立即推出结果.

【引理二】 证明

$$\cos\theta+\cos3\theta+\cdots+\cos(2n-1)\theta=\frac{\sin2n\theta}{2\sin\theta}$$

证明 由引理一得

$$\frac{1}{2}+\cos\theta+\cos2\theta+\cdots+\cos2n\theta=\frac{\sin\left(2n+\frac{1}{2}\right)\theta}{2\sin\frac{\theta}{2}}$$

与

$$\frac{1}{2}+\cos 2\theta+\cos 4\theta+\cdots+\cos 2n\theta=\frac{\sin(2n+1)\theta}{2\sin\theta}$$

首先分别用 $2n$ 代替 n，2θ 代替 θ，两式相减得

$$\cos\theta+\cos 3\theta+\cdots+\cos(2n-1)\theta$$

$$=\frac{\sin\left(2n+\frac{1}{2}\right)\theta}{2\sin\frac{\theta}{2}}-\frac{\sin(2n+1)\theta}{2\sin\theta}$$

由于

$$\sin\theta=2\sin\frac{\theta}{2}\cos\frac{\theta}{2}$$

所以上式等于

$$\frac{2\cos\frac{\theta}{2}\sin\left(2n+\frac{1}{2}\right)\theta-\sin(2n+1)\theta}{4\sin\frac{\theta}{2}\cos\frac{\theta}{2}}$$

因为

$$\sin(2n+1)\theta$$

$$=\sin\left(2n+\frac{1}{2}\right)\theta\cos\frac{\theta}{2}+\sin\frac{\theta}{2}\cos\left(2n+\frac{1}{2}\right)\theta$$

所以我们导出所研究的表达式是

$$\frac{\cos\frac{\theta}{2}\sin\left(2n+\frac{1}{2}\right)\theta-\sin\frac{\theta}{2}\cos\left(2n+\frac{1}{2}\right)\theta}{2\sin\theta}=\frac{\sin 2n\theta}{2\sin\theta}$$

这正是所要求的结果.

【引理三】 证明

$$1+\frac{\sin 3\theta}{\sin\theta}+\frac{\sin 5\theta}{\sin\theta}+\cdots+\frac{\sin(2n-1)\theta}{\sin\theta}=\left(\frac{\sin n\theta}{\sin\theta}\right)^2$$

证明 我们对 n 用归纳法证明上式. 当 $n=1$ 时，这是显然的. 假设它对 $n\leqslant m$ 成立，我们只要证明当 $n=m+1$ 时它也成立. 在简单的计算后，只要证明

$$\sin^2(n+1)\theta=\sin^2 n\theta+\sin(2n+1)\theta\sin\theta$$

或者等价地证明

$$[\sin(n+1)\theta-\sin n\theta][\sin(n+1)\theta+\sin n\theta]$$
$$=\sin(2n+1)\theta\sin\theta$$

利用

$$\sin A+\sin B=2\sin\frac{A+B}{2}\cos\frac{A-B}{2}$$

与

$$\sin A-\sin B=2\cos\frac{A+B}{2}\sin\frac{A-B}{2}$$

我们发现只要证明

$$4\cos\left(n+\frac{1}{2}\right)\theta\sin\frac{\theta}{2}\sin\left(n+\frac{1}{2}\right)\theta\cos\frac{\theta}{2}$$
$$=\sin(2n+1)\theta\sin\theta$$

但是,左边是

$$\sin 2\left(n+\frac{1}{2}\right)\theta\sin\theta$$

这正是所要求的结果.

现在我们可以将其推广至一般情形. 对所有的整数 $m\geqslant 0$,有

$$(2m+1)+2\sum_{j=0}^{2m-1}(j+1)\cos(2m-j)\theta$$
$$=\left[\frac{\sin\left(m+\frac{1}{2}\right)\theta}{\sin\frac{\theta}{2}}\right]^2$$

证明 我们只要证明

$$(2m+1)+2\sum_{j=1}^{2m}(2m-j+1)\cos j\theta$$
$$=\left[\frac{\sin\left(m+\frac{1}{2}\right)\theta}{\sin\frac{\theta}{2}}\right]^2$$

把 θ 变为 2φ,我们只要证明

$$(2m+1)+2\sum_{j=1}^{2m}(2m-j+1)\cos 2j\varphi$$
$$=\left[\frac{\sin(2m+1)\varphi}{\sin\varphi}\right]^2$$

由引理一,我们知道

$$\frac{1}{2}+\cos 2\theta+\cos 4\theta+\cdots+\cos 2n\theta=\frac{\sin(2n+1)\theta}{2\sin\theta}$$

即

$$1+2\sum_{j=1}^{n}\cos 2j\varphi=\frac{\sin(2n+1)\varphi}{\sin\varphi}$$

两边对 $0\leqslant n\leqslant 2m$ 求和,我们得出

$$(2m+1)+2\sum_{n=0}^{2m}\sum_{j=1}^{n}\cos 2j\varphi=\sum_{n=0}^{2m}\frac{\sin(2n+1)\varphi}{\sin\varphi}$$

左边是

$$(2m+1)+2\sum_{j=1}^{2m}\cos 2j\varphi\sum_{j\leqslant n\leqslant 2m}1$$
$$=(2m+1)+2\sum_{j=1}^{2m}(2m-j+1)\cos 2j\varphi$$

由引理三知,右边是

$$\left[\frac{\sin(2m+1)\varphi}{\sin\varphi}\right]^2$$

这正是所要求的结果.

在解析数论中还有一个较重要的结论是由 Kumar Murty 得到的,姑且称之为 Kumar Murty 定理.

【Kumar Murty 定理】　令 $f(s)$ 是复值函数,满足:

(1) $f(s)$ 在 $\mathrm{Re}(s)>1$ 中是全纯的,并且不为零;

(2) $\log f(s)$ 可以写成迪利克雷级数

$$\sum_{n=1}^{\infty}\frac{b_n}{n^s}$$

其中对 $\mathrm{Re}(s)>1$,有 $b_n\geqslant 0$;

(3) 在直线 $\mathrm{Re}(s)=1$ 上,除在 $s=1$ 上 $e\geqslant 0$ 阶的极点以外, $f(s)$ 是全纯的.

若$f(s)$在直线$\mathrm{Re}(s)=1$上有一零点,证明:零点的阶数以$\frac{e}{2}$为界.

这个定理的证明也需要几个引理.

【引理四】 证明:对$\sigma>1,t\in\mathbf{R}$,有

$$\mathrm{Re}(\log\zeta(\sigma+\mathrm{i}t))=\sum_{n=2}^{\infty}\frac{\Lambda(n)}{n^{\sigma}\log n}\cos(t\log n)$$

证明 由题可知

$$\log\zeta(s)=-\sum_{p}\log\left(1-\frac{1}{p^{s}}\right)=\sum_{p}\sum_{k=1}^{\infty}\frac{1}{kp^{ks}}$$

$$=\sum_{n=1}^{\infty}\frac{\Lambda(n)}{n^{\sigma}\log n}[\cos(t\log n)-\mathrm{i}\sin(t\log n)]$$

由此推出结果.

【引理五】 对$\sigma>1,t\in\mathbf{R}$,有

$$\mathrm{Re}(3\log\zeta(\sigma)+4\log\zeta(\sigma+\mathrm{i}t)+\log\zeta(\sigma+2\mathrm{i}t))\geqslant 0$$

证明 由引理四,我们看出不等式的左边是

$$\sum_{n=1}^{\infty}\frac{\Lambda(n)}{n^{\sigma}\log n}[3+4\cos(t\log n)+\cos(2t\log n)]$$

由命题一有

$$3+4\cos\theta+\cos 2\theta=2(1+\cos\theta)^{2}\geqslant 0$$

立即推出结果.

【引理六】 对$\sigma>1,t\in\mathbf{R}$,有

$$|\zeta(\sigma)^{3}\zeta(\sigma+\mathrm{i}t)^{4}\zeta(\sigma+2\mathrm{i}t)|\geqslant 1$$

由定理一,对任一$t\in\mathbf{R},t\neq 0$,有$\zeta(1+\mathrm{i}t)\neq 0$. 用类似的方法,考虑到

$$\zeta(\sigma)^{3}L(\sigma,\chi)^{4}L(\sigma,\chi^{2})$$

对非实数χ,推导$L(1,\chi)\neq 0$.

证明 由引理四与引理五,我们得出

$$|\zeta(\sigma)^{3}\zeta(\sigma+\mathrm{i}t)^{4}\zeta(\sigma+2\mathrm{i}t)|\geqslant 1$$

现在我们知道

$$\lim_{\sigma\to 1^{+}}(\sigma-1)\zeta(\sigma)=1$$

设$\zeta(s)$在$s=1+\mathrm{i}t,t\neq 0$上有m阶零点,则

$$\lim_{\sigma\to1^+}\frac{\zeta(\sigma+\mathrm{i}t)}{(\sigma-1)^m}=c\neq0$$

因此

$$|(\sigma-1)^3\zeta(\sigma)^3(\sigma-1)^{-4m}\zeta(\sigma+\mathrm{i}t)^4\zeta(\sigma+2\mathrm{i}t)|$$
$$\geqslant(\sigma-1)^{3-4m}$$

令 $\sigma\to1^+$ 给出左边的有限极限，当 $m\geqslant1$ 时，右边无穷大. 所以对 $t\in\mathbf{R},t\neq0$，有 $\zeta(1+\mathrm{i}t)\neq0$. 若 $\chi^2\neq\chi_0$，其中 χ_0 是主特征标(mod q)，则

$$\log L(\sigma,\chi)=\sum_p\sum_{v=1}^{\infty}\frac{\chi(p)^v}{p^{\sigma v}v}\quad(\sigma>1)$$

并且对 χ^2 是类似的. 注意，若 $\chi(p)=\mathrm{e}^{2\pi\mathrm{i}\theta_p}$，则

$$\chi^2(p)=\mathrm{e}^{4\pi\mathrm{i}\theta_p}$$

利用命题一

$$3+4\cos\theta+\cos2\theta\geqslant0$$

与引理四，其中 $t=0$，我们取实部就得出

$$3\log\zeta(\sigma)+4\mathrm{Re}(\log L(\sigma,\chi))+\mathrm{Re}(\log L(\sigma,\chi^2))\geqslant0$$

这给出

$$|\zeta(\sigma)^3L(\sigma,\chi)^4L(\sigma,\chi^2)|\geqslant1$$

与上述类似. 若 $L(1,\chi)=0$，则得出 $L(\sigma,\chi)^4$ 的4阶极点，而 $\zeta(\sigma)^3$ 给出3阶极点. 但是，$L(\sigma,\chi^2)$ 在 $s=1$ 上无极点，因为 χ^2 不是主特征标.

由以上几个引理我们就可证明 Kumar Murty 定理.

证明 设 $f(s)$ 在 $1+\mathrm{i}t_0$ 上有 $k>\frac{e}{2}$ 阶零点，则 $e\leqslant2k-1$. 考虑函数

$$g(s)=f(s)^{2k+1}\prod_{j=1}^{2k}f(s+\mathrm{i}jt_0)^{2(2k+1-j)}$$
$$=f(s)^{2k+1}f(s+\mathrm{i}t_0)^{4k}f(s+2\mathrm{i}t_0)^{4k-2}\cdots f(s+2k\mathrm{i}t_0)^2$$

则 $g(s)$ 对 $\mathrm{Re}(s)>1$ 是全纯的，且至少在 $s=1$ 上一阶零点为零. 因为

$$4k^2-(2k+1)e\geqslant4k^2-(2k+1)(2k-1)=1$$

但是对 $\mathrm{Re}(s)>1$，有

$$\log g(s) = \sum_{n=1}^{\infty} \frac{b_n}{n^s}[2k+1+2\sum_{j=1}^{2k} 2(2k+1-j)n^{-ijt_0}]$$

令 $\theta = t_0 \log n$,则对 $s=\sigma>1$,有

$$\begin{aligned} \operatorname{Re}(\log g(\sigma)) &= \log|g(\sigma)| \\ &= \sum_{n=1}^{\infty} \frac{b_n}{n^{\sigma}}[2k+1+2\sum_{j=1}^{2k} 2(2k+1-j)\cos j\theta] \end{aligned}$$

由一般情形,括号中的数量大于或等于0,因此

$$|g(\sigma)| \geqslant 1$$

令 $\sigma \to 1^+$,得出矛盾,因为 $g(1)=0$.

至此,我们对华罗庚先生的命题思路进行了完全的解读.

而在1949年北京大学的试题中的第4题至今仍是国内任何一本中学奥数教程中的必选题.因为它的解答用到了奇偶性和抽屉原理,这两个内容一直是数学奥林匹克的经典和必学内容.现在甚至在小学奥数中有所体现.再看现在的高考题则是“各领风骚没几年”.

1952年,教育部明确规定,除个别学校经教育部批准外,各高等学校一律参加全国统一招生考试,直到那时统一的高考制度才基本形成.

所以在1949年,中华人民共和国成立初期,高考招生办法和条件都是由各个学校自行制定的,大部分大学均实行自主招生,而北京大学、清华大学等少数学校实行联合招生.

当所有人看到清华大学、北京大学这两份高考题之后,有人一脸悲痛地说道:“以我这样的数学水平,不管穿越到哪一年,基本都是和清华大学、北京大学无缘了,这个梦为什么这么残酷!”

也有人回答道:“这种题放到现在基本就被秒杀,是小儿科的题,假如真的能穿越,我才不会把时间浪费到这上面.我要回到1895年之前,将那个敢和诺贝尔抢女人的数学家干掉,然后顺便拿一个数学诺贝尔奖.”

假如让你穿越回到1949年,以你现在的数学水平,你能考上清华大学、北京大学吗?

在超出常态的激烈竞争和残酷的淘汰机制之下,个人若不速成,可能就有被速汰之虞,这使许多年轻人变得焦虑不安或

变得聪明精致.“何不策高足,先据要路津.无为守穷贱,坎坷长苦辛.”这恐怕也是一些年轻人的心态.

今天的社会现实是全社会都无所不用其极,家长想把自己的孩子送进清华大学、北京大学,而社会中的有识之士又在不遗余力地批评以清华大学、北京大学为代表的高等教育之堕落.使人不禁回忆起80年前的西南联大精神,由冯友兰撰文,闻一多篆额,罗庸书丹的西南联大纪念碑的碑文这样写道:“以其兼容并包之精神,转移社会一时之风气,内树学术自由之规模,外来民主堡垒之称号,违千夫之诺诺,作一士之谔谔.”

在本书中我们只收集了数学类的考题,这一方面是因为我们的出版定位,另一方面是因为数学十分之重要,它甚至可以说是我们理解世界的不可或缺的角度和语言.

科幻作家刘慈欣在接受加拿大科幻作家德里克·昆什肯访问时有如下对话:

Q:尖端科学往往呈现出与现实脱离的状态,您认为这种脱离来源于何处?我们是否有办法克服?

A:据研究,很多儿童比成人更容易接受某些高深的学科理论.他们对于一些概念所表现出来的惊奇感完全没有成人表现出来的惊奇感多.因为他们只是从认知的层面去看问题,他们不会被现实世界约定俗成的常识所束缚.

我认为如果想像一个孩子一样看待尖端科学,首先我们要完全放开自己的思路,要勇于改变自己的思维方式,抛开我们已经约定俗成的思维方式,真正理解现代科学所揭示的世界观.我们还要试着从数学层面理解它,现在很多诡异的世界观都是用数学语言描述的.我们如果把它变成通俗的语言表述,就很难真正精确地理解它.

其次,现代科学所描述出来的世界观离常识很远.这对于科幻作家而言是一件好事,因为会有巨大的科学资源等待我们去挖掘.我们要想从现代科学中提取这些资源,把它变成一个个好的故事、好的小说,就要理解这些理论,这确实是十分困难的事情.现在的物理学所涉及的数学知识是十分难以理解的,但是我会努力去做.

本书由于所收题目年份较早,所以对当前应试几乎无帮助.但它可以使我们自省,正如韩愈在《答李翊书》中有:无望其速成,无诱于势利,养其根而俟其实,加其膏而希其光.根之茂者其实遂,膏之沃者其光晔.

刘培杰
2018年1月1日
于哈工大

迪利克雷除数问题

刘培杰数学工作室　编

内容简介

本书从一道全国高中联考压轴题的解法谈起，详细地介绍了迪利克雷除数问题的各种研究方法及结果，并在本书的结尾补充了其他类型的除数问题作为拓展.

本书适合于大、中学生及数学爱好者阅读和收藏.

编辑手记

先来介绍一下书名中提到的迪利克雷.

迪利克雷(Dirichlet,1805—1859)，德国数学家. 生于迪伦，卒于哥廷根. 他早年在法兰西学院和巴黎理学院学习，深受傅里叶的影响. 他曾担任法国著名将领费伊的家庭教师. 他1826年回国，先后任教于布雷斯劳大学和柏林军事学院. 1828年以后他一直在柏林大学任教，1839年升任教授. 1855年他接替高斯的职位，受聘为哥廷根大学教授. 他是普鲁士科学院院士和伦敦皇家学会会员. 迪利克雷对19世纪数学的发展有重要贡献. 他是解析数论的创始人之一，其首篇论文是关于费马大定理当$n = 5$时的情形的证明；后来亦证明了$n = 14$时的情形. 他著有《数论讲义》(1863年由戴德金出版)，对高斯的《算术探索》做出清楚的解释并有自己的独创. 他在1837年的论文中，首次使用了迪利克雷级数$\sum_{n=1}^{\infty} a_n n^{-z}$($a_n$,$z$为复数)，证明了在任何算术序列$\{a+nb\}$($a$,$b$互素)中，必定存在无穷多个素数，这就是著名的迪利克雷定理. 他的论文是解析函数论的第一篇重要论文. 他在数学分析和数学物理等方面也做了大量卓有成效的工作，并且他是最早倡导分析严格化方法的数学家之一. 1829年他发表《关于三角级数的收敛性》，得到给定函数$f(x)$的傅里叶级数收敛的第一个充分条件. 后来，他首先提出函数关系$y=f(x)$是x与y之间的一种对应的现代观念. 在数学物理方面，他修改了高斯提出的关于位势理论的一个原理，引入所谓迪利克雷原理，还论述了著名的第一边值问题(现称迪利克雷问题)及其应用. 他的主要论文被收录在《迪利克雷论文集》(1889—1897)中.

再介绍一下所谓的除数问题：它其实是一个数论中的格点问题.

格点(lattice point)，又称整点，指坐标都是整数的点，格点问题就是研究一些特殊区域甚至一般区域中的格点个数的问题. 格点问题起源于以下两个问题的研究：(1)迪利克雷除数问题，即求$x>1$时$D_2(x)=$区域$\{1\leqslant u\leqslant x,1\leqslant v\leqslant x,uv\leqslant x\}$上的格点数. 1849年，迪利克雷证明了

$$D_2(x)=x\ln x+(2r-1)x+\Delta(x)$$

这里r为欧拉常数，$\Delta(x)=O(\sqrt{x})$，这一问题的目的是要求出使余项估计$\Delta(x)=O(x^{\lambda})$成立的λ的下确界θ；(2)(圆内格点问题)设$x>1$，$A_2(x)=$圆内$\mu^2+v^2\leqslant x$上的格点数. 高斯证明了

$$A_2(x)=\pi x+R(x)$$

这里$R(x)=O(\sqrt{x})$. 求使余项估计$R(x)=O(x^{\lambda})$成立的λ的下确界α的问题，被称为圆内格点问题或高斯圆问题. 1903年，Γ. Φ. 沃罗诺伊证明了$\theta\leqslant 1/3$；1906年，谢尔品斯基证明了$\alpha\leqslant 1/3$；20世纪30年代，J. G. 科普特证明了$\alpha\leqslant 37/112$，$\theta\leqslant 27/82$；1934—1935年，E. C. 蒂奇马什证明了$\alpha\leqslant 15/46$；1942

年,华罗庚证明了$\alpha \leqslant 13/40$;1963 年,陈景润、尹文霖证明了$\alpha \leqslant 12/37$;1950 年迟宗陶证明了$\theta \leqslant 15/46$,1953 年 H. 里歇证明了同样的结果;1963 年,尹文霖进而证明了$\theta \leqslant 12/37$;1985 年,Г. А. 科列斯尼克证明了$\theta \leqslant 139/429$;1985 年,W. G. 诺瓦克证明了$\alpha \leqslant 139/429$. 在下限方面,1916 年,哈代已证明了$\alpha \geqslant 1/4$;1940 年,A. E. 英厄姆证明了$\theta \geqslant 1/4$. 人们还猜测$\theta = \alpha = 1/4$,但至今未能证明. 由此直接推广出k维除数问题,球内格点问题以及k维椭球内的格点问题等.

在写编辑手记时,恰巧收到杜瑞芝教授委托山东教育出版社寄来的她主编的《数学史辞典新编》,从中选取了这两个条目. 这本辞典既权威又简明,它的第一版叫《简明数学史辞典》,一直是笔者的案头书. 20 世纪 90 年代初出版,当时定价才10. 20 元,现在这本都 180. 00 元啦,不知道是知识升值了还是通货膨胀了,但可以肯定的是国人对数学史的热忱已经大大不如从前了. 从 2017 年 5 月在大连召开的全国数学史会上就可以感知到"天凉好个秋". 特别是吴文俊先生的辞世更加深了业内人士对这一数学分支前途的担忧,毕竟旗手走了,环境变了.

什么样的数学试题是好的? 除了具备考查数学知识和选拔功能外,恐怕还应该加上一条具有文化内涵,就像葡萄酒之于苹果酒的区别.

年轻人都爱苹果酒,除了美味爽口,恐怕还因为它隐隐代表着一种反传统波尔多的精神,看看它们,使用的水果在生活中随手可得. 葡萄酒太强调自己厚重的文化,喝着酒还要想怎么措辞才能不被人看扁. 苹果酒就轻松无负担,好像果汁一样,随便什么时候饮用都可以.

本书还是按照所谓"辉格式的历史" 笔法编的.

清华大学助理教授胡翌霖指出:独立的科学史研究试图打破"辉格式的历史". 辉格式的历史站在当代成就的立场居高临下地审视历史,把历史描述为朝向既定结果的斗争过程,忽略历史语境,把今天教科书上的结论作为现成的标准,无非是给每一个现成的结论标记上它的提出者和提出时间罢了.

胡教授在清华大学的科学史整个课程中都试图展示科学史并不是一个简单的一条一条新知识的累积过程,我们不仅仅是罗列一项又一项新发现的日期,更试图回到历史语境,关注科学活动的思想前提和社会环境,关注那些“错误”的东西.

这种反辉格的历史研究在20世纪后半叶的科学史学术界已经成为主流,但唯独数学史是个例外,很多数学史的写法仍然是辉格式的,即从古人的作品中提取出现代数学体系内承认的数学定理和方法,并按照时间先后罗列出来.因此数学史就被写成一部现代数学课程下的习题集,只不过给每一个问题附加了发现的人物和时间罢了.

阿西莫夫下面这段话颇有代表性,他认为数学史和一般科学史不同:“只有在数学中,不存在重大的修正——只存在拓展.一旦希腊人发展出了演绎法,就他们所做的事情而言,他们是正确的,永远正确.欧几里得并不完备,他的工作得到了巨大的扩展,但不需要改正.他的定理,所有定理,到今天都是有效的.”

这种看法有一定的道理,但经不起推敲.首先,古代数学家并非没有犯错,只是他们的错误被当作非数学的部分或者单纯的疏忽而被排除在视野之外了;其次,数学本身的范围被不断修正,比如古希腊数学包括天文和音乐,数学究竟包括哪些东西本身是历史性的;最后,这种只关注永远正确的东西的视角,倾向于用现代数学的概念和符号重新“翻译”古代数学家给出的“定理”,认为古代数学家所运用的笨拙的概念和累赘的描述只是掩盖了其实质的“数学内容”,这就容易忽视古代数学家对数学问题的不同的理解方式,比如说,这些“定理”所谈论的究竟是什么,它们的意义究竟是什么.

我们从科学史出发去追究数学史,不只是因为那些逐个被发现的数学定理作为实用工具被历史上的科学家们使用,更重要的是,数学史背后蕴含着的观念变迁,是科学发展的一条线索.

本套丛书的一个理念是试图揭示每一个初等问题后面的高等背景.许多貌似平凡的试题认真去探究都可能会发现一段不平凡的背景.这才是好试题的魅力.最近在微信公众号“林根数学”中发现一个好的素材,摘录于此.

2001年全国高中数学联赛第一试第11题:

函数 $y = x + \sqrt{x^2 - 3x + 2}$ 的值域为________.

此题的解法并不难,在林根老师看来,至少有十种解法,但考虑是填空题,如果用高观点下的数学,则可以解得既快又好!

简单介绍一点高等数学的知识:

不变量:由曲面(曲线)方程的系数给出的函数,如果在经过任意一个直角坐标变换后,它的函数值不变,就称这个函数是该曲面(曲线)的一个正交不变量,简称不变量.

二次曲面理论:记二次曲面的方程为

$$F(x,y,z) = a_{11}x^2 + a_{22}y^2 + a_{33}z^2 + 2a_{12}xy + 2a_{13}xz + 2a_{23}yz + 2a_{14}x + 2a_{24}y + 2a_{34}z + a_{44} = 0$$

或

$$F(x,y,z) = [\boldsymbol{\alpha}^{\mathrm{T}} \quad 1]\begin{bmatrix} \overline{\boldsymbol{A}} & \boldsymbol{\delta} \\ \boldsymbol{\delta}^{\mathrm{T}} & a_{44} \end{bmatrix}\begin{bmatrix} \boldsymbol{\alpha} \\ 1 \end{bmatrix} = 0$$

$$I_1 = a_{11} + a_{22} + a_{33}$$

$$I_2 = \begin{vmatrix} a_{11} & a_{12} \\ a_{12} & a_{22} \end{vmatrix} + \begin{vmatrix} a_{11} & a_{13} \\ a_{13} & a_{33} \end{vmatrix} + \begin{vmatrix} a_{22} & a_{23} \\ a_{23} & a_{33} \end{vmatrix}$$

$$I_3 = |\overline{\boldsymbol{A}}|, I_4 = |\boldsymbol{A}|$$

二次曲线理论:同理,对二次曲线的方程

$$F(x,y) = a_{11}x^2 + a_{22}y^2 + 2a_{12}xy + 2a_{13}x + 2a_{23}y + a_{33} = [x \quad y \quad 1]\begin{bmatrix} a_{11} & a_{12} & a_{13} \\ a_{12} & a_{22} & a_{23} \\ a_{13} & a_{23} & a_{33} \end{bmatrix}\begin{bmatrix} x \\ y \\ 1 \end{bmatrix} = 0$$

记

$$I_1 = a_{11} + a_{22}, I_2 = \begin{vmatrix} a_{11} & a_{12} \\ a_{12} & a_{22} \end{vmatrix}, I_3 = \begin{vmatrix} a_{11} & a_{12} & a_{13} \\ a_{12} & a_{22} & a_{23} \\ a_{13} & a_{23} & a_{33} \end{vmatrix}$$

实际上,在二次曲面中,令 $z = 0$,便可得二次曲线的情形,所以二者才那么相仿.除此以外,还要用到双曲线渐近线的一种求法.

甘肃教育学院数学系的邓桂梅教授曾关于双曲线的渐近

线，在解析几何与射影几何中讨论了各种定义与求法，也可以由双曲线的一个轨迹条件求非退化双曲型曲线的渐近线.

命题 1 在平面上，到两相交直线的距离之积是正常数的点的轨迹是双曲线，而已知二直线为其渐近线.

证明 取两直线的交点为坐标原点，过此交点的两直线的角平分线为 x 轴，这样，两直线的方程为 $y = \pm kx$（k 是常数）.

设 Σ 是到两直线距离之积为定值 λ 的点的轨迹，$p(x,y)$ 是 Σ 上的任意点，则

$$\frac{|y-kx|}{\sqrt{1+k^2}} \cdot \frac{|y+kx|}{\sqrt{1+k^2}} = \lambda$$

所以 $y^2 - k^2x^2 = \pm\lambda(1+k^2)$. 可见 Σ 是双曲线，而 $y = \pm kx$ 为其渐近线.

引理 非退化双曲型曲线

$$F(x,y) = a_{11}x^2 + 2a_{12}xy + a_{22}y^2 + 2a_{13}x + 2a_{23}y + a_{33} = 0$$

可以写为

$$F(x,y) = (ax + by + c)(Ax + By + C) + k_0$$

证明 若 $a_{11} \neq 0$，将

$$F(x,y) = a_{11}x^2 + 2a_{12}xy + a_{22}y^2 + 2a_{13}x + 2a_{23}y + a_{33} = 0$$

按 x 的降幂排列，得

$$\begin{aligned} F(x,y) &= a_{11}\left[x^2 + 2x\left[\frac{a_{12}y + a_{13}}{a_{11}}\right] + \frac{a_{22}}{a_{11}}y^2 + \frac{2a_{23}}{a_{11}}y + \frac{a_{33}}{a_{11}}\right] \\ &= a_{11}\left\{\left[x + \frac{a_{12}y + a_{13}}{a_{11}}\right]^2 - \frac{1}{a_{11}^2}[(a_{12}^2 - a_{11}a_{22})y^2 + \right. \\ &\quad \left. 2(a_{12}a_{13} - a_{11}a_{23})y + (a_{13}^2 - a_{11}a_{33})]\right\} \end{aligned}$$

因为是非退化的二次曲线，有 $I_2 = a_{12}^2 - a_{11}a_{22} \neq 0$，配方，将

$$(a_{12}^2 - a_{11}a_{22})y^2 + 2(a_{12}a_{13} - a_{11}a_{23})y + (a_{13}^2 - a_{11}a_{33})$$

变形即得 $F(x,y) = (ax + by + c)(Ax + By + c) + k_0$ 成立.

当 $a_{11} = 0, a_{22} \neq 0$ 时，证法如上.

当 $a_{11} = a_{22} = 0$，则必定有 $a_{12} \neq 0$，此时

$$\begin{aligned} F(x,y) &= 2a_{12}xy + 2a_{13}x + 2a_{23}y + a_{33} \\ &= 2a_{12}x\left(y + \frac{a_{13}}{a_{12}}\right) + 2a_{23}\left(y + \frac{a_{13}}{a_{12}}\right) + \end{aligned}$$

$$a_{33}-\frac{2a_{13}a_{23}}{a_{12}}$$

$$=2\left(y+\frac{a_{13}}{a_{12}}\right)(a_{12}x+a_{23})+k_0$$

其中 $k_0=a_{33}-2(a_{13}a_{23}/a_{12})$.

命题 2 非退化二次曲线

$$F(x,y)=a_{11}x^2+2a_{12}xy+a_{22}y^2+2a_{13}x+2a_{23}y+a_{33}=0$$

若为双曲线,则其渐近线为

$$a_{11}x^2+2a_{12}xy+a_{22}y^2+2a_{13}x+2a_{23}y+k=0$$

式中 k 为常数.

证明 由引理

$$F(x,y)=(ax+by+c)(Ax+By+C)+k_0$$

式中 a,b,c 和 A,B,C 为实系数,k_0 为实常数. 以下证明 $(ax+by+c)(Ax+By+C)=0$ 为其渐近线. 设 $P(x,y)$ 为双曲线上的任意点,则

$$\frac{|(ax+by+c)(Ax+By+C)|}{\sqrt{a^2+b^2}\sqrt{A^2+B^2}}$$

$$=\frac{|F(x,y)-k_0|}{\sqrt{a^2+b^2}\sqrt{A^2+B^2}}=\text{常数}$$

由命题 1,$(ax+by+c)(Ax+By+C)=0$ 为 $F(x,y)\equiv 0$ 的渐近线. 由于 $0=(ax+by+c)(Ax+By+C)=F(x,y)-k_0$,设 $a_3-k_0=k$,则渐近线的方程可写为

$$a_{11}x^2+2a_{12}xy+a_{22}y^2+2a_{12}x+2a_{23}y+k=0$$

回到这道竞赛题,原方程可变为 $Y^2-2XY+\frac{1}{4}=0$,其中 $Y=y-\frac{3}{2}$,$X=x-\frac{3}{2}$.

由于

$$I_2=\begin{vmatrix}0 & -1\\ -1 & 1\end{vmatrix}<0$$

所以此曲线 $Y^2-2XY+\frac{1}{4}=0$ 为双曲线.

由命题 2 知,此双曲线的渐近线方程为 $Y^2-2XY+k=0$,

此时

$$I_3 = \begin{vmatrix} 0 & -1 & 0 \\ -1 & 1 & 0 \\ 0 & 0 & k \end{vmatrix} = 0$$

得 $k = 0$. 所以其渐近线为 $Y^2 - 2XY = 0$,即 $Y = 0$ 或 $Y = 2X$. 画出草图如下:

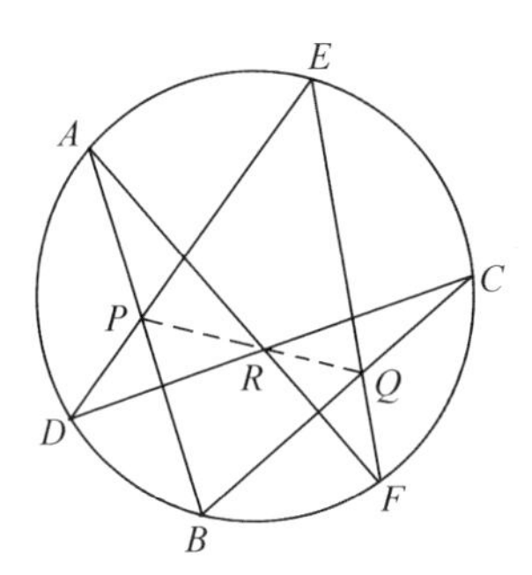

可见 $Y \in \left(-\frac{1}{2}, 0\right] \cup \left[\frac{1}{2}, +\infty\right)$,则得 $y \in \left(1, \frac{3}{2}\right] \cup [2, +\infty)$. 实际上,即使不要这些理论,判定 $Y^2 - 2XY + \frac{1}{4} = 0$ 为双曲线后,其渐近线只有把此式中的 $\frac{1}{4}$ 替换成0才得到退化的两直线与原双曲线不相交(渐近线),所以以后在记忆双曲线 $\frac{x^2}{a^2} - \frac{y}{b^2} = 1$ 的渐近线,只要把原双曲线方程中的 1 换成 0 即可.

同样的方法,还可以解决一下清华大学2015年自主招生暨领军计划第27题:

已知 $x, y \in \mathbf{R}_+$,满足 $2x + y = 1$,则 $x + \sqrt{x^2 + y^2}$ 的最小值为(　　).

(A) $\frac{4}{5}$　(B) $\frac{2}{5}$　(C) 1　(D) $\frac{1+\sqrt{2}}{5}$

“音乐能激发或抚慰情怀,绘画使人赏心悦目,诗歌能动人心弦,哲学使人获得智慧,科学可改善物质生活,但数学能给予以上的一切.”这是19世纪德国数学家克莱因赞美数学的一句话,尽管充满诗意、深情款款,但对数学的推崇气势凌人,不容置疑.如果说克莱因的判断是一种历史经验,那在美国国家研究委员会(NRC)数学科学委员会眼中,数学则攸关一国经济乃至国家安全的现实利益.

在美国国家科学基金会的资助下,该委员会发布了一份题为《2025年的数学科学》的报告.该委员会由美国国家研究委员会任命,而报告撰写历时5年.报告涉及三方面内容:(1)数学科学研究的活力,数学科学发展的统一性和连贯性、最近发展的意义、前沿发展速度和新趋势;(2)数学科学研究和教育对工程科学、工业和技术、创新和经济竞争力、国家安全、与国家利益相关的其他领域的影响;(3)为美国国家科学基金会数学科学部提供建议,如何通过调整其工作组合,提高本学科的活力和影响力.2025年远在四分之一世纪结束之时,美国数学界最高智囊团前瞻到了什么?

这不是该委员会第一次发布专门针对数学的研究报告.20世纪最后10年,该委员会就曾针对数学先后发布两份重要报告:一份叫作《人人关心数学教育的未来》,一份叫作《振兴美国数学——90年代的计划》.

对数学情有独钟,绝非美国国家研究委员会心血来潮.在以美国国民的名义发表的《人人关心数学教育的未来》中,该委员会认定,为充分参与未来世界,美国必须开发数学的力量.这个结论的逻辑前提是:数学是科学和技术的基础,没有强有力的数学就不可能有强有力的科学.

对于数学正在发生的改变,该委员会给出这样的描述:

第一,数学的惊人应用已在自然科学、行为科学和社会科学的全部领域出现.现代民航客机的设计、控制和效率方面的一切发展,都依赖于在制造样机前就能模拟其性能的先进数学模型.从医学技术到经济规划,从遗传学到地质学,在现代科学的任何部分都已带上抹不掉的数学印记,就像科学本身也推动了许多数学分支的发展一样.

第二,数学的一部分应用到另一部分——几何用于分析,概率论用于数论——提供了数学基本统一性的新证据.

报告最后谈到,科学和数学在问题、理论和概念方面的互相交叉,几乎从未达到最近四分之一世纪这样大的规模,且将数学教育的发展与改革上升到国家战略高度.而在《振兴美国数学——90年代的计划》中,该委员会强调了对于数学的投入和许多现代科学技术对数学科学带来的挑战,以及对于数学交叉研究带来的新机遇,和数学应更多更有价值地应用于其他科学和技术.

本书虽然题材很旧,但用施拱星的话说:数学没有新旧之分,只有好坏之别.

刘培杰

2017年12月20日

于哈工大

阿贝尔恒等式与经典不等式及应用

杨志明　编著

内容简介

本书从阿贝尔恒等式出发，推导出高中数学联赛的三大不等式：排序不等式、均值不等式和柯西不等式，进而推出卡拉玛特不等式. 同时，由这四个不等式推导出一系列经典的不等式. 一线串珠，给人以一气呵成之感.

本书适合于参加高中数学竞赛、参加大学自主招生的学生以及对不等式感兴趣的读者，希望本书对大家有所帮助.

序　一

近日，杨志明老师将此书的校对书稿发给我，邀我作序.

这本书，是杨老师花了很多心血，阅读了大量古今中外的有关名著，结合自己教学和研究经验汇集而成. 全书逻辑上一线串通，可读性强；常见的著名不等式尽收书中，并且提供各种不等式的应用以及一题多解、多题一解，实用性好.

杨必成先生为此书写了很好的序，详细分析了这本书的特色、优点. 我这里就不再多说了.

相信广大读者能从书中得到有关不等式理论及数学思想

方法的启迪，更好地从事数学的教学、学习或研究，为我国的数学教育和研究做出更多、更大的贡献.

张景中

2017 年 3 月

于羊城

序 二

杨志明老师是广东广雅中学的一名数学高级教师(曾在湖北八大名校之一的湖北省黄石二中任教 14 年)，他于 1993 年毕业于湖北师范学院数学系，至今二十多年来一直孜孜不倦，坚持于一线的数学教学及指导中学生数学竞赛的工作. 他现任“全国初等数学研究会”常务理事兼副秘书长，还是“全国不等式研究会”常务理事. 除教书育人，搞好常规的数学教学外，他还执着于不等式的钻研及学生的数学竞赛培训. 多年来，他发表了数量可观的数学论文、著作，探索经典不等式的理论应用；他坚持培养中学生的数学探索能力，指导优生参加数学竞赛，成绩不错，得到多次奖励；2009 年至今，他组织本校团队参加“丘成桐中学数学科学奖”的论文竞赛活动，获得铜奖及“优胜奖指导老师”荣誉称号多次. 因之，2012 年底，《羊城晚报》以“广雅数学奇人杨志明：我为猜想狂”对他进行了热情报道. 2005 年，我因主持“第三届全国不等式学术年会”认识了他；2008 年后，我任“全国不等式研究会”理事长，因工作需要又接触了他；前几年，我作为“丘成桐中学数学科学奖”的评委参以审评过他指导学生的若干论文，了解较为深刻；最近几年，他积极参加我主持的“解析不等式”讨论班，接触交谈更多了些. 印象中的他是一个热情、爽朗、执着且好学不倦的中学数学教师.

这本书是杨老师花了近两年的心血写出来的，确是他长期教学经验及理论钻研的成果结晶. 全书分 6 章，从一个著名恒等式谈起，涉及 6 个经典不等式的导入，并推证出几十个重要不等式，拓展其多角度、全方位的应用. 真可谓洋洋大观、一气呵成！该书涉及多个经典不等式的理论应用，纲线明了，深入

浅出,兼具如下四个特色:

(1) 本书内容能做到一线串通,即6章的内容是通过逻辑论证联系在一起的,且多数式子之间具有明确的理论联系,由此及彼,涉及广泛应用,由此可见,在收集、整理及拓展材料方面,作者是花了不少心血的;作者还用巧妙的数学推理剖析了不等式的内在联系,这样,就形成清晰的理论知识脉络,既方便学习理解,又利于导出应用.

(2) 充分关注了各类经典不等式的实际应用.该书所列举及推导的多数不等式都考虑了它们的实际应用,特别是在竞赛数学方面的应用,这就使得一些不等式竞赛题不再显得神秘而不可及了,方便了数学竞赛题的学习理解及数学竞赛的辅导、培训工作.

(3) 十分注重数学方法及数学思想的例析.该书不但注重严格论证,还穿插数学方法的说明及数学思想的阐述,并在多个地方,对"一题多解""一题多证"做了淋漓尽致的描述,且不乏精彩之笔,如对内斯比特不等式的证明,竟列举了41种方法,这体现出作者一丝不苟的治学精神及丰富的数学竞赛培训经验.

(4) 该书侧重于对中学数学竞赛及指导论文的实践案例的论述.作者能理论联系工作实际,面向竞赛数学及培养优生这一课题,现身说法,向广大读者传授自身多年的实践经验及鲜活的理论探索心得.

深信广大不等式爱好者及一线数学教师能从这本书的阅读理解中得到不等式理论及数学思想方法的启迪,提高数学修养及审美意识,更好地从事数学教学、教育及不等式的理论研究工作,为祖国的数学教育事业做出更大的贡献.

杨必成
广东第二师范学院
2017年元月
于广州

前言

所谓公理化方法,就是从尽可能少的、不加定义的基本概念和一组不加证明的初始命题(公理)出发,应用严格的逻辑推理,使某一数学分支成为演绎系统的方法.

公理化方法是一种演绎的方法,使得数学变得容易,因而逐渐发展,产生了元数学的基本思想. 所谓元数学,笼统地讲,就是指把某种数学理论(如自然数理论、几何理论等)作为一个整体加以研究,研究系统的相容性、完备性及公理的独立性等问题.

基于公理化方法,法国布尔巴基学派力图把整个数学建立在集合论的基础上,"数学结构"的观念是布尔巴基学派的一大重要发明. 他们认为全部数学基于三种母结构:代数结构、序结构和拓扑结构. 所谓结构就是"表示各种各样的概念的共同特征仅在于它们可以应用到各种元素的集合上. 而这些元素的性质并没有专门指定,定义一个结构就是给出这些元素之间的一个或几个关系,人们从给定的关系所满足的条件(它们是结构的公理)建立起某种给定结构的公理理论就等于只从结构的公理出发来推演这些公理的逻辑推论."

我国著名的科普专家张景中院士,晚年致力于科普宣传,提出"要把数学变容易",亲身发表论文,并且出版书籍《一线串通的初等数学》.

随着信息时代的到来,各种新的不等式应运而生. 不等式的机器自动发现,为发现新的不等式提供了有力的工具. 中国科学院研究员杨路教授编写的 Bottema 软件,更是这些机器证明软件中的佼佼者. 笔者在2002 年第二届全国不等式研究会上亲睹这一软件的神奇,从此掌握了这一软件,为自己研究不等式节省了大量宝贵的时间和精力. 在这类软件中,值得一提的还有西藏刘保乾的 agl2012 软件,陈胜利的 Schur01 软件.

鉴于此,利用公理化方法和建构主义的观点,来整合众多的不等式势在必行,这也和我国提出的"核心价值观"相吻合. 我国高中课程标准修订组,按照内涵、价值和表现的框架,给出的高中数学核心素养是:数学抽象、逻辑推理、数学建模、运算能力、直观想象、数据分析,这一要求正是“核心价值观”的体现.

笔者经过二十多年的教学实践,发现借助阿贝尔恒等式,可将高中数学联赛的三大不等式:排序不等式、均值不等式和柯西不等式,一线串通.我把这个想法告诉哈尔滨工业大学出版社的副社长刘培杰先生,他鼓励我出版此书.经过近两年的整理、补充、修订,终于写成本书.还要感谢张景中院士,他在百忙之中抽出时间,审阅了全书,并欣然为之作序.同时,还要感谢杨必成教授的热心帮助,帮本书作序,并且对全书校对.在此,我还要感谢那些热切关心本书的朋友们,是他们给了我勇气和信心.由于参考书目和文章较多,有时由于时间太久,已不记得不等式的出处,敬请谅解.书中疏漏在所难免,敬请批评指正,我的邮箱是:yzm876@163.com.

杨志明

2017 年 3 月

于广州

编辑手记

这是一本能够帮助中学师生解题的书.

世界排名第一的围棋手柯洁在接受新华社新青年工作室的采访时就被问到围棋和女孩哪个更难懂?他回答说:现在对我来说,其实围棋绝对是最难懂的,我也一直在学习,就是到底该怎么下.

对中学师生来说怎样解数学难题也是最难懂的,需要一直坚持学习,就是到底该怎样解.

2017 年 12 月 28 日微信公众号“数学解题之路”发表了一篇文章正好回答了本书的内容与数学解题的关系.

问题 (2013 年北京东城区题 20)已知实数组成的数组 $(x_1,x_2,x_3,\cdots,x_n)$ 满足条件:

$$①\sum_{i=1}^{n}x_i=0;②\sum_{i=1}^{n}|x_i|=1.$$

(1) 当 $n=2$ 时,求 x_1, x_2 的值;

(2) 当 $n=3$ 时,求证:$|3x_1+2x_2+x_3|\leqslant 1$;

(3) 设 $a_1\geqslant a_2\geqslant a_3\geqslant\cdots\geqslant a_n$,且 $a_1>a_n(n\geqslant 2)$,求证:$\left|\sum_{i=1}^{n}a_ix_i\right|\leqslant\frac{1}{2}(a_1-a_n)$.

解 (1) 由题意,得

$$\begin{cases}x_1+x_2=0\\|x_1|+|x_2|=1\end{cases}$$

得

$$\begin{cases}x_1=-\frac{1}{2}\\x_2=\frac{1}{2}\end{cases}\text{或}\begin{cases}x_1=\frac{1}{2}\\x_2=-\frac{1}{2}\end{cases}$$

(2) 当 $n=3$ 时,有

$$\begin{cases}x_1+x_2+x_3=0\\|x_1|+|x_2|+|x_3|=1\end{cases}$$

于是,有

$$\begin{aligned}|3x_1+2x_2+x_3|&=|2x_1+x_2|=|x_1-x_3|\\&\leqslant|x_1|+|x_3|=1-|x_2|\leqslant 1\end{aligned}$$

所以

$$|3x_1+2x_2+x_3|\leqslant 1$$

(3) 由题意,得

$$\sum_{i=1}^{n}x_i=0,\sum_{i=1}^{n}|x_i|=1$$

因为 $a_1\geqslant a_i\geqslant a_n$,且 $a_1>a_n(i=1,2,3,\cdots,n)$,有

$$\begin{aligned}|(a_1-a_i)-(a_i-a_n)|&\leqslant|(a_1-a_i)+(a_i-a_n)|\\&=|a_1-a_n|\end{aligned}$$

即

$$|a_1+a_n-2a_i|\leqslant|a_1-a_n| \qquad (*)$$

因为

$$\left|\sum_{i=1}^{n} a_i x_i\right| = \left|\sum_{i=1}^{n} a_i x_i - \frac{1}{2}a_1\sum_{i=1}^{n} x_i - \frac{1}{2}a_n\sum_{i=1}^{n} x_i\right|$$

$$= \frac{1}{2}\left|\sum_{i=1}^{n}(2a_i - a_1 - a_n)x_i\right|$$

$$\leqslant \frac{1}{2}\sum_{i=1}^{n}(|a_1 + a_n - 2a_i||x_i|)$$

$$\leqslant \frac{1}{2}\sum_{i=1}^{n}(|a_1 - a_n||x_i|)$$

$$= \frac{1}{2}(a_1 - a_n)$$

本题收到了江苏南通张庆秋老师用阿贝尔恒等式的证法.

(1) 由

$$\begin{cases} x_1 + x_2 = 0 \\ |x_1| + |x_2| = 1 \end{cases}$$

可知

$$\begin{cases} x_1 = \dfrac{1}{2} \\ x_2 = -\dfrac{1}{2} \end{cases} \text{或} \begin{cases} x_1 = -\dfrac{1}{2} \\ x_2 = \dfrac{1}{2} \end{cases}$$

(2)

$$|3x_1 + 2x_2 + x_3| = |x_1 - x_3| \leqslant |x_1| + |x_3|$$

$$\leqslant |x_1| + |x_2| + |x_3| = 1$$

(3) 由

$$\sum_{i=1}^{n} x_i = 0, \sum_{i=1}^{n} |x_i| = 1$$

可知正项之和与负项之和分别为$\frac{1}{2}$和$-\frac{1}{2}$.

令 $S_i = \sum_{k=1}^{i} x_k (i = 1,2,\cdots,n)$,则

$$-\frac{1}{2} \leqslant S_i \leqslant \frac{1}{2}, S_n = 0$$

由阿贝尔变换

$$\sum_{i=1}^{n} a_i x_i = S_n a_n + \sum_{i=1}^{n-1} S_i(a_i - a_{i+1})$$

所以

$$\left|\sum_{i=1}^{n} a_i x_i\right| \leqslant |S_n a_n| + \sum_{i=1}^{n-1} |S_i||a_i - a_{i+1}|$$
$$\leqslant 0 + \sum_{i=1}^{n-1} \frac{1}{2}(a_i - a_{i+1})$$
$$= \frac{1}{2}(a_1 - a_n)$$

本题还收到了网友"fluxbean"的解答.

令 $b_i = a_i - a_n (i = 1,2,\cdots,n)$,原不等式可转化为

$$\left|\sum_{i=1}^{n} a_i x_i\right| = \left|\sum_{i=1}^{n} b_i x_i + a_n \sum_{i=1}^{n} x_i\right|$$
$$= \left|\sum_{i=1}^{n} b_i x_i\right| \leqslant \frac{1}{2} b_1$$

不妨设 $\sum_{i=1}^{n} b_i x_i \geqslant 0$,反之可加负号,因为

$$\sum_{i=1}^{n} x_i = 0, \sum_{i=1}^{n} |x_i| = 1$$

所以设 M 为 $\sum_{x_i>0} x_i$,N 为 $\sum_{x_i<0} x_i$(分为正,负两部分)

$$M + N = 0, M - N = 1$$

因此 $M = \frac{1}{2}, N = -\frac{1}{2}, b_i \geqslant 0 (i = 1,2,\cdots,n)$,且

$$b_1 \geqslant b_2 \geqslant b_3 \geqslant \cdots \geqslant b_n = 0$$
$$\sum_{i=1}^{n} b_i x_i = \sum_{x_i>0} b_i x_i + \sum_{x_i<0} b_i x_i$$
$$\leqslant \sum_{x_i>0} x_i b_i \leqslant b_1 \sum_{x_i>0} x_i = \frac{1}{2} b_1$$

本题也收到了浙江宁波丁峰老师的解答(也用了阿贝尔分部求和公式).

(1) 由题意,得

$$\begin{cases} x_1 = -\frac{1}{2} \\ x_2 = \frac{1}{2} \end{cases} \text{或} \begin{cases} x_1 = \frac{1}{2} \\ x_2 = -\frac{1}{2} \end{cases}$$

(2) 证明

$$|3x_1+2x_2+x_3|=|x_1-x_3|\leqslant|x_1|+|x_3|$$
$$\leqslant|x_1|+|x_2|+|x_3|=1$$

(3) 由条件知,$x_i(1\leqslant i\leqslant n)$中所有的正数之和为$\frac{1}{2}$,所以负数之和为$-\frac{1}{2}$,从而对任意的$1\leqslant k\leqslant n$,均有

$$S_k=\left|\sum_{i=1}^{k}x_i\right|\leqslant\frac{1}{2}$$

所以由阿贝尔分部求和公式可得

$$\begin{aligned}\left|\sum_{i=1}^{n}a_ix_i\right|&=\left|a_n\sum_{i=1}^{n}x_i+\sum_{k=1}^{n-1}S_k(a_k-a_{k+1})\right|\\&=\left|\sum_{k=1}^{n-1}S_k(a_k-a_{k+1})\right|\\&\leqslant\sum_{k=1}^{n-1}|S_k|(a_k-a_{k+1})\\&\leqslant\frac{1}{2}\sum_{k=1}^{n-1}(a_k-a_{k+1})\\&=\frac{1}{2}(a_1-a_n)\end{aligned}$$

取其中的$a_i=\frac{1}{i},1\leqslant i\leqslant n$,则得到1989年的高中数学联赛试题.

同年国家教委理科实验班也给出类似的试题:

已知

$$a_1\geqslant a_2\geqslant\cdots\geqslant a_n\quad(a_1\neq a_n)$$
$$\sum_{i=1}^{n}x_i=0$$
$$\sum_{i=1}^{n}|x_i|=1$$

试求最小的λ的值,使得$\left|\sum_{i=1}^{n}a_ix_i\right|\leqslant\lambda(a_1-a_n)$恒成立.

阿贝尔方法是从一个十分浅显的恒等式开始的,即:

设$m<n,m,n\in\mathbf{N}$,则

$$\sum_{k=m}^{n}(A_k - A_{k-1})b_k = A_n b_n - A_{m-1}b_m + \sum_{k=m}^{n-1}A_k(b_k - b_{k+1}) \qquad (1)$$

我们称式(1) 为阿贝尔和差变换公式.

将式(1) 的左边和式拆开,再对 A_k 进行同类项合并即可证明式(1).

于式(1) 中令 $A_0 = 0, A_k = \sum_{i=1}^{k} a_i (1 \leqslant k \leqslant n)$,得

$$\sum_{k=1}^{n} a_k b_k = b_n \sum_{k=1}^{n} a_k + \sum_{k=1}^{n-1}\left(\sum_{i=1}^{k} a_i\right)(b_k - b_{k+1}) \qquad (2)$$

我们称式(2) 为阿贝尔分部求和公式.

利用它可以巧妙地解答许多奥赛试题,比如下面的:

例 1 若 $x_1, x_2, \cdots, x_n$ 满足条件 $\sum_{i=1}^{n} x_i = 0, \sum_{i=1}^{n} |x_i| = 1$. 试证

$$\left|\sum_{i=1}^{n}\frac{x_i}{i}\right| \leqslant \frac{1}{2} - \frac{1}{2n} \qquad (*)$$

该题是1989年全国高中联赛试题,如果不用阿贝尔分部求和公式,本题还有如下几种证法,第一种是所谓的磨光变换方法.

证法 1 当将所有 x_i 同时变号时,条件和结论都不动,故不妨设 $\sum_{i=1}^{n}\frac{x_i}{i} \geqslant 0$,容易看出,当 $x_1 = \frac{1}{2}, x_2 = x_3 = \cdots = x_{n-1} = 0, x_n = -\frac{1}{2}$ 时,不等式(*) 中等号成立.

设 $x_1, x_2, \cdots, x_n$ 中的非负项为 $x_{k_1}, \cdots, x_{k_m}$,负项为 $x_{k_{m+1}}, \cdots, x_{k_n}$,令

$$x_1' = \sum_{j=1}^{m} x_{k_j}, x_n' = \sum_{j=m+1}^{n} x_{k_j}, x_i' = 0$$
$$(i = 2, 3, \cdots, n-1)$$

则有

$$x_1' \geqslant \sum_{j=1}^{m}\frac{x_{k_j}}{k_j}, \frac{x_n'}{n} \geqslant \sum_{j=m+1}^{n}\frac{x_{k_j}}{k_j}$$

从而有

$$\left|\sum_{i=1}^{n}\frac{x_i}{i}\right| = \sum_{i=1}^{n}\frac{x_i}{i} \leqslant \sum_{i=1}^{n}\frac{x_i'}{i} = \frac{1}{2}-\frac{1}{2n}$$

另外,还有两个用数学归纳法的证明.

证法 2 我们证明其加强形式:

n 个实数 $x_1,\cdots,x_n$ 满足 $\sum_{i=1}^{n}|x_i| \leqslant 1$, $\sum_{i=1}^{n}x_i = 0$,则有

$$\left|\sum_{i=1}^{n}\frac{x_i}{i}\right| \leqslant \frac{1}{2}-\frac{1}{2n}$$

用数学归纳法:

当 $n = 2$ 时,$x_1 = -x_2$,且 $|x_1| = |x_2| \leqslant \frac{1}{2}$,故有

$$|x_1| - \left|\frac{x_2}{2}\right| = \frac{|x_1|}{2} \leqslant \frac{1}{4} = \frac{1}{2}-\frac{1}{2\times 2}$$

即 $n = 2$ 时命题成立.

设结论于 $n = k$ 时成立,则当 $n = k+1$ 时,由归纳假设有

$$\begin{aligned}\left|\sum_{i=1}^{k+1}\frac{x_i}{i}\right| &= \left|\sum_{i=1}^{k-1}\frac{x_i}{i} + \frac{x_k + x_{k+1}}{k} - \frac{x_{k+1}}{k(k+1)}\right| \\ &= \left|\sum_{i=1}^{k}\frac{x_k}{i} + \frac{x_{k+1}}{k} - \frac{x_{k+1}}{k(k+1)}\right| \\ &\leqslant \left|\sum_{i=1}^{k}\frac{x_k}{i}\right| + \left|\frac{x_{k+1}}{k}\right| + \left|\frac{x_{k+1}}{k(k+1)}\right| \\ &\leqslant \frac{1}{2}-\frac{1}{2k} + \left|\frac{x_{k+1}}{k(k+1)}\right|\end{aligned}$$

因为由已知推得 $|x_{k+1}| \leqslant \frac{1}{2}$,故得

$$\begin{aligned}\left|\sum_{i=1}^{k+1}\frac{x_i}{i}\right| &\leqslant \frac{1}{2}-\frac{1}{2k}+\frac{1}{2k(k+1)} \\ &= \frac{1}{2}-\frac{1}{2(k+1)}\end{aligned}$$

即当 $n = k+1$ 时结论成立. 从而加强命题对 $n \geqslant 2$ 成立. 原命题亦然.

证法 3 命题对 $n = 2$ 时成立,设命题对于 $n = k$ 时成立.

当 $n=k+1$ 时,记 $M=\sum_{i=1}^{k-1}|x_i|+|x_k+x_{k+1}|$.

若 $M=0$,则 $x_i=0,i=1,\cdots,k-1;x_k=-x_{k+1},|x_k|=|x_{k+1}|=\frac{1}{2}$,于是

$$\left|\sum_{i=1}^{k+1}\frac{x_i}{i}\right|=\left|\frac{x_k}{k}+\frac{x_{k+1}}{k+1}\right|$$

$$=\frac{1}{2k}-\frac{1}{2(k+1)}$$

$$\leqslant\frac{1}{2}-\frac{1}{2(k+1)} \tag{1}$$

若 $M>0$,则令 $x_i'=\frac{x_i}{M},i=1,2,\cdots,k-1;x_k'=\frac{x_k+x_{k+1}}{M}$,于是有

$$\sum_{i=1}^{k}x_i'=0\text{ 且}\sum_{i=1}^{k}|x_i'|=1$$

由归纳假设知

$$\left|\sum_{i=1}^{k}\frac{x_i'}{i}\right|\leqslant\frac{1}{2}-\frac{1}{2k}$$

由此可得

$$\left|\sum_{i=1}^{k+1}\frac{x_i}{i}\right|=M\left|\sum_{i=1}^{k}\frac{x_i'}{i}-\frac{x_{k+1}}{Mk(k+1)}\right|$$

$$\leqslant M\left|\sum_{i=1}^{k}\frac{x_i'}{i}\right|+\frac{|x_{k+1}|}{k(k+1)}$$

$$\leqslant M\left(\frac{1}{2}-\frac{1}{2k}\right)+\frac{1}{2k(k+1)}$$

$$\leqslant\frac{1}{2}-\frac{1}{2(k+1)} \tag{2}$$

将式(1)与(2)结合起来即知当 $n=k+1$ 时命题成立.

同年,国家教委理科实验班招生又推出类似的问题:

例 2 已知

$$a_1\geqslant a_2\geqslant\cdots\geqslant a_n\quad(a_1\neq a_n)$$

$$\sum_{i=1}^{n}x_i=0,\sum_{i=1}^{n}|x_i|=1$$

试求 λ 的最小值,使不等式

$$\left|\sum_{i=1}^{n} a_i x_i\right| \leqslant \lambda(a_1 - a_n)$$

恒成立.

解 令 $p = \sum_{x_i > 0} x_i, q = -\sum_{x_i < 0} x_i$,则

$$p - q = 0, p + q = 1$$

从而 $p = q = \frac{1}{2}$,于是我们有

$$-\frac{1}{2} \leqslant \sum_{i=1}^{k} x_i \leqslant \frac{1}{2} \quad (1 \leqslant k \leqslant n)$$

由阿贝尔分部求和公式,得

$$\begin{aligned}\left|\sum_{i=1}^{n} a_i x_i\right| &= \left|a_n \sum_{i=1}^{n} x_i + \sum_{k=1}^{n-1}\left(\sum_{i=1}^{k} x_i\right)(a_k - a_{k+1})\right| \\ &\leqslant \sum_{k=1}^{n-1}\left|\sum_{i=1}^{k} x_i\right|(a_k - a_{k+1}) \\ &\leqslant \frac{1}{2}\sum_{k=1}^{n-1}(a_k - a_{k+1}) \\ &= \frac{1}{2}(a_1 - a_n)\end{aligned}$$

当 $x_1 = \frac{1}{2}, x_n = -\frac{1}{2}$,其余 $x_k = 0$ 时,上式取等号,故 λ 的最小值为$\frac{1}{2}$.

令 $a_k = \frac{1}{k}(k = 1,2,\cdots), \lambda = \frac{1}{2}$ 即得例 1.

注 该问题可进一步推广到复数域上,得到下面的命题.

命题 设 $x_1, x_2, \cdots, x_n$ 是复数,$a_1, a_2, \cdots, a_n$ 为实数,它们满足条件

$$\sum_{i=1}^{n} x_i = T, \sum_{i=1}^{n} |x_i| = S$$

$$\max_{1 \leqslant i \leqslant n} |a_i| = M, \min |a_i| = m$$

则有不等式

$$\left|\sum_{i=1}^{n} a_i x_i\right| \leqslant \frac{1}{2}(M - m)S + \frac{1}{2}(M + m)|T|$$

这时,例 2 的证明方法不再适用. 这里我们给出一个通用证法.

事实上,因为 $a_i - m \geqslant 0, M - a_i \geqslant 0, i = 1, 2, \cdots, n$,所以有

$$\begin{aligned} |2a_i - M - m| &= |(a_i - m) - (M - a_i)| \\ &\leqslant |a_i - m| + |M - a_i| \\ &= M - m \end{aligned}$$

于是,我们有

$$\begin{aligned} &\left|\sum_{i=1}^{n} a_i x_i\right| \\ = &\left|\sum_{i=1}^{n}\left[\frac{1}{2}(2a_i - M - m)x_i + \frac{1}{2}(M + m)x_i\right]\right| \\ \leqslant &\frac{1}{2}\sum_{i=1}^{n}\left[|2a_i - M - m| \cdot |x_i| + \right. \\ &\left.\frac{1}{2}(M + m)\right]\left|\sum_{i=1}^{n} x_i\right| \\ \leqslant &\frac{1}{2}\sum_{i=1}^{n}(M - m)|x_i| + \frac{1}{2}(M + m)|T| \\ = &\frac{1}{2}(M - m)S + \frac{1}{2}(M + m)|T| \end{aligned}$$

阿贝尔变换亦可画图形象地证明:

设 $\varepsilon_i, v_i (i = 1,2,\cdots,n)$ 为两组实数,若令

$$\sigma_k = v_1 + v_2 + \cdots + v_k \quad (k = 1,2,\cdots,n)$$

则有如下分部求和公式成立

$$\sum_{i=1}^{n} \varepsilon_i v_i = (\varepsilon_1 - \varepsilon_2)\sigma_1 + (\varepsilon_2 - \varepsilon_3)\sigma_2 + \cdots + (\varepsilon_{n-1} - \varepsilon_n)\sigma_{n-1} + \varepsilon_n \sigma_n$$

证明 以 $v_1 = \sigma_1, v_k = \sigma_k - \sigma_{k-1} (k = 2,3,\cdots,n)$ 分别乘以 $\varepsilon_k (k = 1,2,\cdots,n)$,整理后就得所要证的公式.

引理(分部求和公式 —— 阿贝尔引理) 设 α_i 和 $\beta_i (i = 1,2,\cdots,p)$ 是实数,则有:

(1)

$$\sum_{i=1}^{p} \alpha_i \beta_i = \sum_{i=1}^{p-1} (\alpha_i - \alpha_{i+1}) B_i + \alpha_p B_p$$

这里

$$B_k = \sum_{i=1}^{k} \beta_i \quad (k = 1,2,\cdots,p)$$

(2) 如果 $\alpha_1 \geqslant \alpha_2 \geqslant \cdots \geqslant \alpha_p$(或者 $\alpha_1 \leqslant \alpha_2 \leqslant \cdots \leqslant \alpha_p$),并且

$$|B_k| \leqslant L \quad (k = 1,2,\cdots,p)$$

那么

$$\left|\sum_{i=1}^{p} \alpha_i \beta_i\right| \leqslant L(|\alpha_1| + 2|\alpha_p|)$$

证明 为方便起见,我们记 $B_0 = 0$. 于是有:

(1)

$$\begin{aligned}\sum_{i=1}^{p} \alpha_i \beta_i &= \sum_{i=1}^{p} \alpha_i (B_i - B_{i-1}) \\ &= \sum_{i=1}^{p} \alpha_i B_i - \sum_{i=1}^{p} \alpha_i B_{i-1} \\ &= \sum_{i=1}^{p} \alpha_i B_i - \sum_{i=0}^{p-1} \alpha_{i+1} B_i \\ &= \sum_{i=1}^{p-1} (\alpha_i - \alpha_{i+1}) B_i + \alpha_p B_p\end{aligned}$$

(2) 在所给的条件下

$$\begin{aligned}\left|\sum_{i=1}^{p} \alpha_i \beta_i\right| &= \left|\sum_{i=1}^{p-1} (\alpha_i - \alpha_{i+1}) B_i + \alpha_p B_p\right| \\ &\leqslant \sum_{i=1}^{p-1} |\alpha_i - \alpha_{i+1}| |\beta_i| + |\alpha_p| |B_p| \\ &\leqslant L\left(\sum_{i=1}^{p-1} |\alpha_i - \alpha_{i+1}| + |\alpha_p|\right) \\ &= L(|\alpha_1 - \alpha_p| + |\alpha_p|) \\ &\leqslant L(|\alpha_1| + 2|\alpha_p|)\end{aligned}$$

注 人们把(1)中的公式叫作分部求和公式. 它可以写成与分部积分公式很相似的形式

$$\sum_{i=1}^{p} \alpha_i \Delta B_i = \alpha_j B_j \Big|_{j=0}^{p} - \sum_{i=0}^{p-1} B_i \Delta \alpha_i$$

这里

$$B_0 = 0, B_k = \sum_{i=1}^{k} \beta_i$$

$$\Delta B_k = B_k - B_{k-1} = \beta_k \quad (k = 1,2,\cdots,p)$$
$$\Delta \alpha_0 = \alpha_1, \Delta \alpha_i = \alpha_{i+1} - \alpha_i \quad (i = 1,2,\cdots,p-1)$$

利用阿贝尔恒等式还可以解决许多高难度的竞赛试题. 如 1981 年第十届美国数学竞赛试题:

例 3 $x \in \mathbf{R}, n \in \mathbf{N}$,求证

$$[nx] \geqslant \frac{[x]}{1} + \frac{[2x]}{2} + \cdots + \frac{[nx]}{n}$$

证法 1 本题解法很多,公认比较典型的是如下用数学归纳法的证法:

(1) 当 $n = 1$ 时,不等式两边都等于$[x]$,因而等号成立,令

$$A_k = [x] + \frac{[2x]}{2} + \cdots + \frac{[kx]}{k}$$

设已证 $A_1 \leqslant [x], A_2 \leqslant [2x], \cdots, A_{n-1} \leqslant [(n-1)x]$,由于

$$nA_n - nA_{n-1} = n(A_n - A_{n-1}) = [nx]$$
$$(n-1)A_{n-1} - (n-1)A_{n-2} = [(n-1)x]$$
$$\vdots$$
$$2A_2 - 2A_1 = [2x]$$
$$A_1 = [x]$$

将以上各式两边分别相加,得出

$$nA_n - (A_1 + A_2 + \cdots + A_{n-1}) = [x] + [2x] + \cdots + [nx]$$

由归纳假设有

$$\begin{aligned} nA_n &= [x] + [2x] + \cdots + [nx] + \\ &\quad A_{n-1} + A_{n-2} + \cdots + A_1 \\ &\leqslant [x] + [2x] + \cdots + [nx] + \\ &\quad [(n-1)x] + [(n-2)x] + \cdots + [x] \\ &\leqslant [x + (n-1)x] + [2x + (n-2)x] + \cdots + \\ &\quad [(n-1)x + x] + [nx] = n[nx] \end{aligned}$$

两边消去 n 得 $A_n \leqslant [nx]$.

由数学归纳法原理,知对 $\forall n \in \mathbf{N}$,不等式成立.

虽然数学归纳法常用,但后面的技巧性较强.

如果利用阿贝尔求和法可以给出一个新的证明:

证法 2 先证一个引理,若

$$f_k(x) = \sum_{i=1}^{k} \frac{[ix]}{i}$$

则

$$nf_n(x) = \sum_{k=1}^{n}[kx] + \sum_{k=1}^{n-1} f_k(x)$$

事实上,令 $f_0(x) = 0, a_k = 1(k = 0,1,2,\cdots,n)$,则

$$S_k = \sum_{i=0}^{k} a_i = k + 1$$

于是,由部分和公式,得

$$\begin{aligned}\sum_{k=1}^{n} f_k(x) &= \sum_{k=0}^{n} a_k f_k(x) \\ &= \sum_{k=0}^{n-1} S_k(f_k - f_{k+1}) + f_n S_n \\ &= \sum_{k=0}^{n-1}(k+1)\left(-\frac{[(k+1)x]}{k+1}\right) + \\ &\quad (n+1)f_n(x) \\ &= -\sum_{k=1}^{n}[kx] + (n+1)f_n(x)\end{aligned}$$

所以

$$nf_n(x) = \sum_{k=1}^{n}[kx] + \sum_{k=1}^{n-1} f_k(x)$$

引理证毕. 下面用数学归纳法证明例 3.

(1) 当 $n = 1$ 时,显然.

(2) 假设 $k \leqslant n-1$ 时,原不等式成立,即当 $k = 1,2,\cdots,n-1$ 时,有

$$f_k(x) \leqslant [kx]$$

于是由引理得

$$\begin{aligned}nf_n(x) &= \sum_{k=1}^{n}[kx] + \sum_{k=1}^{n-1} f_k(x) \\ &\leqslant \sum_{k=1}^{n}[kx] + \sum_{k=1}^{n-1}[kx] \\ &= \sum_{k=1}^{n-1}[[kx] + [(n-k)x]] + [nx]\end{aligned}$$

$$\leqslant \sum_{k=1}^{n-1}[kx+(n-k)x]+[nx]$$
$$=n[nx]$$

所以

$$f_n(x)=\sum_{i=1}^{n}\frac{[ix]}{i}\leqslant[nx]$$

证毕.

对于可能有读者会问将这么难的东西放到中学阶段合适吗?对此,陈斌先生的一篇短文做了回答:

> 日前,一篇名为《魔都幼升小的牛娃怕都是爱因斯坦转世》的文章广为流传.文章中提到某知名小学"幼升小"报名人数8 000多人,经过网选、机考及面试三轮,最终只录取60人,百里挑一,竞争激烈.
>
> 文章发布的一些"幼儿简历"截图显示,这些以孩子口吻写出的"自我介绍",似有父母加工甚至伪造的痕迹:"继承了复旦硕士老妈的语言能力,三个半月我开口说话,一岁熟练表达意愿,旅途中还会主动和美国的游客用英语聊美杜莎和居里";"拥有清华博士老爸强大的数学基因,中班时就能进行百以内的混合运算,也知道小数、分数和负数";"托班的时候就学会了时间管理,懂得核反应堆、碱基配对以及RNA转录,和爸爸一起听微积分学会了函数和极限,平时喜欢的游戏是编程,会用Swift语言编写代码"……
>
> 对如此魔性的"幼升小"竞争,说一些冠冕堂皇的便宜话太容易了,反正站着说话不腰疼,譬如:"在本该无忧无虑的年纪被灌输各类带着功利性的知识,这种拔苗助长式的超前教育并不适合,也不符合孩子的发展规律";"这不是真正的素质教育"……
>
> 让我们先把目光转向被一些人视为"素质教育"圣地的美国,管窥一下美国中产及以上家庭的早教情况.举一个例子,在亚马逊美国上,微积分类最畅销的书是程序员妈妈Omi M. Inouye写的《婴儿微积分介

绍》;物理类狂受追捧的是物理学家兼数学家 Chris Ferrie 撰写的系列:《给宝宝的量子力学》《给宝宝的牛顿物理学》《给宝宝的量子信息学》《给宝宝的量子纠缠》……2015 年 12 月,Facebook 创始人扎克伯克曾发布一张家庭照:他手捧一本《给宝宝的量子力学》念给刚刚出生不久的女儿听.

可见,美国高知父母对早教的“疯狂”程度一点儿也不亚于中国父母,哪里的父母都怕自己的孩子输在起跑线上,“望子成龙,望女成凤”并不丢人,并不需要为此感到羞愧.

这是一部大书,篇幅不小,在目前中国人的时间观下能拿出一大块时间去读它对多数人有困难,但这个时间值得花.

已故诺贝尔奖获得者加里·贝克尔有一篇经典论文《时间分配理论》中,贝克尔提出了一个重要的观点:时间是有价的,人们可以用它来赚钱,也可以用它来消费. 当人们把时间用于消费时,其机会成本就可以用这段时间内他可以获得的收入来衡量. 这个观点,对于测算数字经济的贡献十分重要,因为在数字经济时代,人们的很多活动(例如上网)其实并不花钱,但是要花时间. 因此通过活动的时间,就可以刻画出活动的价值.

值得一提的是:本书作者杨志明老师曾带领广东广雅中学的吴俊熹、熊奥林、刘哲团队携“瓦西列夫不等式的推广加强与类似”研究项目获过丘成桐中学数学奖.

笔者与作者在会议上结识,他是一位勤奋有为的数学教师,是我们学习的榜样,祝他的书大卖.

刘培杰

2018 年 6 月 22 日

于哈工大

二维、三维欧氏几何的对偶原理

陈传麟　著

内容简介

本书指出二维、三维的欧氏几何都存在对偶原理，欧氏几何经过对偶所产生的新几何，实质上是对欧氏几何的一种新解释，称为"黄几何"（欧氏几何自身改称为"红几何"），"黄几何"经过再对偶产生的新几何称为"蓝几何"，……

对于任何一个命题（本书所说的命题均指真命题），都可以反复使用对偶原理，产生一个又一个新的命题，形成命题链，这些新命题的正确性毋庸置疑，盖由对偶原理保证，这是射影几何所不具备的.

建立欧氏几何的对偶原理，除了需要"假元素"（指无穷远点、无穷远直线、无穷远平面）外，还要引进"标准点"，它是度量（长度和角度）之必需，是建立对偶原理的点睛之笔，成败之举.

运用欧氏几何对偶原理解题是一种新的解题方法，称之为"对偶法".

本书可作为大专院校数学系师生、中学数学教师以及数学爱好者的参考用书. 可以将本书与《圆锥曲线习题集》（哈尔滨工业大学出版社出版）结合使用.

序

点和直线是欧氏几何中最基本的概念.

坊间历来认为欧氏几何没有对偶原理,就是说,在欧氏几何里,点就是点,直线就是直线,点不能当“直线”用,当然,直线也不能当“点”用.苏联几何学家叶菲莫夫就这样认为,他在书中写道:“我们注意到,在初等几何里没有对偶性.例如,在欧几里得几何的从属关系里,点和直线就不是互相对偶的;事实上,在欧几里得平面上,两个点总有公共的直线,但是两条直线并不总有公共的点(可以是平行的)……”(见叶菲莫夫著《高等几何学》,裘光明译,高等教育出版社,1954年版,第368页)他认为,只有射影几何才具备对偶原理,他说:“由于射影几何不涉及度量,所以内容比较贫乏,其对偶原理很容易建立.”(上书第455页)

事实并非如此,1965年,本书作者引进了“标准点”后,终于在欧氏几何里建立了对偶原理,这不能不说是对欧氏几何的一项重要建树.

欧氏几何的对偶原理,是一件新事物,新事物往往难于让人接受,加之叙述又颇费口舌,所以,本书作者——我的老师,为此等候了50年.

2010年,上海交通大学出版社对陈先生的研究成果很感兴趣,准备出版他的著作《欧氏几何对偶原理研究》,并向某基金申请出版赞助,陈先生当时表示,恐怕不会有好结果,果不其然,该基金的评审专家很快给出如下评语(这里全文照抄,包括笔误及标点):“此书研究内容为初等几何范畴,在一定意义下可以视为戴沙格定理的补充,其所谓新方法新理论没有挑出经典几何的内容,也没有实际应用.本书可以作为平面几何的补充或课外读物.”

陈先生对此评语,只说了一句话:Go your own way;let others talk!(语出意大利文学家Dante Alighieri(但丁·阿利格耶里,1265—1321)的代表作长诗《神曲》.)

在数学史上,一件新事物被误解、贬斥,甚至嘲弄,这样的事例还少吗?

过去的已经过去,不必太在意,还是谈谈现在吧!陈先生现在写的这本书分3章,第1章是关于二维欧氏几何的对偶原理,第2章是关于三维欧氏几何的对偶原理,第3章是关于“特殊蓝几何”和“特殊黄几何”的阐述,其中有很多精妙的论述,令人拍案称奇.

陈先生把添加了无穷远点和无穷远直线的欧氏几何称为“红几何”,该几何的对偶几何称为“黄几何”,“黄几何”的对偶几何称为“蓝几何”,这里的“红”“黄”“蓝”只是用以区分彼此的符号,如同甲、乙、丙、丁,或A,B,C,D一样,并没有具体的含义.

“红几何”里的“点”是常义下的点,不过也可以是“假点”(无穷远点);“红几何”里的“直线”是常义下的直线,不过也可以是“假线”(无穷远直线).“红几何”的对偶几何是“黄几何”,该几何里的“点”和“直线”恰恰是“红几何”里的“直线”和“点”.这种把点当“直线”用,同时,把直线当“点”用的做法,会给我们带来许多不适,需要经过长时间的练习才能适应.

点和直线是几何的基础,越是基础的东西,越是困难,牵一发而动全身!这不,有人就反对在欧氏几何里添加无穷远元素(无穷远点和无穷远直线),说:如果添加了,才能建立起对偶原理,那么,也不算欧氏几何的对偶原理,总之,欧氏几何里就不能有无穷远元素.这样的观点过于偏执,试问,排除了无穷远元素,射影几何岂不也失去了对偶原理?同样是建立对偶原理,为什么一个允许拥有,一个却不允许,采用两个标准?正确的理解应该是这样的,欧氏几何里,原本是有无穷远元素的,只是一不小心,把它疏忽了,乃至两千年后打起了口水战.

“黄几何”经过对偶成了“蓝几何”,“点”和“直线”的身份又一次互换,因而,“蓝几何”的“点”和“直线”又变回到了常义下的点和直线,话虽这么说,但毕竟“蓝几何”不是“红几何”,因为,“蓝几何”的“假点”“假线”不再是当初“红几何”的“假点”“假线”,“蓝几何”是一个完全不同于“红几何”的新世界.

在欧氏几何对偶原理的解读下，椭圆、抛物线、双曲线和圆这四种曲线达到高度的统一（不是射影意义下的统一，而是度量意义下的统一），例如：圆，它可以被用作椭圆、抛物线或者双曲线，反过来，椭圆、抛物线、双曲线都可以被当作圆. 所以，圆的每一条性质（包括所有的度量性质）均可移植到椭圆上、抛物线上或者双曲线上，当然，也可以反过来移植，这样就极大地丰富了圆锥曲线的内容.（请参阅陈先生所著《圆锥曲线习题集》，哈尔滨工业大学出版社，该书共五册，内含圆锥曲线命题5 300道.）

一道命题和它的对偶命题是同真同假的，因而，一道真命题经过一再对偶，就会产生一系列的真命题，形成命题链（这一点，射影几何的对偶原理做不到），一些风马牛不相及的命题，就有了因果关系.

下面举六个例子.

第一个例子，请考察下面的命题1.

命题1　设圆上有六个点：A,B,C,D,E,F，若 $AB \parallel DE$，且 $BC \parallel EF$，如图1所示，求证：$CD \parallel FA$.

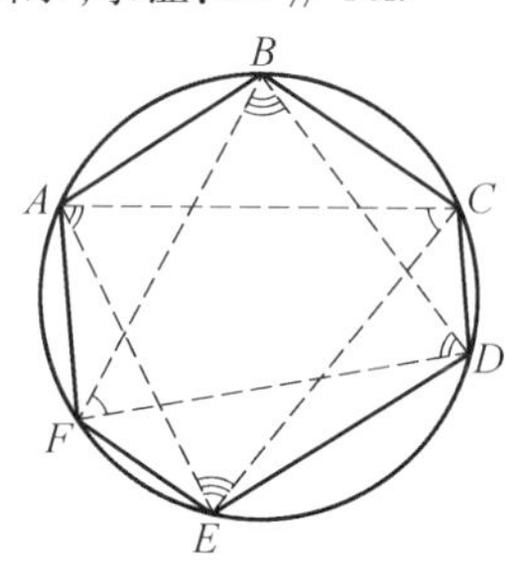

图1

这个命题的证明很简单：

因为 $AB \parallel DE$，所以 $\angle ACE = \angle BFD$.

又因为 $BC \parallel EF$，所以 $\angle CAE = \angle BDF$，于是 $\angle DBF = \angle AEC$，所以 $CD \parallel FA$.（证毕）

若把命题1表现在“蓝几何”里，则得下面的命题2.

命题2　设椭圆 α（或抛物线或双曲线）上有六个点：A,B,C,D,E,F. AB 交 DE 于 P，BC 交 EF 于 Q，CD 交 FA 于 R，如图2

所示,求证: P,Q,R 三点共线(此直线记为 z).

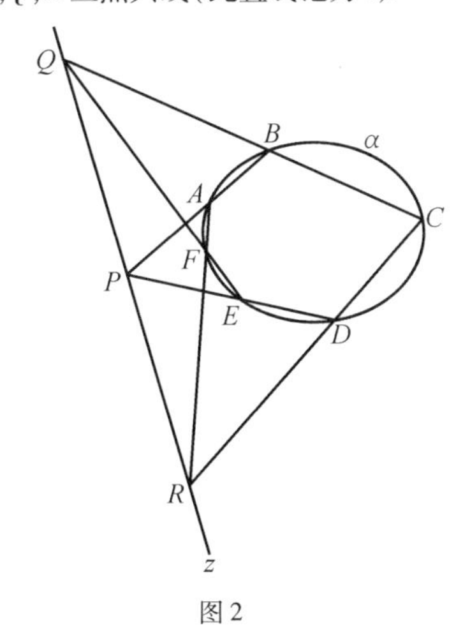

图 2

这就是“帕斯卡(Blaise Pascal,1623—1662) 定理”,若以 z 为“蓝假线”,那么,图 2 在“蓝种人” 眼里,就和我们眼里看到的图 1 是一样的.

帕斯卡定理是命题 1 的对偶命题,而命题 1 几乎明显成立,因而,帕斯卡定理也几乎明显成立,无须多说什么,事情就这么简单.

若把命题 2 表现在“黄几何” 里,则得下面的命题 3.

命题 3 设六边形 $ABCDEF$ 外切于椭圆(或抛物线或双曲线),如图 3 所示,求证:AD,BE,CF 三线共点(此点记为 Z_2).

命题 3 是“布里昂雄(C. J. Brianchon,1785—1864) 定理”. 若以 Z_2 为“黄假线”,则图 3 在“黄种人” 眼里,就和我们眼里看到的图 2 是一样的.

布里昂雄定理是命题 2 的对偶命题,因为命题 2 是成立的,所以,布里昂雄定理也是成立的,事情就这么简单.

如果把图 2 的 R 视为“黄假线”,那么,在“黄种人” 眼里,α 是“黄双曲线”,A 与 F 是一对彼此平行的“直线”,C 与 D 也是一对平行的“直线”,$AFDC$ 是“黄双曲线” α 的外切“平行四边形”,B 与 E 是“黄双曲线” α 的两条“切线”,…… 把“黄种人”

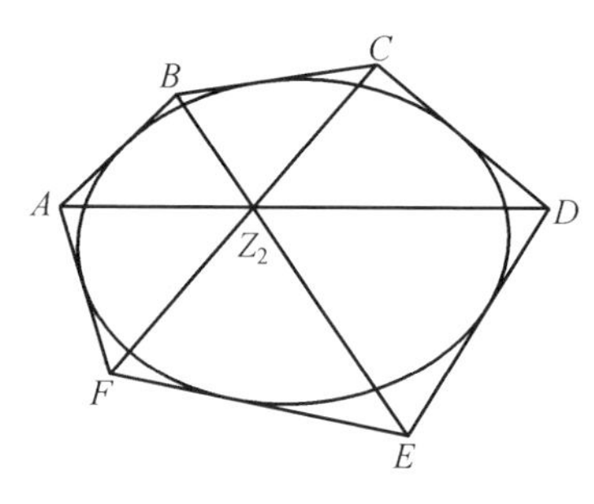

图 3

的这些理解,用我们的语言表述出来,就成了下面的命题 4.

命题 4 设平行四边形 $ABCD$ 的四边均与双曲线 α 相切,E,F 两点分别在 AB,BC 上,过 E 作 α 的切线,交 AD 于 G,过 F 作 α 的切线,交 CD 于 H,如图 4 所示,求证:$EF \parallel GH$.

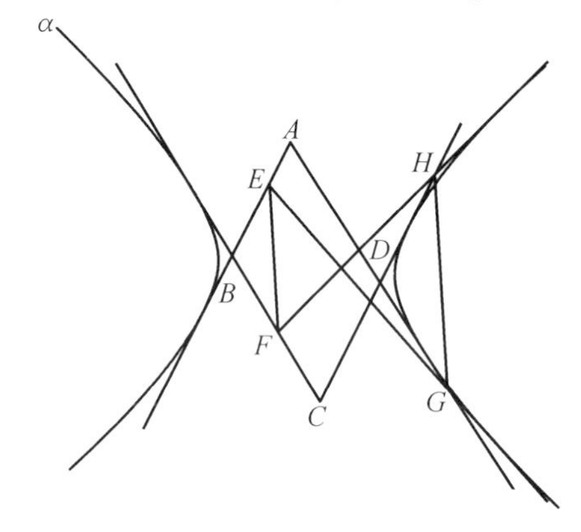

图 4

图 4 的 EF 和 GH 分别对偶于图 2 的 P 和 Q,因为在“黄观点”下,图 2 的 P,Q 是彼此“平行”的,所以,命题 4 的结论是:$EF \parallel GH$.

命题 4 对椭圆也成立,即下面的命题 5 成立.

命题 5 设平行四边形 $ABCD$ 的四边均与椭圆 α 相切,E,F 两点分别在 AB,BC 上,过 E 作 α 的切线,交 AD 于 G,过 F 作 α 的切线,交 CD 于 H,如图 5 所示,求证:$EF \parallel GH$.

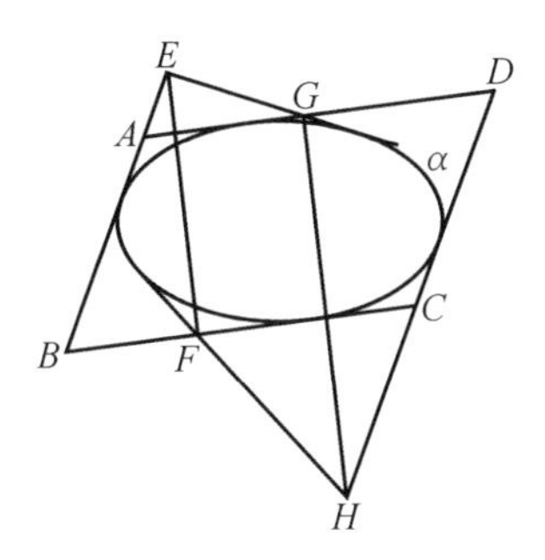

图 5

如果让"蓝种人"去表现命题 5，那么，他们会把图 5 画成像图 6 那样，在那里，PQ 是他们的"蓝假线"，即"无穷远直线"，因而，$ABCD$ 是"蓝椭圆" α 的外切"平行四边形"，…… 在图 6 中，除了 P,Q,R 都是"无穷远点"外，其余各点都与图 5 完全一致（这两个图的字母完全一致）.

对于"蓝种人"画的图 6，用我们的语言表述出来，就成了下面的命题 6.

命题 6　设完全四边形 $ABCD-PQ$ 外切于椭圆 α，E，F 两点分别在 AB，BC 上，过 E 作 α 的切线，交 AD 于 G，过 F 作 α 的切线，交 CD 于 H，EF 交 GH 于 R，如图 6 所示，求证：R 在直线 PQ 上.

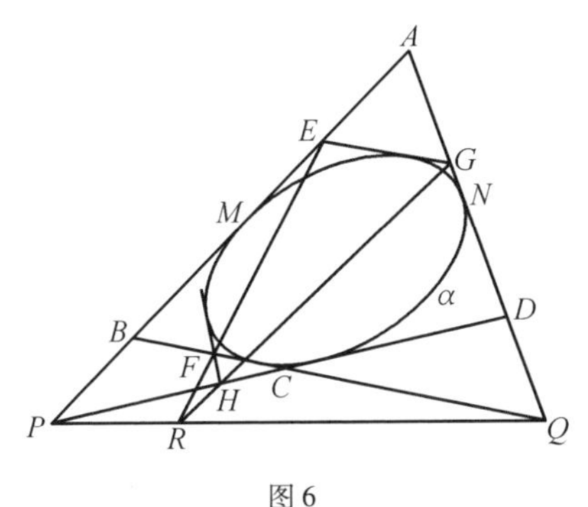

图 6

如果把图 6 的 A 视为"黄假线"，那么，在"黄种人"眼里，α 就是"黄双曲线"，M，N 都是这"黄双曲线"的"渐近线"（在我们眼里,M,N分别是AP,AQ与α的切点),E,B,P都是与M平行的一组“平行线”,G,D,Q都是与N平行的另一组“平行线”,把“黄种人”对图6的这些感受,用我们的语言表述出来,就成了下面的命题7.

命题7 设双曲线α的两条渐近线为t_1,t_2,A,B,C,D是α上四点,过D作t_2的平行线,交AB于P;过D作t_1的平行线,交AC于Q;过B作t_1的平行线,同时,过C作t_2的平行线,这两线交于R,如图7所示,求证:P,Q,R三点共线.

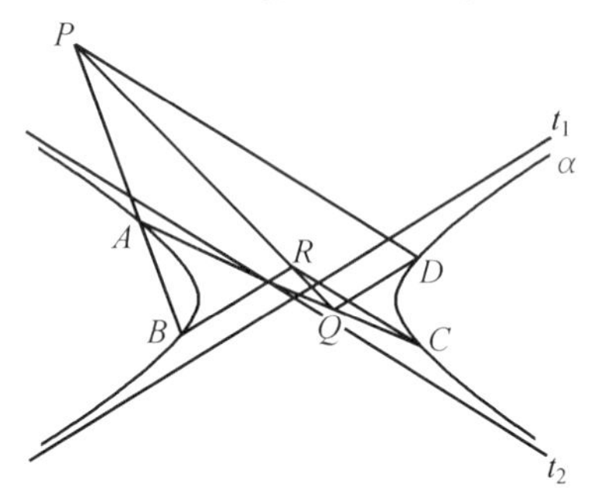

图7

现在,如果把图6的AB视为“蓝假线”,那么,在“蓝种人”眼里,α就是“蓝抛物线”,GE,GR是“蓝平行”的,DP,QP也是“蓝平行”的,把“蓝种人”对图6的这些感受,用我们的语言表述出来,就成了下面的命题8.

命题8 设A,B,C是抛物线α外三点,过A,B分别作α的切线,这两切线分别记为l_1,l_2,过C作α的两条切线,这两切线分别交l_1于D,E,过A作CE的平行线,交BC于F,如图8所示,求证:DF与l_2平行.

命题7的下列六点:C,F,G,H,Q,R,分别对偶于命题8的以下六点:E,D,B,C,A,F.

直接证明命题8是很容易的,只要注意到图8的α有一个“外切六边形”$ABMNCD$即可,这里的M是l_2上的无穷远点,N是直线CE上的无穷远点,所以由布里昂雄定理知,该“外切六边形”的三条对角线AN(即AF),BC,DM(即DF)共点(该点是F),相当于说“DF与l_2平行”,这就是命题8的证明.

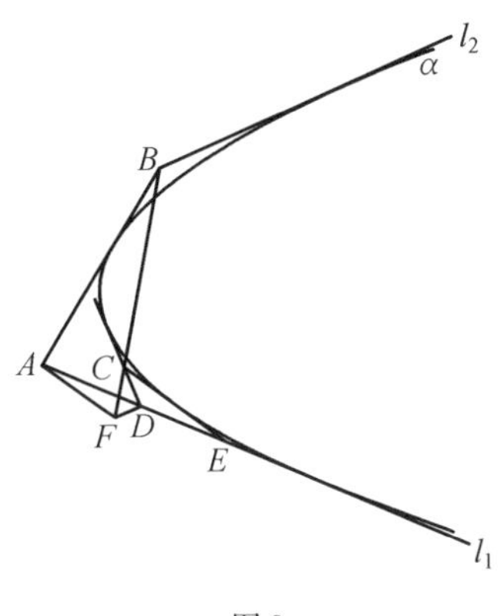

图 8

从命题 1 到命题 8,虽然形态各异,然而,却因为对偶关系,而联系在一起.

第二个例子,请考察下面的命题9,它是一道关于两个椭圆的命题(见陈先生所著《圆锥曲线习题集》上册命题414).

命题 9　设两椭圆 α,β 相交于 P,Q,R,S 四点,α,β 的四条公切线构成四边形 $EFGH$,α,β 在边 EF,FG,GH,HE 上的切点分别记为 A,B,C,D 和 A',B',C',D',设 EG 交 FH 于 O,如图9所示,求证:

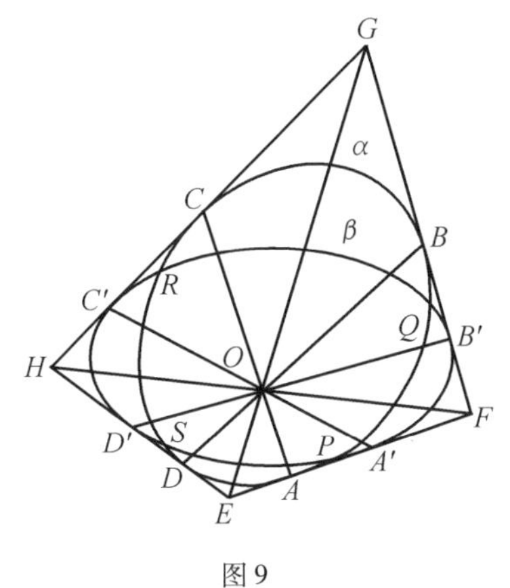

图 9

① 有四次三点共线,它们分别是:(A,O,C);(A',O,C');(B,O,D);(B',O,D');

② 还有两次三点共线,它们分别是:(P,O,R),(Q,O,S).

这道命题如何证明?为此,先考察下面的命题10和命题11,它们都是明显成立的.

命题10 设平行四边形 $ABCD$ 外切于椭圆 α,AC 交 BD 于 O,如图10所示,求证:O 是椭圆 α 的中心.

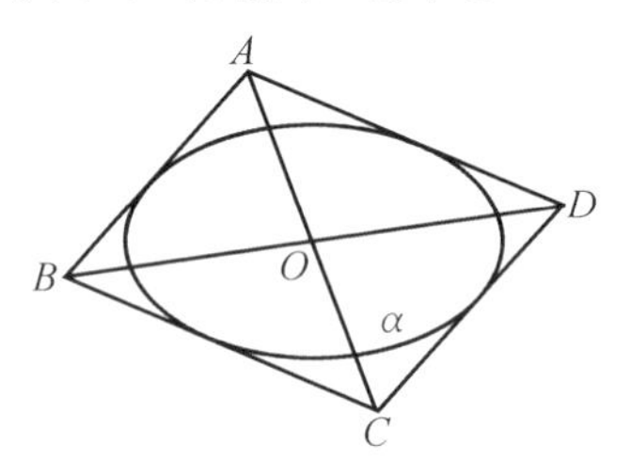

图10

命题11 设 O 是两椭圆 α,β 的共同的中心,这两个椭圆相交于 P,Q,R,S 四点,它们的四条公切线构成四边形 $EFGH$,α,β 在四边 EF,FG,GH,HE 上的切点分别记为 A,B,C,D 和 A',B',C',D',设 EG 交 FH 于 O,如图11所示,求证:

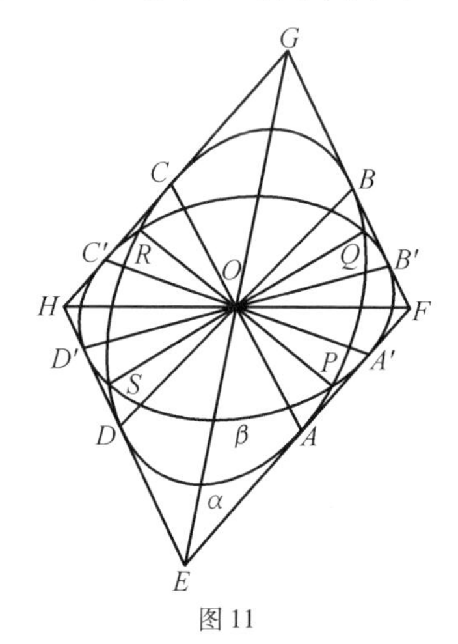

图11

① 有四次三点共线,它们分别是:(A,O,C);(A',O,C');(B,O,D);(B',O,D');

② 还有两次三点共线,它们分别是:(P,O,R),(Q,O,S).

现在,回到图9,设EF交GH于L,FG交EH于K,记LK为z,如图11.1所示,这时,若将z视为“蓝假线”,那么,在“蓝观点”下,α是“蓝椭圆”,$EFGH$是其外切平行四边形,因而,按命题10,点O是α的“蓝中心”. 同理,点O也是“蓝椭圆”β的“蓝中心”,可见,图9的α,β在“蓝观点”下,是有着公共的“蓝中心”的“蓝椭圆”,故按命题11,命题9的两个结论都是成立的(在我们眼里或在“蓝种人”眼里,三点共线都是一致的).

命题9的证明就如此简单.

顺带说一句,命题9在“黄几何”中的表现,是下面的命题12,它的正确性当然毋庸置疑.

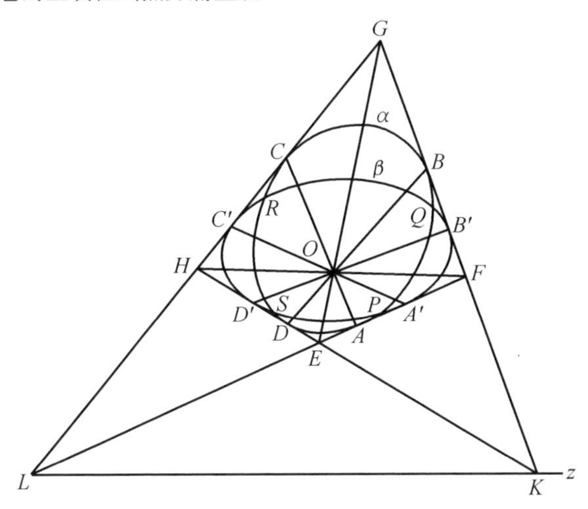

图11.1

命题12 设两椭圆α,β交于A,B,C,D四点,AB交CD于M,AD交BC于N,过A,C分别作α的切线,二者交于P,过B,D分别作α的切线,二者交于Q,过A,C分别作β的切线,二者交于S,过B,D分别作β的切线,二者交于T. 设α,β的四条公切线构成四边形$EFGH$,EF交GH于U,EH交FG于V(限于图中篇幅

未画出),如图12所示,求证:

①AC,BD,EG,FH四线共点,这点记为O;

②E,O,G,N四点共线,F,O,H,M四点共线;

③M,N,P,Q,S,T,U,V八点共线,此线记为z;

④点O既是直线z关于α的极点,又是直线z关于β的极点.

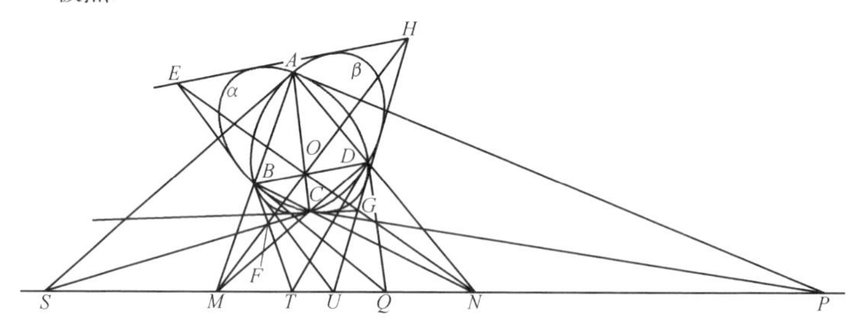

图12

第三个例子,我们知道,两个椭圆在“蓝几何”里,是可以同时被视为“蓝圆”的(参阅本书第1章第3节的3.44),所以,有关两圆的命题均可移植到两个椭圆上.

例如,下面的命题13是明显成立的.

命题13 设两圆α,β外离,AB,CD是它们的两条外公切线,EF,GH是它们的两条内公切线,A,B,C,D和E,F,G,H都是切点,如图13所示,设AB交CD于M,EF交GH于N,AG交CE于P,BF交DH于Q,求证:M,N,P,Q四点共线.

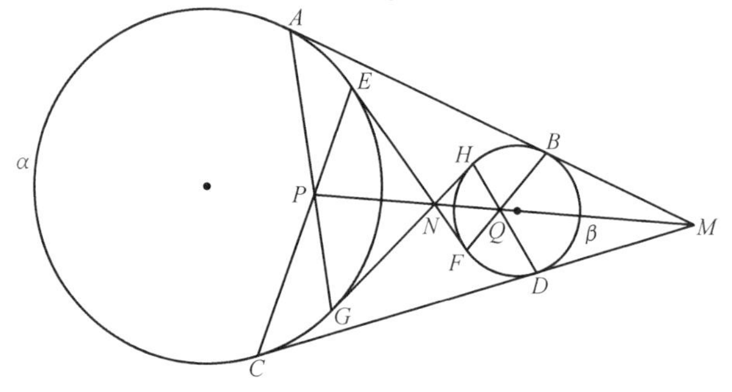

图13

于是,下面的命题14也明显成立.

命题14 设两椭圆α,β外离,AB,CD是它们的两条外公切线,EF,GH是它们的两条内公切线,A,B,C,D和E,F,G,H都是切点,如图14所示,设AB交CD于M,EF交GH于N,AG交CE于P,BF交DH于Q,求证:M,N,P,Q四点共线.

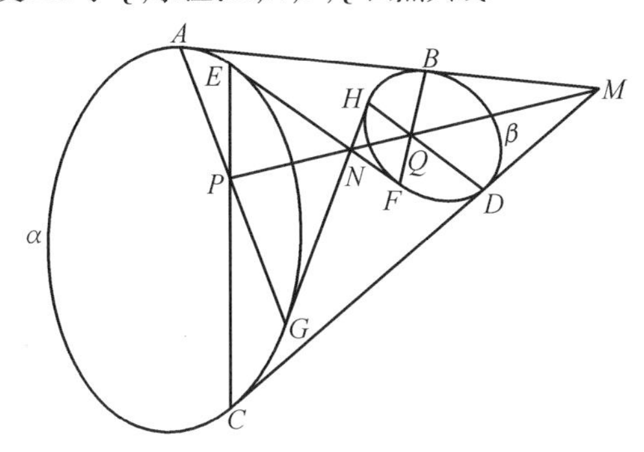

图14

接下来的问题是:怎样把命题14表现在“黄几何”里?

我们知道,当两椭圆外离时,这两椭圆没有公共点,但有四条公切线,反之,若两椭圆没有公共点,但有四条公切线,那么,这两椭圆必然是外离的.

“公共点”对偶于“公切线”,而“公切线”则对偶于“公共点”,所以上述两椭圆外离的充要条件,在“黄几何”里,应该这样叙述(用我们的语言叙述):若两圆锥曲线有四个公共点(对偶于上面说的“但有四条公切线”),但没有公切线(对偶于上面说的“没有公共点”),那么,在“黄种人”眼里,这两圆锥曲线就是两个外离的“椭圆”——“黄椭圆”. 于是得到命题14的对偶命题如下:

命题15 设两双曲线α,β相交于A,B,C,D四点,过A,B分别作α的切线,这两切线交于E;过C,D分别作α的切线,这两切线交于G,过B,C分别作β的切线,这两切线交于F;过D,A分别作β的切线,这两切线交于H,如图15所示,求证:AC,BD,EG,FH四线共点(此点记为O).

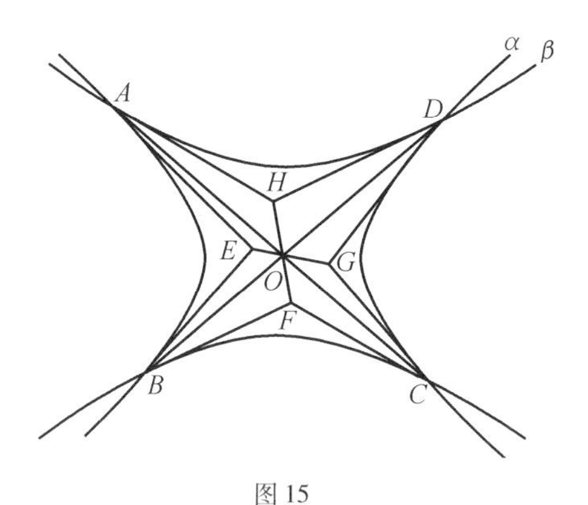

图 15

图 14 与图 15 的对偶关系如下：

图 15	图 14
A,B,C,D	AB,EF,CD,GH
E,F,G,H	AG,BF,CE,DH
AC,BD,EG,FH	M,N,P,Q

顺带说一句，命题 15 对椭圆也成立：

命题16　设两椭圆 α,β 相交于 A,B,C,D 四点，过 A,B 分别作 α 的切线，这两切线交于 E；过 C,D 分别作 α 的切线，这两切线交于 F；过 B,C 分别作 β 的切线，这两切线交于 H；过 D,A 分别作 β 的切线，这两切线交于 G，如图 16 所示. 求证：AC,BD,EF,GH 四线共点（此点记为 O）.

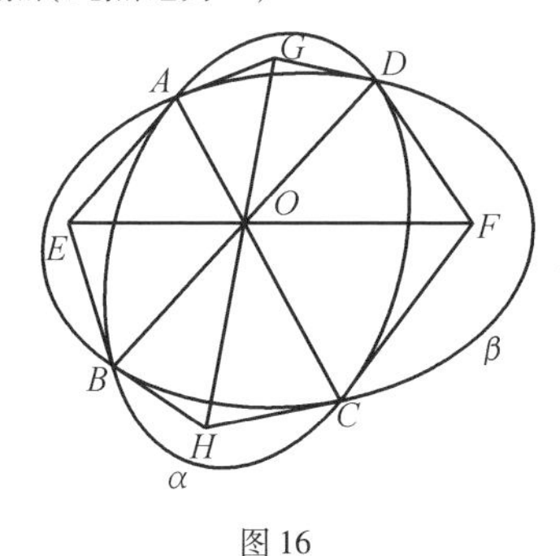

图 16

第四个例子,请考察下面的命题17,它明显成立.

命题17 设两圆α,β外切于P,AB,CD是它们的两条外公切线,A,B,C,D都是切点,如图17所示,过A,C分别作β的切线,切点依次为E,F;过B,D分别作α的切线,切点依次为G,H,过P且与α,β都相切的切线记为l,求证:l与EF,GH都平行.

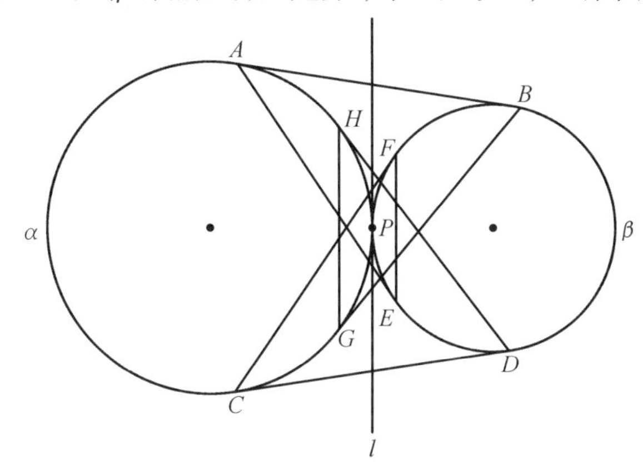

图17

于是,下面的命题18也明显成立.

命题18 设两椭圆α,β外切于P,它们的两条外公切线分别为AB,CD,且A,B,C,D都是切点,如图18所示,过A,C分别作β的切线,切点依次为E,F;过B,D分别作α的切线,切点依次为G,H,设GH交EF于Q,求证:直线PQ是α,β的内公切线.

接下来的问题是:怎样把命题18表现在“黄几何”里?

我们知道,当两椭圆外切时,这两椭圆只有一个公共点,且只有三条公切线,反之,若两椭圆只有一个公共点,且只有三条公切线,那么,这两椭圆必然是外切的.

所以上述两椭圆外切的充要条件,在“黄几何”里,应该这样叙述(用我们的语言叙述):若两圆锥曲线只有三个公共点(对偶于上面说的“只有三条公切线”),但只有一条公切线(对偶于上面说的“只有一个公共点”),那么,在“黄种人”眼里,这两圆锥曲线就是两个外切的“椭圆”——“黄椭圆”. 于是命题18的对偶命题是下面的命题19.

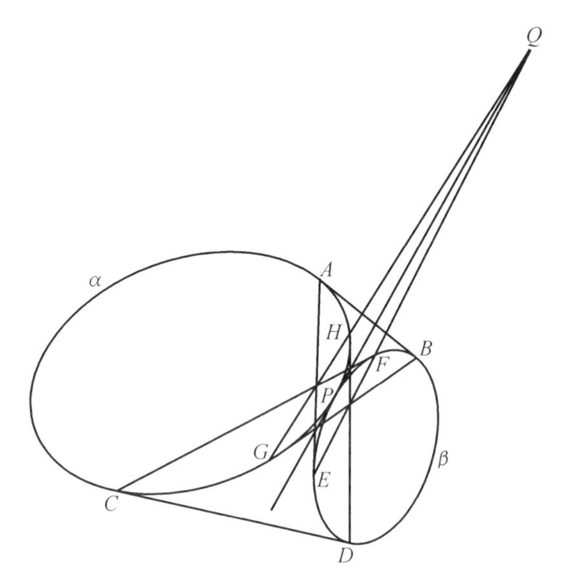

图 18

命题 19 设椭圆 α 与双曲线 β 有且仅有三个公共点：P,A,B，其中 P 是 α,β 的切点，A,B 都是 α,β 的交点，过 A,B 分别作 β 的切线，依次交 α 于 C,D，过 C,D 分别作 α 的切线，这两切线交于 Q；现在，过 A,B 分别作 α 的切线，依次交 β 于 E,F，过 E,F 分别作 β 的切线，这两切线交于 R，如图 19 所示，求证：P,Q,R 三点共线.

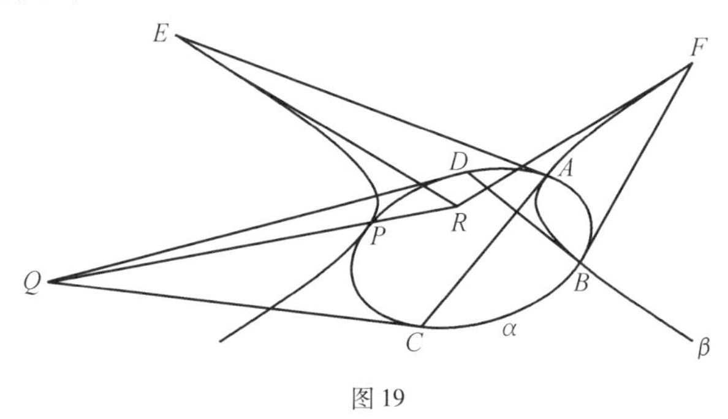

图 19

图 19 与图 18 的对偶关系如下：

图 19	图 18
P,A,B	PQ,AB,CD
C,D,E,F	AE,CF,BG,DH
Q,R	EF,GH

也可以用命题 20 替代命题 19.

命题 20　设两椭圆 α,β 有且仅有三个公共点 P,A,B，其中 P 是 α,β 的切点，另两个都是交点，过 A,B 分别作 α 的切线，这两切线依次交 β 于 C,D，过 C,D 分别作 β 的切线，这两切线交于 Q. 现在，过 A,B 分别作 β 的切线，这两切线依次交 α 于 E,F，过 E,F 分别作 α 的切线，这两切线交于 R，如图 20 所示，求证：P,Q,R 三点共线.

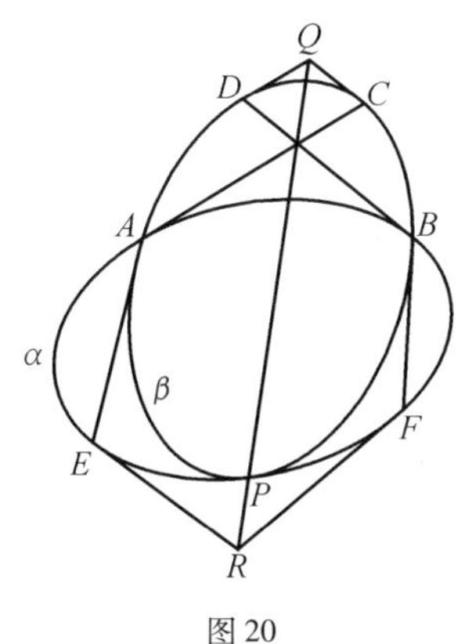

图 20

易见，两椭圆有且仅有三个公共点时，这两椭圆必然有且仅有三条公切线，反之，两椭圆有且仅有三条公切线时，这两椭圆必然有且仅有三个公共点. 所以，若将图 20 的 P 视为“黄假线”，那么，命题 20 在“黄几何”中的表现是下面的命题 21.

命题 21　设两椭圆 α,β 有且仅有三个公共点，其中有一个公共点是 α,β 的切点，记为 P，过 P 且与 α,β 都相切的直线记为 t，这两椭圆的另两条公切线分别与 α,β 相切于 A,B 和 C,D，过 A,C 分别作 β 的切线，切点依次为 E,F；过 B,D 分别作 α 的切线，切点依次为 G,H，设 EF 交 GH 于 S，如图 21 所示，求证：点 S

在 t 上.

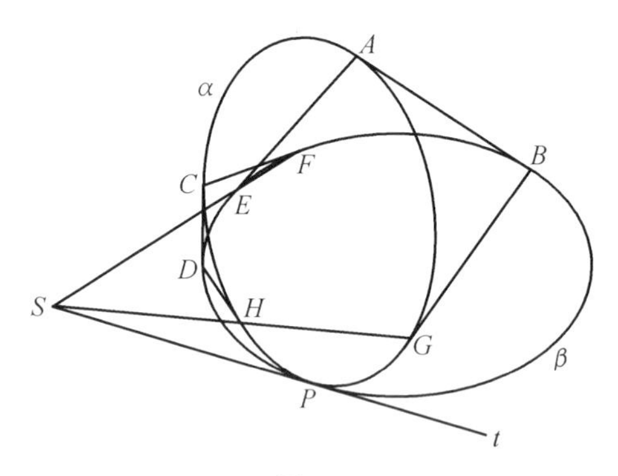

图 21

第五个例子,请考察下面的命题 22.

命题 22　设 Z 是椭圆 α 的焦点,椭圆 β 在 α 的内部且过 Z,α 与 β 有且仅有两个公共点 A,B,它们都是 α,β 的切点,过 A,B 分别作 α,β 的公切线,这两条公切线交于 M,过 Z 作 β 的切线 t,如图 22 所示,求证:$t \perp ZM$.

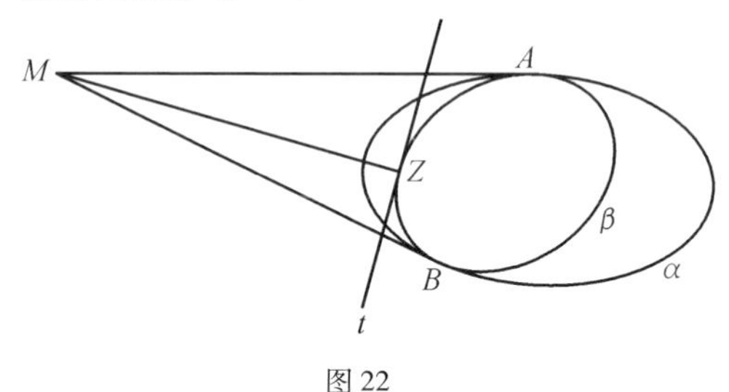

图 22

本命题的正确性是明显的,那是因为,若以 Z 为"黄假线",则在"黄观点"下,图 22 的 β 是"黄抛物线",α 是"黄圆",该"圆"在 β 的"内部"(尽管看起来在外部),且与 β 相切于"两点"(这"两点"是指 AM 和 BM),因而,这"两点"的连线(指 M)与"黄抛物线"β 的"黄对称轴"垂直,就是明显的(至于"黄抛物线"的"黄对称轴"的位置在哪里,请参阅本书第 1 章第 2 节 2.28 的(2)).

把“黄观点”下对图22的上述理解，用我们的语言表述出来(这个过程不妨称为“翻译”)，就是下面的命题23.

命题23 设抛物线α的对称轴为m，圆O的圆心在m上，且圆O与α相切，切点分别为A,B，如图23所示，求证：$AB\perp m$.

“黄种人”眼里的图22，就和我们眼里看到的图23是一样的. 命题23明显成立，因而，命题22也明显成立.

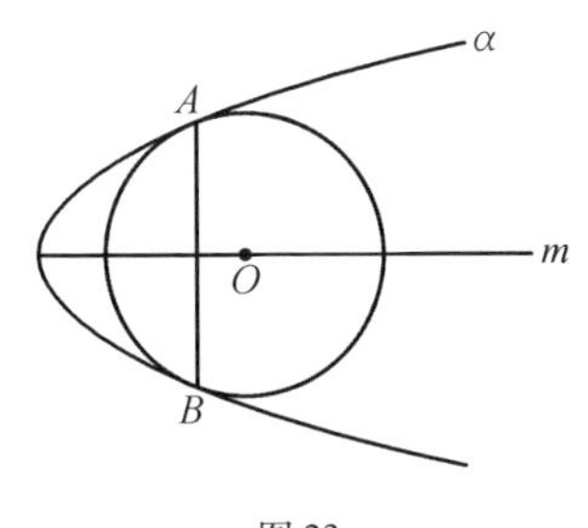

图23

第六个例子，我们来考察下面各命题的关系.

下面的命题24不难证明.

命题24 过椭圆上两点A,B作两个圆，且与椭圆分别交于C,D和C',D'，如图24所示，求证：$CD\parallel C'D'$.

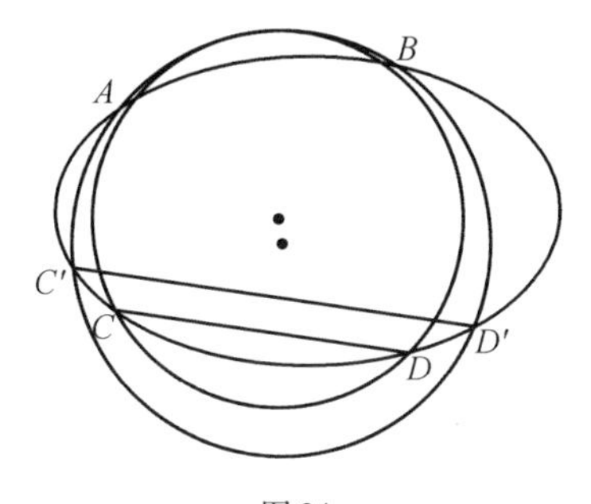

图24

这个结论对双曲线、抛物线都成立.

将这个命题推广一下，就是下面的命题25.

命题25 设三个椭圆α,β,γ两两相交于四点，在这些交点中，除了A,B是α,β,γ三者共同的公共点外，α,β还交于C,D；

β,γ 还交于 E,F;γ,α 还交于 G,H,如图 25 所示,求证:CD,EF,GH 三线共点.

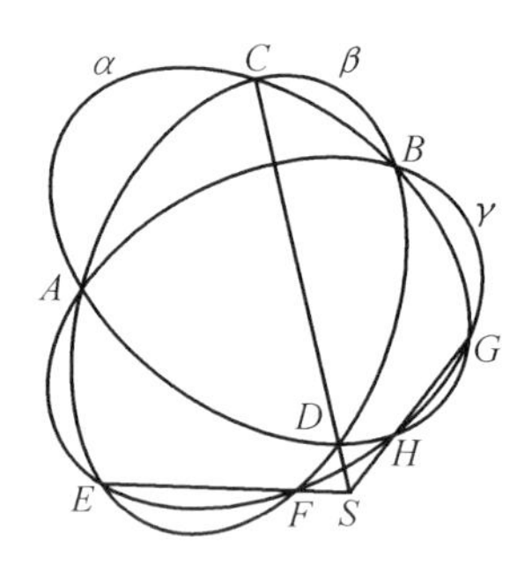

图 25

在“黄观点”下(以三椭圆公共区域内任意一点为“黄假线”),图 25 的 A,B 都是三个“黄椭圆”α,β,γ 的公共的“黄切线”,此外,每两“黄椭圆”间都还有两条公共的“黄切线”(指 $C,D;E,F;G,H$),所以,命题 25 在“黄几何”中的表现,用我们的语言叙述,就成了下面的命题 26 .

命题 26 设三个椭圆 α,β,γ 中,每两个都有四条公切线,其中有两条(记为 l_1,l_2)是 α,β,γ 这三个椭圆共同的公切线,此外,设 β,γ 的另两条公切线交于 P; γ,α 的另两条公切线交于 Q;α,β 的另两条公切线交于 R,如图 26 所示,求证:P,Q,R 三点共线.

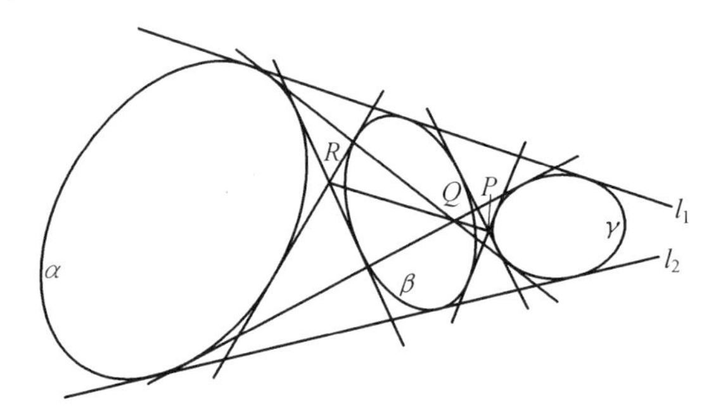

图 26

若把图 26 的 l_2 视为“蓝假线”,那么,在“蓝观点”下,α,β,γ 都是“蓝抛物线”,且两两外离,l_1 是它们三者的公切线,把这些“蓝观点”下的理解,翻译成我们的语言,就是下面的命题 27.

命题 27 设三条抛物线 α,β,γ 中,每两者都有三条公切线,其中有一条且仅有一条是 α,β,γ 三者公共的切线,它记为 l,除 l 外,三抛物线中,每两者都还有两条相交的公切线,交点分别记为 P,Q,R,如图 27 所示,求证:P,Q,R 三点共线.

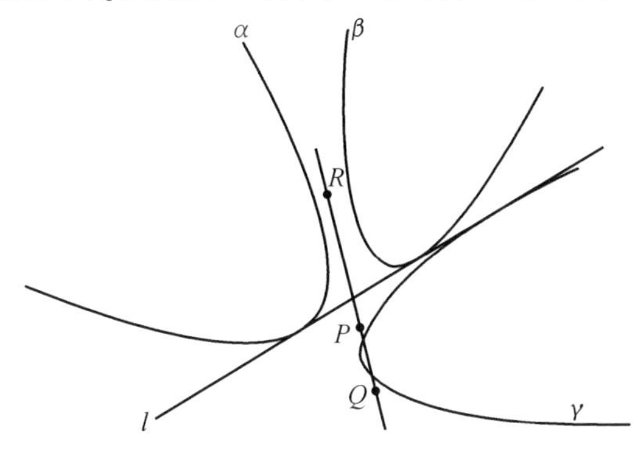

图 27

我们知道,圆锥曲线能视为“黄圆”的充要条件是:以该圆锥曲线的焦点为“黄假线”(参看本书第 1 章第 2 节的 2. 26 及 2. 36). 因而,命题 24 的“黄表示”,用我们的语言叙述,是下面的命题 28.

命题 28 设椭圆 α_1,α_2 有着公共的焦点 Z,它们的公切线为 l_1,l_2,作椭圆 α_3,使它与 l_1,l_2 都相切,但与 α_1,α_2 都不相交,设 α_3 与 α_1 的另两条公切线交于 A;α_3 与 α_2 的另两条公切线交于 B,如图 28 所示,求证:Z,A,B 三点共线.

在图 28 中,α_3 是一条“黄双曲线”,它对偶于图 24 中的椭圆 α.

到了三维,几何的基本元素由“点”和“线”两件,扩充为“点”“线”“面”三件,这时,“点”与“面”对偶,而“线”则对偶于自己,就是说,“点”当“面”用,同时,“面”当“点”用,“线”

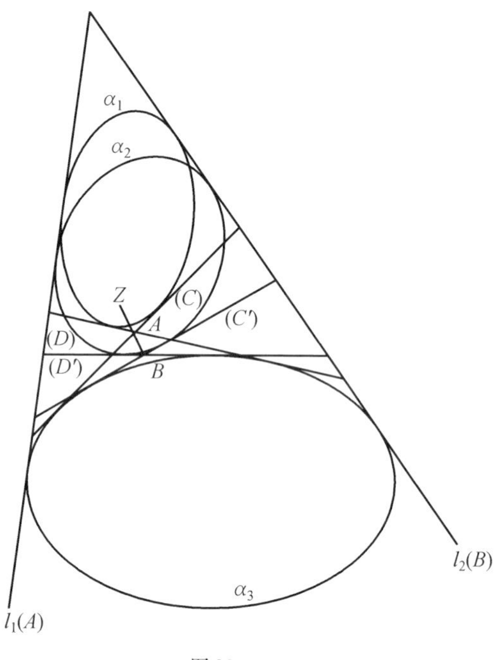

图 28

仍然当“线”用.

在日常口语中,“面”通常称为“平面”,“线”通常称为“直线”,那么,“点”呢? 为了字面上能取得平等对待,我们有时把“点”称为“微点”.

在三维空间,任何一个平面上,都存在着二维几何,即初中生都熟知的所谓“平面几何”. 那么,经过对偶,在任何一个点 P 上,也应该存在着二维几何,不妨称为“微点几何”,凡平面几何所含有的东西,如:点、直线、线段、角、三角形、四边形、圆 ……,在这个点 P 上,应该样样都有,本书对此做了一一交代,例如,在点 P 上,“三角形”是什么样的? 原来就是以 P 为顶点的三面角.

必须提醒的是,在点 P 上,凡是过 P 的平面都被当作了“线”,称为“红线”,凡是过 P 的直线,都被当作了“点”,称为

"红点",这样建立的几何称为 P 上的"红微点几何"(参阅本书第2章第1节的1.8). 当然也有 P 上的"黄微点几何",这时,凡是过 P 的平面都被当作了"点",称为"黄点",凡是过 P 的直线,都被当作了"线",称为"黄线",这样建立的几何称为 P 上的"黄微点几何"(参阅本书第2章第2节的2.20),当然还有"蓝微点几何".

本书指出,除了点以外,还有谁可以当作"点"用? 回答是:"直线"和"平面"都可以. 除了直线以外,还有谁可以当作"直线"用? 回答是:"点"和"平面"都可以. 那么,除了平面以外,还有谁可以当作"平面"用? 回答是:"点"可以,而"直线"不可以,这是因为,任两个平面总有一条公共的直线(这条公共的直线可以是有穷的,也可以是无穷的),而两条直线如果处于异面状态,那么它们既没有公共的点,也没有公共的平面,所以,直线失去了充当"平面"的可能.

谁都知道,在三维空间,一个平面有两侧,即这一侧和那一侧,对偶后,一个"黄面"当然也有"两侧",这话相当于说,一个点也有"两侧",那么,一个点的"两侧"是怎么界定的? 一个平面有两侧,这个小孩都知道,但一个点也有"两侧",真是闻所未闻(参阅本书第2章第2节2.9的(6)).

本书指出,不论是界定一个平面的两侧,抑或是界定一个点的"两侧",都离不开无穷远元素,可以这么说,离了无穷远元素,不仅说不清平面的两侧,也说不清点的"两侧",甚至说不清"线段",说不清三角形的内部和外部…… 总之,没有无穷远元素的世界,是"混沌的世界""悲惨的世界".

三维欧氏几何的对偶原理当然比二维的要复杂得多、困难得多,读者要细细研读.

索耶(W. W. Sawyer)说:"数学史上最令人心悦的时刻,就是发现:长久以来认为不相干的两个领域,原来是同一件东西."(语出《数学家是怎样思考的》)

世人都说"欧氏几何没有对偶原理",陈先生却偏要与之叫板,其缘由恐怕只有一个:当时他只有26岁.

如今,陈先生已是76岁高龄,他还打算再用10年的时间,为他的《圆锥曲线习题集》续写两个分册,每册1 000题.

老骥伏枥,志在千里.

朱传刚
2017年
于上海·紫竹园

Dickson 多项式
——置换多项式及其应用

孙琦　万大庆　编著

内容简介

本书系统地介绍了置换多项式的产生、发展和理论，并且着重介绍了它在现代科学中的广泛应用. 论述深入浅出，简明生动，读后有益于提高数学修养，开阔知识视野.

本书可供从事这一数学分支相关学科的数学工作者、大学生以及数学爱好者研读.

前言

什么是置换多项式？简单地讲，置换多项式就是表示完全剩余系的多项式. 历史上，完全剩余系起源于数学王子高斯的工作，早在1801年，在他的名著《算术探索》中就有对完全剩余系的系统研究.

什么又是完全剩余系呢？设 m 是一个正整数，我们知道任何一个整数用 m 去除后其余数均在 $\{0,1,\cdots,m-1\}$ 中. 若有 m 个整数，其余数正好互不相同(因此取 $\{0,1,\cdots,m-1\}$ 中的每个数正好一次)，则称这 m 个数组成的集合为模 m 的一个完全剩余系. 又设 a,b 是任意整数，$(a,m)=1$，如果 x 通过模 m 的一个完全剩余系，则 $ax+b$ 也通过模 m 的一个完全剩余系，这是数论中一个熟知的性质.注意,$ax+b$是一次整系数多项式,于是自然要问:若$f(x)$是一个n次整系数多项式,那么当x通过模m的一个完全剩余系时,$f(x)$是否也通过模m的一个完全剩余系呢?若结论是肯定的,则称$f(x)$是模m的一个置换多项式.

1863年,埃尔米特首先开创了对模p(p是素数)的置换多项式的研究,得出了判别置换多项式的准则.1866年和1870年,塞利特和约当分别做了进一步的工作.之后,迪克森于1896,1897年将置换多项式的概念推广到任意有限域上,对置换多项式做了深入和系统的探讨,这些工作的一个概述可以在他1901年的著作《线性群》中找到.1923年,迪克森在他的名著《数论史》第三卷中总结了1922年以前有关置换多项式的结果.这一时期的基本工作均是由迪克森本人完成的.

20世纪50年代以来,卡利茨及其学生,还有其他一些数学家对置换多项式又开始了新的研究.一些深入的工具,如黎曼曲面的理论、代数数论、算术代数几何等相继用到置换多项式上,得出了许多深刻的结果.模p的单变元置换多项式也开始被推广到剩余类环及其一般环的多变元置换多项式上,这些工作大大丰富了置换多项式的内容.1973年,劳斯基和诺鲍尔在其专著《多项式代数》中收入了一百余篇关于置换多项式的论文.到1983年,从利德尔和尼德赖特尔的百科全书式的著作《有限域》一书中可以看出,研究置换多项式的论文已多达四百余篇!可见,近年来置换多项式发展相当迅速.

引起置换多项式迅速发展的一个原因是置换多项式已逐渐在数论、组合论、群论、非结合代数、密码系统等领域中得到应用.作为一个有趣的例子,我们在第2章中将给出置换多项式对公钥密码的一个应用.

应当指出,对置换多项式的研究虽有一百余年的历史,但该领域内仍有大量的工作可做,还有许多问题没有得到解决,对于一般环上的置换多项式更是如此.

鉴于上述情况及国内目前尚无介绍这方面工作的读物,我们特将有关置换多项式的基本内容及进展情况整理成册,用尽量简单的形式介绍给我国读者,以促进国内在这方面的研究.在内容的选取上,我们仅限于模m的置换多项式和有限域F_q

上的置换多项式,因为这两种情形都是最简单和基本的,都有比较丰富和完善的结果,而且得到了较广泛的应用,所以这种选取并不影响对置换多项式这个课题的了解. 对于一般的抽象环上的置换多项式及多变元置换多项式,读者可参考文献[24]和[27],后面还附有非常完备的参考文献.

另外,对不太复杂的定理,我们都尽量给出其证明,这样,通过本书读者不仅能够了解到置换多项式的一个概貌,而且能学到一些基本的解决问题的方法. 我们在书中还提出了一些有待解决的问题,以供有志于在这方面进行研究的读者参考. 在附录中,我们还不加证明地介绍了用到的一些预备知识,因此,读者只要具备代数的基础知识,就能读懂本书的绝大部分内容.

最后,由于这本小册子首次将有关置换多项式的基本内容整理成册,限于作者的水平,疏漏和不妥之处在所难免,敬请读者批评指正.

作者

编辑手记

作家马伯庸的一篇名为“焚书指南”的短文曾在网上引起热烈讨论. 马伯庸写道:

> “假如遭遇一场千年不遇的极寒,你被迫躲进图书馆,只能焚书取暖,你会先烧哪些书? 如果是我的话,第一批被投入火堆中的书,毫无疑问是成功学和励志书. 第二批要投入火堆的书,是各种生活保健书. 第三批需要投入火中的,是各路明星们出的自传、感悟和经历.”

作为业内人士,笔者十分赞同马先生的高见,但在焚书之后最应重印的应该是像本书这样的科普书.

科普书很难写,既要深入又要浅出,要想写出点新意是很难的.

有一位画家说得好:"今天我们之所以有点文化,想象力和精神生活,完全受益于书籍,所以我想来想去,世界上所有事里最有价值的,就是通过努力为那个东西增加一点.但这个太难了,你可以做,但放不进去."

本书的两位作者一位是数坛宿将,柯召先生的高足孙琦教授,另一位当时还是一位数论新锐,那时的青年才俊,在高校中成才率很高.因为当时人们对科学是真诚的向往和单纯的追求,与今天有很大的不同.在一篇写诗人王小妮的文章中是这样描述当今的大学生:

> "站在讲台上,她面对的是苦读多年走过高考的沧桑学子.他们仍然单纯热烈,有纷繁的梦想与追求,是未来社会的主人翁,也承载了这个时代的沉重."
>
> 曾经接受的教育,在学生的精神世界留下了深刻的印痕,他们被考试硬摁在课桌之上,隔阂于教科书之外的世界……"

最应该读书的人在担忧自己将来的就业,从而参加各种技能培训考取五花八门的证书,倒冷落了自己的学业自身.

巴西政府曾宣布,囚犯每年可以通过读 12 部文学、哲学、科技或古典作品来获取最多 48 天的减刑.如果认为读书是一种痛苦,那么用读书换减刑则是两痛相权取其轻.而读本书则是一种快乐,因为它既有趣又有用.有趣是初等数论的特点,每个爱上数学的人都会喜欢数论.说它有用是因为它在方兴未艾的密码学上大有可为,密码学的使用和研究起源颇早,四千多年以前,人类创造的象形文字就是原始的密码方法,我国周朝姜太公为军队制定的阴符(阴书)就是最初的密码通信方式,而数论的进入使得这一技术近似地成为数论的一个分支.孙琦先生则是国内用数论研究密码学的先行者.用学者钱穆先生下面的话形容柯召先生与孙琦先生几十年献身数论研究并使其为国防建设服务之精神是再恰当不过了:

"数十年孤陋穷饿,于古今学术略有所窥,其得力最深者,莫如宋明儒. 虽居乡僻,未尝敢一日废学. 虽经乱离困厄,未尝敢一日颓其志. 虽或名利当前,未尝敢动其心. 虽或毁誉横生,未尝敢馁其气. 虽学不足以自成立,未尝或忘先儒之榘,时切其向慕. 虽垂老无以自靖献,未尝不于国家民族世道人心,自任以匹夫之有其责."

学习前辈的奋斗精神,我们也该多做点什么. 美国出版业大亨阿尔班 · 米歇尔曾深有感慨地说:"出版是一个充满激情的行业,不幸的是,时间太少,一天只有二十四个小时,但没有一个出版商有时间烦恼." 所以我们数学工作室一直在为数学忙碌着.

刘培杰

2018 年 4 月 10 日

于哈工大

高中数学竞赛培训教程——初等代数

叶美雄　贺功保　编著

内容简介

全书共分为6讲,包括集合及其应用,函数的性质及其应用,递推数列及其应用,不等式的证明方法及其应用,复数及其应用,多项式及其应用等内容,每节后面配有巩固练习及参考答案.

本书适合于初、高中学生,初、高中数学竞赛选手及教练员使用,也可以作为高等师范院校、教育学院、教师进修学院数学专业开设的“竞赛数学”课程及国家级、省级骨干教师培训班讲座教材.

编辑手记

高中阶段是人的一生中智力成长的重要阶段.许多著名的数学家都对中学时代所解过的题目留有终身记忆.如在《文章道德仰高风——庆贺苏步青教授百岁华诞文集》(谷超豪,胡和生,李大潜主编,复旦大学出版社,2001)中我国老一辈数学家白正国回忆:

当时大学的入学考试对数学的要求特别严格,考

> 题也特别难. 数学要考两个单元:数学甲和数学乙. 一个上午各考两小时,计分也作为两门成绩. 这一次的数学考题我至今还记得几个. 一个是通过平面上四个点决定抛物线,另一个是用解析几何方法证有关于圆的西摩松定理,即在圆上一点作圆内接三角形三边的垂线,证明三个垂足共线. 这个题目用平面几何证不难,可是用解析几何计算很复杂,两小时内难以完成. 对这个题目我印象特别深刻,以后好几年还经常考虑它,终于得到了一个巧妙而有几何意义的证法.

数学竞赛作为高中生的一项重要的智力活动,出版有关于此的优秀著作还是有意义的. 随着人工智能的发展. 作家也开始担心有朝一日会被人工智能抢走“饭碗”. 对此日本科幻小说家、散文家藤崎慎吾给出的对策是:他认为畅销书最可能会被人工智能完全模仿,因为这类书可以被总结出精准的条件. 比如,中国在2013年共出版44万种新书,如果销售到10万本以上的小说有1万种,那么一年就有10万本人工智能创作的畅销书. 美国《纽约时报》曾专门整理出500种畅销书,研究人员先把畅销书全部数据化,然后利用研究数据和畅销书特征让人工智能深度学习,最后深度学习的人工智能创作出新的畅销书. 因此,通过人工智能创作畅销书就变得很容易.

他认为作家防止被人工智能抢走“饭碗”的做法是:首先,不要写畅销书,作家应该创作一些人工智能很难模仿的科幻小说. 其次是与人工智能成为“朋友”,比如,2017年日本职业棋手藤井聪太连胜29场,他不败的原因是一直在和人工智能进行练习. 在陷入困境的时候,他经常使用那些人工智能认为是险招的做法,一招制敌,反败为胜. 最后,作家和人工智能携手完成更好的小说. 人工智能先创作出畅销书,然后作家把人工智能认为的畅销书中有趣与无趣的部分作为参考,再结合两个部分形成自己的写作风格,这样就可以和人工智能一起完成具有特色的小说.

数学书虽然成为畅销书难度很大,但几乎没有被人工智能抢走“饭碗”的可能.

贺老师的作品本工作室虽然已出版了几部,但笔者与贺老师只见过一面,他与笔者是同龄人,所以一定都会深深地怀念20世纪80年代那个黄金岁月.那个时候搞数学竞赛完全是一种贵族运动,而今却演变成了一个逐利场.正如历史学家所描述的英国贵族的退场,演绎出"陋室空堂,当年笏满床;衰草枯杨,曾为歌舞场"的悲剧.

如果非要指出点本书的不足,笔者认为有两点:一是大路货太多.这可能是贺老师为迎合那部分参加全国高中联赛一试的普通选手的需要,但对骨灰级的爱好者来说,本书中数学小众化的品位与格调似乎差了点意思.笔者最近看了一个朋友圈中的文章,是著名奥赛教练申强写的.他开板就说:

> 双曲三角函数也是一个无论高考还是"高联"好像都不会考,但我会讲的内容.
>
> 例如下面的经典例子:
>
> 已知$(x+\sqrt{x^2+1})(y+\sqrt{y^2+1})=1$,证明:$x+y=0$.
>
> 如果要用三角换元的方法做的话,那么使用tan和sec进行代换的效果并不好.但是令$x=\sinh(a)$,$y=\sinh(b)$就方便了
>
> $$(\sinh(a)+\cosh(a))(\sinh(b)+\cosh(b))=1$$
>
> 展开后利用两角和公式(但注意双曲三角函数和三角函数的正负要有区别)
>
> $$\sinh(a+b)+\cosh(a+b)=1$$
>
> $$e^{(a+b)}=1$$
>
> $$a+b=0$$
>
> 从而 $$x+y=0$$
>
> 当然就这个题来说这个方法看起来麻烦了,不过再来看看该题的一个变形:
>
> 已知$(x+\sqrt{y^2+1})(y+\sqrt{x^2+1})=1$,证明:$x+y=0$.
>
> $$(\sinh(a)+\cosh(b))(\sinh(b)+\cosh(a))=1$$

$$\sinh(a)\sinh(b)+\sinh(a)\cosh(a)+\sinh(b)\cosh(b)+\cosh(a)\cosh(b)=1$$

$$\cosh(a+b)+\frac{\sinh(2a)+\sinh(2b)}{2}=1$$

此处使用和差化积

$$\cosh(a+b)+\sinh(a+b)\cosh(a-b)=1$$

若 $a+b\neq 0$,则

$$\cosh(a-b)=\frac{1-\cosh(a+b)}{\sinh(a+b)}=-\tanh\left(\frac{a+b}{2}\right)$$

但 $\cosh(a-b)\geqslant 1$, $-\tanh\left(\frac{a+b}{2}\right)<1$,矛盾.

因此 $a+b=0$, $x+y=0$.

明知不考还要讲,这才是贵族精神. 越没用越追求!

第二个不足:本书中题很多,但有些问题虽然表面上不同,本质上却是相同的. 这点苏州的蔡玉书老师处理得相当好. 几天前,他发了一篇公众号文章:

两道本质一致的不等式赛题

1. 设 a,b,c 是正数,求证

$$\left(1+\frac{a}{b}\right)\left(1+\frac{b}{c}\right)\left(1+\frac{c}{a}\right)\geqslant 2\left(1+\frac{a+b+c}{\sqrt[3]{abc}}\right)$$

(1998 年亚太地区数学奥林匹克试题)

证法一

$$\left(1+\frac{a}{b}\right)\left(1+\frac{b}{c}\right)\left(1+\frac{c}{a}\right)$$

$$=2+\left(\frac{a}{b}+\frac{b}{c}+\frac{c}{a}\right)+\left(\frac{a}{c}+\frac{c}{b}+\frac{b}{a}\right)$$

$$=2+\left(\frac{a}{a}+\frac{a}{b}+\frac{a}{c}\right)+\left(\frac{b}{a}+\frac{b}{b}+\frac{b}{c}\right)+\left(\frac{c}{a}+\frac{c}{b}+\frac{c}{c}\right)-3$$

$$=-1+(a+b+c)\left(\frac{1}{a}+\frac{1}{b}+\frac{1}{c}\right)$$

$$\geqslant -1+3(a+b+c)\frac{1}{\sqrt[3]{abc}}$$

$$=-1+2(a+b+c)\frac{1}{\sqrt[3]{abc}}+(a+b+c)\frac{1}{\sqrt[3]{abc}}$$

$$\geqslant -1+2(a+b+c)\frac{1}{\sqrt[3]{abc}}+\frac{3\sqrt[3]{abc}}{\sqrt[3]{abc}}$$

$$=2\left(1+\frac{a+b+c}{\sqrt[3]{abc}}\right)$$

证法二

$$\left(1+\frac{a}{b}\right)\left(1+\frac{b}{c}\right)\left(1+\frac{c}{a}\right)$$

$$=2+\left(\frac{a}{b}+\frac{b}{c}+\frac{c}{a}\right)+\left(\frac{a}{c}+\frac{c}{b}+\frac{b}{a}\right)$$

$$=2+\frac{2}{3}\left[\left(\frac{a}{b}+\frac{a}{c}\right)+\left(\frac{b}{a}+\frac{b}{c}\right)+\left(\frac{c}{a}+\frac{c}{b}\right)\right]+$$

$$2\times\frac{1}{6}\left(\frac{a}{b}+\frac{b}{c}+\frac{c}{a}+\frac{a}{c}+\frac{c}{b}+\frac{b}{a}\right)$$

$$\geqslant 2+\frac{2}{3}\left[\left(\frac{a}{b}+\frac{a}{c}\right)+\left(\frac{b}{a}+\frac{b}{c}\right)+\left(\frac{c}{a}+\frac{c}{b}\right)\right]+$$

$$2\sqrt[6]{\frac{a}{b}\cdot\frac{b}{c}\cdot\frac{c}{a}\cdot\frac{a}{c}\cdot\frac{c}{b}\cdot\frac{b}{a}}$$

$$\geqslant 2+\frac{2}{3}\left[\left(\frac{a}{b}+\frac{a}{c}\right)+\left(\frac{b}{a}+\frac{c}{c}\right)+\right.$$

$$\left.\left(\frac{c}{a}+\frac{c}{b}\right)\right]+2$$

$$=2+\frac{2}{3}\left[\left(\frac{a}{b}+\frac{a}{c}+\frac{a}{a}\right)+\left(\frac{b}{a}+\frac{b}{b}+\frac{b}{c}\right)+\right.$$

$$\left.\left(\frac{c}{a}+\frac{c}{b}+\frac{c}{c}\right)\right]$$

$$=2\left[1+(a+b+c)\left(\frac{1}{a}+\frac{1}{b}+\frac{1}{c}\right)\right]$$

$$\geqslant 2\left(1+\frac{a+b+c}{\sqrt[3]{abc}}\right)$$

证法三

$$\left(1+\frac{a}{b}\right)\left(1+\frac{b}{c}\right)\left(1+\frac{c}{a}\right)\geqslant 2\left(1+\frac{a+b+c}{\sqrt[3]{abc}}\right)$$

等价于

$$\begin{aligned}&a^2b+ab^2+b^2c+bc^2+c^2a+ca^2\\&\geqslant 2(a+b+c)(abc)^{\frac{2}{3}}\end{aligned}\tag{1}$$

因为 $ab+bc+ca\geqslant 3(abc)^{\frac{2}{3}}$,所以(1) 加强为

$$\begin{aligned}&a^2b+ab^2+b^2c+bc^2+c^2a+ca^2\\&\geqslant \frac{2}{3}(a+b+c)(ab+bc+ca)\end{aligned}\tag{2}$$

$$(2)\Leftrightarrow a^2b+ab^2+b^2c+bc^2+c^2a+ca^2\geqslant 6abc\tag{3}$$

由均值不等式得 $ab^2+c^2a\geqslant 2abc$,$a^2b+bc^2\geqslant 2abc$,$ca^2+b^2c\geqslant 2abc$,相加即得.

证法四

$$\begin{aligned}&\left(1+\frac{a}{b}\right)\left(1+\frac{b}{c}\right)\left(1+\frac{c}{a}\right)\\&=2+\left(\frac{a}{b}+\frac{b}{c}+\frac{c}{a}\right)+\left(\frac{a}{c}+\frac{c}{b}+\frac{b}{a}\right)\end{aligned}$$

下面证明 $\frac{a}{b}+\frac{b}{c}+\frac{c}{a}\geqslant\frac{a+b+c}{\sqrt[3]{abc}}$ 和 $\frac{a}{c}+\frac{c}{b}+\frac{b}{a}\geqslant\frac{a+b+c}{\sqrt[3]{abc}}$.

$$\begin{aligned}&3\left(\frac{a}{b}+\frac{b}{c}+\frac{c}{a}\right)\\&=\left(\frac{2a}{b}+\frac{b}{c}\right)+\left(\frac{2b}{c}+\frac{c}{a}\right)+\left(\frac{2c}{a}+\frac{a}{b}\right)\\&\geqslant 3\left(\sqrt[3]{\frac{a^2b}{b^2c}}+\sqrt[3]{\frac{b^2c}{c^2a}}+\sqrt[3]{\frac{b^2a}{a^2c}}\right)\\&=\frac{3(a+b+c)}{\sqrt[3]{abc}}\end{aligned}$$

$$3\left(\frac{a}{c}+\frac{c}{b}+\frac{b}{a}\right)$$
$$\geqslant\left(\frac{2a}{c}+\frac{c}{b}\right)+\left(\frac{2c}{b}+\frac{b}{a}\right)+\left(\frac{2b}{a}+\frac{a}{c}\right)$$
$$\geqslant 3\left(\sqrt[3]{\frac{a^2c}{c^2b}}+\sqrt[3]{\frac{c^2b}{b^2a}}+\sqrt[3]{\frac{b^2a}{a^2c}}\right)$$
$$=\frac{3(a+b+c)}{\sqrt[3]{abc}}$$

相加即得

$$\left(1+\frac{a}{b}\right)\left(1+\frac{b}{c}\right)\left(1+\frac{c}{a}\right)\geqslant 2\left(1+\frac{a+b+c}{\sqrt[3]{abc}}\right)$$

2. 已知 x,y,z 是正数,且 $xyz=1$,证明

$$(1+x)\cdot(1+y)(1+z)\geqslant 2\left(1+\sqrt[3]{\frac{y}{x}}+\sqrt[3]{\frac{z}{y}}+\sqrt[3]{\frac{x}{z}}\right)$$

(2003 年波罗的海数学奥林匹克试题)

证法一

$$(1+x)(1+y)(1+z)$$
$$\geqslant 2\left(1+\sqrt[3]{\frac{y}{x}}+\sqrt[3]{\frac{z}{y}}+\sqrt[3]{\frac{x}{z}}\right)$$
$$\Leftrightarrow x+y+z+xy+yz+zx$$
$$\geqslant 2\left(\sqrt[3]{\frac{y}{x}}+\sqrt[3]{\frac{z}{y}}+\sqrt[3]{\frac{x}{z}}\right)$$

由均值不等式得

$$x+xy\geqslant 2\sqrt{x^2y}=2\sqrt{\frac{x}{z}}$$

同理

$$y+yz\geqslant 2\sqrt{y^2z}=2\sqrt{\frac{y}{x}},z+zx\geqslant 2\sqrt{\frac{z}{y}}$$

由均值不等式得

$$2\sqrt{\frac{y}{x}}+1=\sqrt{\frac{y}{x}}+\sqrt{\frac{y}{x}}+1\geqslant 3\sqrt[3]{\frac{y}{x}}$$

同理

$$2\sqrt{\frac{x}{z}}+1\geqslant 3\sqrt[3]{\frac{x}{z}}$$

$$2\sqrt{\frac{z}{y}}+1\geqslant 3\sqrt[3]{\frac{z}{y}}$$

$$\sqrt[3]{\frac{y}{x}}+\sqrt[3]{\frac{z}{y}}+\sqrt[3]{\frac{x}{z}}\geqslant 3$$

所以

$$\begin{aligned}&x+y+z+xy+yz+zx\\ \geqslant&\left(2\sqrt{\frac{x}{z}}+1\right)+\left(2\sqrt{\frac{y}{x}}+1\right)+\\ &\left(2\sqrt{\frac{z}{y}}+1\right)-3\\ \geqslant&3\left(\sqrt[3]{\frac{y}{x}}+\sqrt[3]{\frac{z}{y}}+\sqrt[3]{\frac{x}{z}}\right)-3\\ =&2\left(\sqrt[3]{\frac{y}{x}}+\sqrt[3]{\frac{z}{y}}+\sqrt[3]{\frac{x}{z}}\right)+\\ &\sqrt[3]{\frac{y}{x}}+\sqrt[3]{\frac{z}{y}}+\sqrt[3]{\frac{x}{z}}-3\\ \geqslant&2\left(\sqrt[3]{\frac{y}{x}}+\sqrt[3]{\frac{z}{y}}+\sqrt[3]{\frac{x}{z}}\right)\end{aligned}$$

证法二 令 $a=bx, b=cy, c=az$,则

$$\begin{aligned}&(1+x)(1+y)(1+z)\\ \geqslant&2\left(1+\sqrt[3]{\frac{y}{x}}+\sqrt[3]{\frac{z}{y}}+\sqrt[3]{\frac{x}{z}}\right)\\ \Leftrightarrow&\left(1+\frac{a}{b}\right)\left(1+\frac{b}{c}\right)\left(1+\frac{c}{a}\right)\\ \geqslant&2\left(1+\sqrt[3]{\frac{b^2}{ca}}+\sqrt[3]{\frac{c^2}{ab}}+\sqrt[3]{\frac{a^2}{bc}}\right)\\ =&2\left(1+\frac{a+b+c}{\sqrt[3]{abc}}\right)\end{aligned}$$

这样这道试题就转化成了2008年亚太地区数学奥林匹克竞赛的不等式试题,所以这两道试题本质相同. 当然这两道试题还有很多证明方法.

笔者也教奥数多年,现在回想起来,早期也认为教给学生的例题越多越好,后来才逐渐认识到数学的本质是最大限度地

抽取本质上相同的东西,所以少即是多. 能将众彩纷呈的题目视为本质上统一的几个题目本身就是能力的一种体现.

当然本书的优点很多,否则笔者不会决定出版它. 毕竟出版资源有限,特别是今年,所有出版机构的书号都被大幅削减,所以绝不能再出平庸之作. 之所以指出几点不足是因为俗语说得好:褒贬是买主. 真正看好的东西才会"鸡蛋里面挑骨头". 也希望借此向各位投稿者传递一下本工作室的出版品位,提高作品的命中率.

本书最令笔者满意的一点是对高等背景的重视.

在本书的190 ~ 193页以相当详细的笔法介绍了高等代数中哈密尔顿 - 凯利定理的叙述与应用. 正如李尚志教授所说:所有优质的奥赛试题都是披着"初等数学外衣的高等数学之狼"(原话一时找不到出处了,记忆中大概是这个意思). 笔者深以为然. 所以要想成为一名优秀的奥赛教练,仅仅在初等数学这个小圈子中打转是不行的,一定要有深厚的高等数学修养才行. 最近在阿里巴巴数学竞赛中获奖的杭州一中奥数教练赵斌就是一个突出的范例.

数学竞赛的目的之一是选拔科学天才,那么科学天才的出现究竟靠什么? 在2018年有一个专门的讨论会:牛顿与科学天才概念的产生(Newton and the Creation of the Scientific Genius,清华大学科学史系,9月21日,主持:吴国盛教授).

> 在西方传统上,天才最初只与艺术家或作家有关——伟大的艺术家和作家受到某位缪斯女神或基督教的上帝的启发而创作了不朽的篇章. 尽管人们也会说某位自然哲学家(科学家)拥有研究某门数学或科学的天分,但是不会将他们与天才联系在一起,因为人们认为上帝乃是自然的真正作者,哲学家不过是发现了早已存在的知识而已. 只有到了18世纪,欧洲思想界才产生了"科学天才"的概念. 这一概念的出现,与世俗化倾向、对科学创造性的新颖描述、资产阶级知识产权观念密不可分. 随着科学团体中越来越看重方法,随着"受启蒙"的民主化形式的出现,科学天

才既被当成一个世俗的圣徒,又被视为智力的翘楚;既被当成一个想象力超群的人,又被视为科学方法的创始者和奉行者.牛顿无疑是最符合这些新条件的一个"天才".在将牛顿塑造为第一个科学天才的过程中,牛顿的外甥女婿康杜伊特起到了关键性的作用.他通过收集、整理牛顿的逸闻趣事,将牛顿描绘成一个平凡而又非凡的世俗圣徒.吊诡的是,一个科学天才被认为是一个拥有非凡想象力和创造力的人,但是牛顿本人生前是非常警惕甚至反对想象的.牛顿认为想象是偶像崇拜、情欲和虚构的源头,科学进步依靠的不是个人的创造力和想象力,而是理性、刻苦的工作以及对自然的实验性研究.

数学天才的产生除了极为重要的天赋之外,超乎常人的训练与努力也是十分必要的.以同样需要天赋的篮球为例,乔丹成为NBA的"神",而科比则注定会成为最努力的那个"人".他最经典的宣言是一句反问:"你知道洛杉矶早上4点钟是什么样子吗?"2006—2007赛季,他放弃之前穿的8号球衣,开始改穿24号,人们期待他说出"我要比迈克尔·乔丹更出色",他的回答却是:"一天有24小时,一次进攻有24秒,希望自己每天24小时每场比赛每一次进攻都能全身心地投入!"这才是我们平凡的人所能学习和效仿的!

刘培杰

2019年4月8日

于哈工大

数学千字文

吴振奎　俞晓群　编

内容简介

这是一本数学科普读物，书中介绍了数学中新颖、有趣、实用的问题，每篇千余字，故称“数学千字文”. 它对大学生、中学生补充数学知识，提高学习数学的兴趣大有益处.

本书适合大学生、中学生及数学爱好者参考阅读.

小　序

数学——科学的王后、智慧的摇篮，“上帝用来书写宇宙的文字.”（伽利略）正如华罗庚教授说的：“宇宙之大，粒子之微，火箭之速，地球之变，生物之谜——无不可用数学去描述.”

数学中有着多少迷人的幽境？惑人的奥秘？古往今来，多少学者、才子为之倾心，为之拜倒，为之献身.

为了探索某一奥秘，为了揭示某一规律，成千上万人耗费着几十年、几百年，甚至上千年的光阴——然而他们在所不惜.

如果说海王星的存在是由计算而发现的有些夸张，那么爱因斯坦运用数学工具创立“相对论”从而指出了寻找新能源——原子核裂变的方向,确实是近代科学史上的奇迹.

当今,被称为“信息的时代”“知识爆炸的时代”,数学对当今的科学产生着无与伦比的影响,数学自身也在这激流的时代中发生着日新月异的变化.

许多古老的难题被攻破;许多新颖的方法被发现;许多深邃的奥秘被揭示;许多崭新的课题被提出;许多细微的分支被创立……

尽管一个人(甚至是数学工作者)不可能精通全部数学,但上述种种动向人们需要了解——至少应该粗知. 这正是本书编写的宗旨. 当然,我们选题的标准是:一要新颖,二要有趣,三要通俗(不过多展开).

诚然,本书所列举的内容只是浩瀚数海之点滴,只是无垠数境之些微,然而目的是让读者能透过这些去窥数海之一斑,领略数学奇境之爪鳞.

现代数学的原野上到处百花盛开,即使走马观花,也会让人觉得眼花缭乱,也会使人看到万紫嫣红.

当真如此? 倘若您不信,就请您慢慢浏览、细细品嚼,或许能尝到一些滋味.

吴　昊

2018 年 5

前　言

据说德国数学家高斯在大学时因找到正十七边形尺规作图法(这是自欧几里得以来人们长期在寻觅的),便放弃学习语言学的打算而转为研究数学,因而在数学上取得了巨大的成功,这或许出于他的兴趣.

我国数学家陈景润因中学时听了数学老师介绍“哥德巴赫猜想”而立志去攻克它,终于取得了名扬中外的成果,这也许是因为他的好奇.

兴趣、好奇对于学习,特别对数学学习来讲是重要的. 然而,兴趣的培养却是一件复杂的事情,好奇首先也要了解那些值得"称奇"的问题.

可以这样说:如果您认为数学没有意思,那是因为您没有了解数学中那些引人入胜的问题和故事;如果您认为数学杂乱且无头绪,那是因为您没有搞清数学中那些既纵横交错,又互相制约着的关系;如果您认为学习数学是困难的,那是您不掌握数学中那些灵活巧妙的方法.一句话:如果您对数学怀有偏见,那是因为您没有了解数学中许多奇妙的结论,没能进入数学中那些诱人的奇境.

数学工作者有义务向我们的青年朋友们介绍这些,而这些又往往是教科书所忽略的内容.

几年来,我们曾陆续在报刊上发表了一些这方面内容的短文(每篇千余字),颇受中学师生的欢迎.于是,积少成多,集腋成裘,便汇集成了这本小册子,希望它能对中学师生们做数学、学数学有些帮助——至少是在提高对数学学习的兴趣上.

限于篇幅,本书不可能包罗万象(这也是编者力所不能及的),还有许多有趣的东西没能收入,书中许多问题没有过多展开(考虑读者对象),只望读者能借此去"窥"数学之一"斑",对它有个较肤浅、稍全面的了解.

效果如何?只赖读者的品鉴了.

编　者

2000 年 1 月

编辑手记

编辑与作者之间关系的最佳状态是知音,许多数学工作者都是学术造诣很深的数学家.每每有心造访,却心生忐忑:怕自己郢书燕说,令访者有语冰于夏虫的尴尬.但与本书的第一作者吴振奎先生的交往却十分轻松,原因有二:一是吴先生与笔者相识多年;二是其写作充满了浓郁的文化气息绝非枯燥的纯数学推理.正因如此,笔者非常喜欢并常常期待与作者会面,每年达数次之多.

吴先生的书中与文学相关联的东西很多.可能是因为篇幅

有限,没能展开介绍. 如,第 1 章数字篇 §12 回文勾股数及其他. 回文源于回文诗. 陈晓红曾写过一篇小文章介绍过:

回文诗是一种雅趣横生、妙不可言的诗体,是中华文化独有的一朵奇葩. 相传它始于晋代傅咸、温峤,而兴盛于宋代. 说它绝妙全在诗中字句,从头至尾往复回环,读之成韵,顺读倒读,回旋反复的诗更多. 然而,回文诗不是没有一定的约束,它亦有一定的格式,制创颇为不易.

回文诗在创作手法上,突出地继承了诗反复咏叹的艺术特色,来达到其"言志述事"的目的,产生强烈的回环叠咏的艺术效果. 有人曾把回文诗当成一种文字游戏,认为它没有艺术价值;实际上,这是对回文诗的误解. 民国时期的学者刘坡公在《学诗百法》一书中指出:"回文诗反复成章,钩心斗角,不得以小道而轻之."当代诗人、语文教育专家周仪荣曾认为,回文诗虽无十分重大的艺术价值,但不失为中国传统文化宝库中的一朵奇葩.

回文诗有很多种形式,如"通体回文"(又称"倒章回文")"就句回文""双句回文""本篇回文""环复回文"等."通体回文"是指一首诗从末尾一字读至开头一字另成一首新诗;"就句回文"是指一句内完成回复的过程,每句的前半句与后半句互为回文;"双句回文"是指下一句为上一句的回读;"本篇回文"是指一首诗词本身完成一个回复,即后半篇是前半篇的回复;"环复回文"是指先连续至尾,再从尾连续至开头. 其中,尤以"通体回文"最难驾驭,有人把这种"通体回文"诗称作"倒读诗",认为它是回文诗中的绝品. 例如宋代大文豪苏轼(1037—1101)的《题金山寺》:

潮随暗浪雪山倾，远浦渔舟钓月明．
桥对寺门松径小，巷当泉眼石波清．
迢迢绿树江天晓，霭霭红霞晚日晴．
遥望四边云接水，碧峰千点数鸥轻．

把它倒转来读也是一首完整的七言律诗：

轻鸥数点千峰碧，水接云边四望遥．
晴日晚霞红霭霭，晓天江树绿迢迢．
清波石眼泉当巷，小径松门寺对桥．
明月钓舟渔浦远，倾山雪浪暗随潮．

这是一首内容与形式俱佳的“通体回文”诗，生动传神地写出了镇江金山寺月夜泛舟和江天破晓两种景致．顺读、倒读意境不同，可作为两首诗来赏析，如果顺读是月夜景色到江天破晓的话，那么倒读则是黎明晓日到渔舟唱晚．由于构思奇特，组织巧妙，整首诗顺读、倒读都极为自然，音顺意通，境界优美，值得回味，被誉为回文诗的上乘佳作．一首诗从末尾一字读至开头一字，能够成为另一首新诗，这样的文字功力十分了得，这般“文才”不是什么人都敢“卖弄”的．

在回文诗中，最为出名的要数清代女诗人吴绛雪（1650—1674）的《咏四季诗》，这是一首赞美春、夏、秋、冬四季景色的四季诗（四季诗属于杂体诗的一种），每季都是从十个字的诗文中回环出来，所描写的四季特色分明，让人回味无穷，被世人誉为回文诗之珍品．这首四季回文诗为：《春》：莺啼岸柳弄春晴夜月明．《夏》：香莲碧水动风凉夏日长．《秋》：秋江楚雁宿沙洲浅水流．《冬》：红炉透炭炙寒风御隆冬．它可以派生出四首七言诗：

春

莺啼岸柳弄春晴，柳弄春晴夜月明．
明月夜晴春弄柳，晴春弄柳岸啼莺．

夏

香莲碧水动风凉,水动风凉夏日长.
长日夏凉风动水,凉风动水碧莲香.

秋

秋江楚雁宿沙洲,雁宿沙洲浅水流.
流水浅洲沙宿雁,洲沙宿雁楚江秋.

冬

红炉透炭炙寒风,炭炙寒风御隆冬.
冬隆御风寒炙炭,风寒炙炭透炉红.

它还可以派生出四首五言诗:

春

莺啼岸柳弄,春晴夜月明.
明月夜晴春,弄柳岸啼莺.

夏

香莲碧水动,风凉夏日长.
长日夏凉风,动水碧莲香.

秋

秋江楚雁宿,沙洲浅水流.
流水浅洲沙,宿雁楚江秋.

冬

红炉透炭炙,寒风御隆冬.
冬隆御风寒,炙炭透炉红.

《春》《夏》《秋》《冬》回文诗的形式奇特,字句凝练,情趣横生,别具一格.要说它的魅力和影响,如今湖南柳花源向路桥有《咏荷花池》诗碑,浙江雁荡山维摩洞回文诗,广西阳朔莲花岩,乃至湖北荆州花鼓戏《站花墙》(王美容出题,杨玉春答对),都引用了吴绛雪的四季回文诗,可见此诗之妙之趣.

本书中有许多节与生物自然有关. 如第 2 章图形篇中的 §14 蜂房的几何学,第 3 章知识篇 §8 植物叶序与黄金分割, §9 漫话螺线等.

许多人都对此感兴趣,最近看到一篇报道介绍大卫·洛克菲勒的独特爱好.

> 约翰·D. 洛克菲勒曾是美国首富. 大卫·洛克菲勒是约翰最小的孙子,他曾任大通银行董事长、首席执行官. 他的哥哥纳尔逊·洛克菲勒是美国前副总统.
>
> 大卫身上的艺术基因首先来源于母亲艾比. 艾比是一位热诚的艺术爱好者,也是 MoMA 的创始人之一,《时代》杂志曾将她作为封面人物,称其为"美国在世艺术家的杰出赞助人." 然而,少年时的大卫更多受到严谨的父亲影响,爱好古典艺术,与母亲对待艺术的开放与热情有着很大差别.
>
> 但他也有独特的收藏爱好,那就是昆虫. 作为一名银行家,大卫常常满世界游历,不管走到哪,他都会带着一个果酱瓶,用来放甲虫标本. 2017 年 3 月去世时,他的昆虫藏品已经至少囊括了 2 000 个种类,15 万件标本. 其中,还有一只墨西哥圣甲虫,因为由大卫首次发现,便由他命名为 Diplotaxis Rockefelleri. 如今,这些大卫用一生时光精心保存的昆虫标本已经捐给了他的母校哈佛大学的比较动物学博物馆.

都说编辑是除作者之外的第一位读者,所以应该是最擅长对书稿质量做出客观评价的人.

那么,究竟该如何来评价一本书呢? 笔者曾读到过一段对胡适先生的《白话文学史》的评价:

> "此书之主要贡献,盖有三焉."
>
> 一方法上,于我国文学史之著作中,开一新蹊径. 旧有文学通史,大抵纵的方面按朝代而平铺,横的方面为人名辞典及作品辞典之糅合. 若夫趋势之变迁,

> 贯络之线索，时代之精神，作家之特性，所未遑多及，而胡君特于此诗方面加意；”
>
> 二新方面之增拓. 如《佛教的翻译文学》两章，其材料皆前此文学史上作家所未曾注意，而胡君始取之而加以整理组织，以便于一般读者之领会也.”
>
> 三新考证，新见解. 如《自序》十四及十五页所举王梵志与寒山之考证，白话文学之来源及天宝乱后文学之特别色彩等，有极坚确不易者. 至其白话文之简洁流畅，犹余事也.”

仿此，我们也尝试着对本书略做评价：一体裁有新意，短、小、精；二选材有品位，新、奇、特；三叙述有水平，浅、准、趣.

吴先生“成名”甚早. 笔者在中学时代就读过他写的关于中学解题技巧方面的书. 吴先生对数学很痴迷. 除了中年有一时期对奇石收藏感过兴趣之外，唯一的业余爱好就是写书，写文章. 其著作有二十余部，大多数都由我们数学工作室出版. 文章逾百篇，多数是在天津师范大学的《中等数学》上连载. 有人说我们应该追求的生活境界应是“High thinking，plain life”（高尚的思想，平淡的生活），吴先生正是这样做的.

写数学文化方面的小文章看似容易，实则不易. 因为数学的许多结论是反直觉的. 即我们觉得应该是这样，但数学却证明它偏偏是那样. 它总是使我们感到惊讶. 众所周知“惊讶”也是哲学的开端. 反正从古希腊来看是这样. 无论如何，中国古代哲学也有这类现象. 但是，不是大师惊叹某事，是他的学生. 学生问他们的老师，哲学的对话就开始了.

吃惊的原因是他们发现真相与假象之间有矛盾或对立. 当然儒家或道家都可以解决他们的怀疑. 但是苏格拉底（Socrates）不会，他也不要回答这种质疑. 这是中国哲学与欧洲哲学一个根本的区别. 因此，中国哲学家是贤人，欧洲哲学家大都不是，他们好像什么都不“知道”. 连哲学是什么他们也不太清楚. 因此，哈贝马斯（Habermas）有一次在波恩大学时说：“搞哲学让我们失望、绝望.”

和哲学家的思维方式不同,数学家不仅思考事物的本质,还会给出清晰的结论.

当然本书中许多文章是若干年前写成的,后来这些问题又有了一些新的进展.

比如第1章数字篇 §39 大合数的因子分解. 说到计算能力,有读者会问量子计算机问世了,是不是就会颠覆以前的结论. 合肥本源量子计算科技有限责任公司量子软件、量子云事业部总监陈昭昀在接受记者采访时曾回答过这个问题:

> 许多人在介绍量子计算机的时候,都喜欢用到“秒杀”这个词. 比如:量子计算机将“秒杀”现有密码体系、量子计算机将“秒杀”经典计算机,甚至将量子计算机比作无所不能的“千手观音”,经典计算机在其面前不足为道,好像只有这样,才能显示出量子计算机的伟大之处.
>
> 如果仅是为凸显量子计算机的并行计算能力,这些说辞无可厚非;但若是认为量子计算机将全面“碾压”经典计算机,则这类说法属于误读,应予勘正.
>
> 通用量子计算机一旦诞生,的确有望帮助人类化解许多现有计算能力下无法解决的大规模计算难题,但这并不意味着量子计算机将对经典计算机系统取而代之. 相反,量子计算机和经典计算机的角色定位,实际上是一种互补关系. 也就是说,量子计算机研发成功不代表经典计算机要退出历史舞台.
>
> 原因有三:
>
> 首先,量子计算机的运行需要经典计算机的控制. 从理论上讲,量子计算机中除了计算的部分在量子芯片中进行,其他的条件判断、递归等高级逻辑是需要经典计算机辅助完成的. 缺乏经典计算机控制的量子计算机,就像一把无人挥舞的利刃,无用武之地.
>
> 其次,经典信息与量子信息之间需要互相转换. 我们人类看到、听到的信息都是经典世界中的信息,这些信息不能直接被量子计算机处理,而是需要转换

成它所能理解的量子信息才能进行并行处理. 这需要经典计算机来做量子计算机到用户的“翻译器”,使人们能更好地利用量子计算机的强大功能.

第三,量子计算机的加速特性只出现在某一类特定的问题上. 比如用 Shor 算法分解一个质因数,经典计算机需要处理上百年,用量子计算机大约只需一天. 但是,如果只是做普通的加、减、乘、除,量子计算机并不能把这些问题变得更快一些. 正所谓“杀鸡焉用牛刀”,量子计算机可被用于解决超大规模的并行计算问题,也就是那些经典计算机无法短时间内处理的问题,但是对于简单的问题,经典计算机的表现已经足够优秀.

总的说来,量子计算机的地位类似于如今的图形处理器(GPU). 因为 GPU 擅长做并行运算,所以中央处理器(CPU) 将特定的任务发送给 GPU 并控制它的计算流程,最终再将计算完的结果传送回来,以达到加速的效果. 所以,量子计算机最终会找到它的运用场景,例如机器学习、大数据处理等方面,来补充经典计算机所不能解决的问题.

再比如,本书中出现的有关混沌、孤立子等动力系统的难题. 据记者宗华报道:

日常天气模式、脑电图上的大脑活动以及心电图上的心跳都会产生一行行的复杂数据. 为分析这些数据,抑或为预测风暴、癫痫或者心脏病,研究人员必须首先将这些连续的数据分割成离散的片段. 想要简单、准确地开展这项任务并非易事.

来自乌拉圭共和国大学和英国阿伯丁大学的研究人员设计了一种新的方法,以转换来自复杂系统的数据. 和现有方法相比,它减少了丢失的重要信息量,并且利用了更少的计算能力. 该方法让估测动力系统成为可能,并在日前出版的美国物理联合会(AIP) 所属《混沌》杂志上得以描述.

历史上,研究人员通过马尔可夫分割将来自动力系统的数据进行切分.马尔可夫分割是一个函数,描述了空间中的某点和时间的关联性,比如描述钟摆摆动的模型.但它在实际情形中通常并不实用.在最新方法中,研究人员利用可移动的马尔可夫分割搜索观测变量的空间.这些变量构成了近似于马尔可夫分割的时间序列数据.

"马尔可夫分割将储存在高分辨率变量的动力系统中的连续轨迹,转变成一些可被储存在拥有有限分辨率的有限变量集合(比如字母表)中的离散数据."来自乌拉圭共和国大学的Nicolás Rubido介绍说.

一种常用的近似方法将来自时间序列的数据切分成柱状图中的"箱子",但它利用的是大小全都一样的"箱子".在最新研究中,科学家以一种减少每个"箱子"中不可预测性的方法设置了"箱子"边界.

新的流程将"箱子"转变成容易处理且含有来自系统的大多数相关信息的符号序列.Rubido把这一过程比作将数字相片压缩到更低的分辨率,但仍能确保人们辨认出图像中的所有物体.

新方法可被用于分析任何类型的时间序列,比如通过核算电厂发电量预测动力故障以及可再生能源起伏的输出量和不断变化的消费者需求.Rubido表示,对于极其简单的情形来说,新方法与一些现有方法比并未提供什么优势,但它尤其适用于分析可迅速使现有计算能力崩溃的高维动力系统.

数学以抽象、枯燥为其特征,怎样把它写得有趣、生动、喜闻乐见是需要技巧的.最近在微信朋友圈中流传着一首改编自《最炫民族风》的歌词十分抢眼.

最炫分析风

有界的算子是我的爱,
绵绵的泰勒级数正展开.
什么样的分布是最呀最正态.

什么样的分解才是最精彩?
傅里叶变换从天上来,
流向那微分方程一片海.
数论组合概率是我们的期待,
一路分部积分才是最自在.
我们要算就要算的最痛快.
你是我空间最美的覆盖,
极大函数把你估出来.
悠悠地唱着最炫的分析风,
让我把你线性化出来.
你是我心中最美的迭代,
振荡积分让你小下来.
永远都唱着最炫的分析风,
是数学世界最美的姿态!

最炫几何风

紧致的流形是我的爱,
绵绵的度量张量延拓开.
什么样的曲率是最呀最稳态,
什么样的纤维才是最精彩?
Perelman 的泛函从天上来,
流向那 Ricci Flow 一片海.
庞加莱的猜想是我们的期待,
一路能量变分才是最自在,
爱因斯坦方程解得最痛快.
为证明心中亏格的存在,
高斯 - 博内把你算出来.
悠悠地唱着最炫的几何风,
让爱定义自然的同态.
你是我心中仿射的覆盖,
结构 sheaf 把你得出来.
永远都唱着最炫的几何风,
是数学世界最美的姿态!

本书中的内容有些属于经典范畴，有些则与当下息息相关. 比如，第 3 章知识篇 §32 密码与因子分解就与当下热词区块链相关.

由于区块链的技术基础是一系列技术的组合，第一个技术就是非对称加密. 非对称加密指的是密码分为公钥和私钥两个部分，加密和解密使用不同的非对称的密码，要解开这个密码需要很长的计算时间，因此人们认为非对称加密是安全的；也正因如此，非对称加密是现在信息安全的基石. 随着量子计算的发展，量子计算机可能能够将原本需要非常长时间的计算量在几个小时就计算出来. 所以，如果量子计算机真的得到使用，动摇的是整个现代信息安全的基石，而区块链安全只是这个信息安全当中的一部分.

幸运的是，现在研究者们已经可以设计出抗量子攻击的密码算法，即便是量子计算机也需要非常长的时间才能破解量子算法，使得攻击实际上变得不可能. 因此，等到量子计算机真正商用时，也许所有信息系统都已经进行了密码算法的升级.

本书的第二作者是出版界的重量级人物，辽宁教育出版社前任社长. 提起他，笔者常常想起 20 世纪八九十年代的黄金岁月.

许多读书人都有这样的感觉：年齿日长，读书日久，且不说从未有过的颜如玉，黄金屋的幻想，所谓“开卷有益”“学海无涯”的劝勉都会慢慢失效，于是读书就会变得挑剔起来，也开始经常想，读一本书真正的意义和价值所在.

窃以为数学造福人类，读数学文化书滋养人生.

刘培杰

2018 年 10 月 20 日

于哈工大

470个数学奥林匹克中的最值问题

佩捷　主编

序　言

最值问题起源于两个古希腊传说，一是迦太基的建国者狄多女王有一次得到一张水牛皮，父亲许诺给她能用此圈住的土地作为她的嫁妆. 于是她命人把它切成一根皮条，沿海岸圈了一个半圆. 这是所能圈出的最大面积，这也可能是变分法的起源了. 这个传说的另一个版本是这样说的，地中海塞浦路斯岛主狄多女王的丈夫被她的兄弟皮格玛利翁杀死后，女王逃到了非洲海岸，并从当地的一位酋长手中购买了一块土地，在那里建立了迦太基城. 这块土地是这样划定的：一个人在一天内犁出的沟能圈起多大的面积，这个城就可以建多大. 这对姐弟各自的爱情故事曲折动人，曾被古罗马诗人维吉尔和奥维德先后写进他们的诗歌中.

21 世纪被人们看成是生物学的世纪，人类对自然和生命的关注，通常体现在两个方面：构成世间万物的本质是什么，以及如何去认识和探寻这种本质. 如果采用这样的假设，生命的本质最终是体现在数学规律的构成上，那么没有数学显然我们就不能真正和彻底地揭示出生命的本质. 我们来看两个生物学的最值问题.

第一个问题在 18 世纪初被提出，法国学者马拉尔蒂(Maraldi) 曾经测量过蜂房的尺寸，得到一个有趣的发现，那就是六角形窝洞的六个角都有一致的规律：钝角等于 109°28′，锐角等于 70°32′.

难道这是偶然现象吗? 法国物理学家雷奥米尔(Réaumur)由此得到一个启示:蜂房的形状是不是为了使材料最节省而容积最大呢?(数学的提法应当是:同样大的容积,建筑用材最省;或同样多的建筑材料,制成最大容积的容器.)雷奥米尔去请教当时巴黎科学院院士、瑞士数学家克尼格.他计算的结果使人们非常震惊,因为根据他的理论计算,要消耗最少的材料,制成最大的菱形容器,其角度应该是 109°26′ 和 70°34′,这与蜂房的角度仅差 2′.

后来,苏格兰数学家马克劳林(C. Maclaurin)又重新计算了一次,得出的结果竟和蜂房的角度完全一样.后来发现,原来是克尼格计算时所用的对数表印错了.

小小蜜蜂在人类有史以前已经解决的问题,竟要 18 世纪的数学家用高等数学才能解决.

诚如进化论创始人达尔文所说:"巢房的精巧构造十分符合需要,如果一个人看到巢房而不倍加赞扬,那他一定是个糊涂虫."(华罗庚.谈谈与蜂房结构有关的数学问题[M].北京:北京出版社,1979.)

另一个近代的例子是关于分子生物学的. DNA 和蛋白质是两类最重要的生物大分子,它们通常都是由众多的基本元件(核苷酸及氨基酸)相互联结而成的长链分子.但是,它们的空间形状并非是一条平直的线条,而是一个规则的"螺旋管".尽管在20世纪中叶人们就发现了 DNA 双螺旋和蛋白质 α 螺旋结构,但迄今为止,人们还是难以解释,为什么大自然要选择"螺旋形"作为这些生物大分子的结构基础.

美国和意大利的一组科学家曾利用离散几何的方法研究了致密线条的"最大包装"(Optimal Packing)问题.得到的答案:在一个体积一定的容器里,能够容纳的最大线条的形状是螺旋形.研究者们意识到,"天然形成的蛋白质正是这样的几何形状".显然,我们由此能够窥见生命选择了螺旋形作为其空间结构基础的数学原因:在最小空间内容纳最长的分子.凡是熟悉分子生物学和细胞生物学的人都知道,生物大分子的包装是生命的一个必然过程.作为遗传物质载体的 DNA,其线性长度远远大于容纳它的细胞核的直径.例如构成一条人体染色体的

DNA 的长度是其细胞核的数千倍. 因此通常都要对 DNA 链进行多次的折叠和包扎,使长约 5 cm 的 DNA 双螺旋链变成约 5 μm 的致密的染色体. 由此我们可以认为,生命是遵循"最大包装"的数学原理来构造自己的生物大分子的. (吴家睿. 抽象的价值——数学与当代生命科学[M]// 丘成桐,刘克峰,季理真. 数学与生活. 杭州:浙江大学出版社,2007.)

20 世纪是物理学的世纪,许多最值问题的提出有明显的物理学背景. 有一个经典的问题——极小曲面理论,它来源于肥皂液薄膜所呈现的曲面. 人们对它的研究已有很长的历史了. 把一个铁丝线圈先浸入肥皂液,然后拿出来,它上面会张着肥皂液的一张薄膜,该薄膜的特性是在所有以该线圈作为边界的曲面中面积最小. 找这种极小曲面容易表述为变分学中的一个问题,从而被转化为某种偏微分方程(极小曲面方程)的研究. 虽然这种方程的解并不难以描述,至少在小范围内是如此,但这些解的整体行为却是非常微妙的,而且许多问题仍然尚未解决.

这些问题具有鲜明的物理意义. 例如,任何物理的肥皂液薄膜不自交(即它是一个嵌入曲面),但这一性质却难以从极小曲面方程的标准表示做出论断. 实际上在 30 多年前,仅有两个已知的嵌入极小曲面,这就是通常的平面和被称为悬链面的旋转面,它们在无边的意义下是完备的. 人们曾猜测这也是三维空间中仅有的完备嵌入极小曲面.

1983 年,人们发现了一个新的极小曲面,它的拓扑与刺了三个洞的环面的拓扑相同. 根据椭圆函数理论,有迹象表明这个曲面似乎是可以作为上述猜测的反例的一个极好的候选者. 然而,其定义方程的复杂性直接造成嵌入问题的困难.

极端是数学的常态,所以最值问题才是数学中最有魅力的一部分. 有人说:数学能告诉我们,多样的背后存在统一,极端才是和谐的源泉和基础. 从某种意义上说,数学的精神就是追求极端,它永远选择最简单的、最美的,当然也是最好的. (伊弗斯 H W. 数学圈 3[M]. 李泳,刘晶晶,译. 长沙:湖南科学技术出版社,2007.)

有趣的是,数学家的日常语言也是最值化的,以至于受到误解. 1917 年,哈代(G. H. Hardy)的合作者李特伍德(J. E. Littlewood)为英国弹道学办公室写了个备忘录,结束语为:“这个 σ 应该尽可能小.”但在草稿复印时,这句话却在纸面上找不到了. 有人读备忘录时问:“那是什么?”仔细看才发现在备忘录最后的空白处有一个小斑点,大概就是那个“尽可能小的”σ 了. 当时还是铅排时代,排字工想必是跑遍了伦敦才找到这个符号吧. 有人甚至“不怀好意”地想,如果李特伍德当时写的是“这里的大 X 很小”,排字工人又当如何呢?

过去在批判某人或控诉旧社会时人们爱用的一个词就是“无所不用其极”,其实这就是数学和数学家的本质. 1971 年,哥伦比亚大学杜卡(Jacques Dutka)用电子计算机经过 47.5 h 的计算,将$\sqrt{2}$ 至少展开到了小数点后1 000 082 位,密密麻麻地打印了 200 页,每页有 5 000 个数字,成为迄今为止最长的一个无理数方根. 这个极端做法并不是单单为了显示计算机的威力,而是要验证$\sqrt{2}$ 的一个特殊性质——正态性. 如果在一个实数的十进制表示中,10 个数字以相同频率出现,就说它是简单正态的;如果所有相同长度的数字段以相同频率出现,就说它是正态的. 人们猜测 π,e,$\sqrt{2}$ 都是正态数,但是还没有被证明.

在数学历史上许多最值问题的提出和解决极大地推动了数学的发展和新的数学分支的产生.

1696 年,在莱布尼兹(G. W. Leibniz)创办的数学杂志 *Acta Eruditorum* 上,约翰·伯努利(Johann Bernoulli)向他的同行们提出了最速降线的问题. 这个问题是说:“在一个竖直的平面上给定两点 A,B,试找出一条路径 AMB,使动点 M 在重力的作用下从点 A 滑到点 B 所需的时间最短.”并且还卖了一个关子:“这条曲线是一条大家熟悉的几何曲线,如果到年底还没人能找出答案,那么到时候我再来公布答案.”

到了 1696 年底,可能是由于杂志寄送延误,除了这份杂志的编辑莱布尼兹提交的一份解答以外,没有收到任何其他人寄来的答案. 而莱布尼兹则是在他看到这个问题的当天就完成了证明. 所以莱布尼兹劝约翰·伯努利将挑战的期限再放宽半年,并且将征解对象扩大到“分布在世界各地的所有最杰出的数学家”. 莱布尼兹似乎猜到了都有哪些人能解出这个问题,其中包括约翰·伯努利的哥哥雅各布·伯努利(Jacob Bernoulli)、牛顿(Newton)、德·洛必达(de l'Hopital)侯爵和惠更斯(C. Huygens),如果惠更斯还活着的话(但他已于1695年去世). 莱布尼兹的预言完全实现了,而且牛顿也和他一样在收到问题的当天就做出了正确的解答.

在所有这些解答中以约翰·伯努利的最为巧妙,而以雅各布·伯努利的最为深刻,而且由此产生了数学的一个新的分支——变分学. 正是在变分学的基础之上才有了今天在实际应用中极其重要的控制论,雅各布·伯努利曾说过:一些看上去没有什么意义的问题,往往会对数学的发展起到一种无法预期的推动作用.

对于这种求最值问题,高手和普通爱好者的认识程度也有很大的不同,比如我们考虑一个简单的几何填充问题:在边长为 S 的大方块里能放入多少个单位方块而不重叠? 当然,如果 S 等于某个整数 n,那么就不难看出正确的答案是 n^2;但若 S 不是整数,例如,$S=\frac{n+1}{10}$,怎么办? 一般人的意见是把 n^2 个单位方块填入一个 $n\times n$ 的正方形中,放弃未覆盖的面积(将近 $\frac{S}{5}$ 个平方单位)作为无法避免的损失. 但这真是所能做到的最好方式吗? 十分惊人,答案是“不”. 20世纪80年代由匈牙利籍天才数学家 P. 厄多斯(P. Erdös)、密歇根大学的 D. 蒙哥马利(D. Montgomery)和组合学家 R. I. 格雷汉姆(R. I. Graham)同时证明了:当 S 很大时,填充任何 $S\times S$ 的正方形使至多剩下 $S^{\frac{3-\sqrt{3}}{2}}\approx S^{0.634\cdots}$ 个平方单位的未覆盖面积. 这种方法实际上是存在的. 这比当 n 很大时用显而易见的填充法所剩下的 $\frac{S}{5}$ 个平方单位的未覆盖面积小多了. $S^{0.634}$ 这个数也许还不是对大值 S 可能达到的最优终极界限:似乎很难决定不可避免的未覆盖面积增长的精确数量级是什么样子,尽管 $\sqrt{S}=S^{0.5}$ 看起来像是可能的候选者. 透过这个结论,大师与普通爱好者高下立分,所以要向大师学习,而不是他的学生.

本书所选题目均可完全用自然语言叙述,而不借助于数学符号,但考虑到篇幅问题,所以还是采用了数学符号来叙述,希望不会给读者造成阅读障碍. 歌德在《格言与感想》(*Maximen und Reflexionen*) 中说:“数学家像法国人,不论你对他们说什么,他们都翻译成自己的语言,立刻就成了完全不同的东西.”

本书的题目多从数学著作中选出,解法多出自名家之手,首先向这些问题的原作者致以谢意,特别是附录的几位作者,另外也向文字编辑表示感谢. 她在编辑加工过程中消灭了许多显见的和隐蔽的错误,使之臻于完美. 数学史家斯特鲁伊克(D. J. Struik) 讲过一个据说是杰西·道格拉斯(Jesse Douglas)津津乐道的故事. 有一次,他在哥廷根大学听朗道(Landau) 讲傅里叶级数. 朗道在解释所谓吉布斯(Gibbs) 现象时说:“这个现象是来自英国的数学家 Gibbs(他读成 Dzjibs) 在 Yale(他读成 Jail) 发现的.” 道格拉斯说,出于对朗道的尊重,他才没有当面指出.“教授先生,您说的绝对正确,不过有一点小小问题,Erstens 不是英国人,而是美国人. Zweitens 不是数学家,而是物理学家. Drittens 的名字是 Gibbs,而不是 Dzjibs. Viertens 不在监狱,而在耶鲁,而且,发现那个现象的不是他.”

最后向读者表示一点歉意,书有点太长了. 不过有些事是难免的,就像我们平时所用的英语词汇,所含字母大多不超过10个. 但科学里的词汇有很多是很长并有很多音节的,例如 *Mrs Byrne's Dictionary* 里有一个酶的名称,竟出人意料地长达 1 913 个字母,与之相比本书还差得远.

刘培杰
2018 年 10 月
于哈工大

编辑手记

《美国数学月刊》(*The American Mathematical Monthly*) 前主编哈尔莫斯(Paul Richard Halmos,1916—2006) 曾说过一句掷地有声的名言:“问题是数学的心脏”,将问题之于数学的重要性提到了无以复加的地位. 而备受国人推崇的美国数学教育家波利亚(George Pólya,1887—1985) 也曾说过:"教师要保持良好的解题胃口." 中国是一个考试大国,也是一个考试古国,中国人崇拜考试,将其视为改变命运的唯一途径,中国的科举制度一度让西方羡慕不已. 要考试就要有题目,而数学又是从西方来的舶来品,所以西方国家的经典名题值得借鉴.

有人说中国经济至少落后美国50年,数学大体也是如此. 下面我们回顾一下60多年前美国数学科普界发生了哪些事件.

1956年, 美国数学界出了两件大事: 一件是由纽曼(Newman) 主编的四大卷《数学世界》(*The World of Mathe-matics*) 出版,并迅速成为英美的畅销书,要知道世界著名数理逻辑与人工智能专家道格拉斯·R. 霍夫斯塔特(Douglas R. Hofstadter) 高中毕业时收到的毕业礼物就是这套,影响可见一斑.(2006年笔者在新西兰的一个专营旧书的店内以100纽币购得了一套. 该书布面精装,深绿色封面相当典雅.) 第二件事是有着170多年历史的著名科普杂志《科学美国人》(*Scientific American*) 的主编皮尔(Gerard Piel) 看到了数学科普的商机, 决定创办《数学游戏》专栏. 这两件事改变了马丁·加德纳(Martin Gardner) 的一生,使他从一名哲学研究生成长为当代最著名的数学科普作家,因为皮尔邀请他主持这个专栏.

50年后,哈尔滨数学界也发生了两件小事:一是哈尔滨工业大学出版社刘培杰数学工作室正式挂牌成立,立志打造数学科普高端产品,也为广大中学师生提供高营养的数学食粮;二是本工作室推出的首部数学科普著作《500个最新世界著名数学智力趣题》刚一推出便得到市场认可, 多次重印并获得"2007年畅销书奖". 从经济学角度讲"有需求就有供给",既然读者喜欢看,没理由不推出新品种;从传播学角度讲"好吃不撂筷" 是金科玉律. 一部电视剧火了之后,续集不断,狗尾续貂(诸如《兰博》《越狱》等),直至观众大倒胃口方才作罢. 所以再推出一本几百题便被提到日程上,那么选择哪个角度呢? 为此我们大量阅读了目前市场上的畅销书籍,并广泛听取了热心读

者的意见,但真正下决心是受了以下两个资料的启发:

第一本是上海科技教育出版社推出的数学怪杰爱尔特希的传记《数字情种》.

在《数字情种》中有这样一个真实案例. 国际知名大公司AT&T为有多个地址的公司顾客建立私人电话网络. AT&T的收费规定很严格,而且政府也规定私人治网的收费不应以所占公司的实际网线为依据,而应取决于连通不同地址所需线路的最小(理论)长度. 其中一个客户是德尔塔航空公司,它有三个等间距的主要地址,假设都为1 000 mi(约1 600 km),即这三个地址构成一个等边三角形的三个顶点,AT&T收德尔塔公司2 000 mi(约3 200 km)的线路费.

但德尔塔公司对这项收费提出质疑,他们利用1640年提出,后又于19世纪被瑞士数学家雅各布·斯坦纳(Jacob Steiner)发现的理论:如果他们在由这三个地址构成的等边三角形的正中心处设立第四个办公室,那么连线的总长度将降至1 730 mi(约2 780 km),即降低了13.4%. 这引起了AT&T管理层的恐慌,由此产生的两个问题需要他们考虑:① 如果德尔塔公司再设第5个办公室又会如何? 所需的连线还会进一步缩短吗? ② 如果所有私人网络用户都开始虚设办公室,那么公司要少收许多钱. 格雷厄姆被委托处理此事. 1968年其贝尔实验室的两位同事提出,不管网络有多大,添加站点节省的连线长度都不会超过13.4%,格雷厄姆为此悬赏500美金,直到1990年此奖金被普林斯顿大学博士后堵丁柱获得(此人也是我们东北人呀).

这段文字给我们的启示是"大哉数学之为用",就其应用的广泛性和普遍性而言,最值问题是最佳的而且是最可能产生经济效益的.

曾获1974年图灵奖和1979年美国国家科学奖章的美国数学家克努特(Donald Ervin Knuth,生于1938年),此人被国人广为知晓是因为他著的那套三卷本的大书《计算机程序艺术》(*The Art of Computer Programming*, Vols. 1,2,1968; Vol. 3, 1973). 他在《美国数学月刊》(Vol. 92,1985,No. 3)上以"算法思维和数学思维"(Algorithmic Thinking and Mathematical

Thinking) 为题研究了“什么是好的数学”，得到的答案是：“好的数学是好的数学家做的东西.” 他的研究方法是从他自己的书架上取出 9 本书，大多数是其在学生时代的教科书，也有几本是为其他各种目的撰写的. 他仔细研究了每本书的第 100 页（“随机”选定的页），并研究该页上的第一个结论. 他认为这样做可以得到好的数学家做的事的一个样本，并可以尝试理解其中蕴涵的思维类型.

他抽出的第一本书是他读大学时的一本《微积分教程》，作者是 George Thomas. 在第 100 页上，作者所讨论的就是一个最值问题：当你必须以速度 s_1 从 $(0,a)$ 到 $(x,0)$，并以另一个速度 s_2 从 $(x,0)$ 到 $(d,-b)$ 时，问 x 取什么值能使从 $(0,a)$ 经 $(x,0)$ 到 $(d,-b)$ 的时间最短？Thomas 认为这其实就是光学的“Snell 定律”. 真妙，光线知道如何使它们的行程最短.

由此我们可以从概率的角度看出最值问题在数学中是最广泛存在的，因为随机抽取的第一本书翻到随机页数的第一个问题就是最值问题. 英国经济学家、哲学家边沁曾提出的一个为了大多数人的最大幸福而努力的准则. 仿此，我们是不是也应该按此方式选择选题方向呢！

本书对光行最速及折射定律也有涉及，其实如果数学素养更深，还可以用更高深的方法处理，如下列问题.

问题 1 设 $y=y(x)$ 是通过 xOy 平面上给定的两点 A 与 B 的弧 γ 的方程. 确定这个弧，使得积分

$$\int_\gamma \frac{\mathrm{d}s}{y}$$

最大或最小，这里 $\mathrm{d}s$ 是弧微元.

解 在 γ 上有 $\mathrm{d}s=(1+y'^2)^{\frac{1}{2}}\mathrm{d}x$，从而上述积分取下面的形式

$$\int_{x_2}^{x_1} \frac{(1+y'^2)^{\frac{1}{2}}}{y}\mathrm{d}x$$

由此得到欧拉方程

$$\frac{\partial}{\partial y}\cdot\frac{(1+y'^2)^{\frac{1}{2}}}{y}-\frac{\mathrm{d}}{\mathrm{d}x}\cdot\frac{\partial}{\partial y'}\frac{(1+y'^2)^{\frac{1}{2}}}{y}=0$$

或

$$\frac{(1+y'^2)^{\frac{1}{2}}}{y^2}+\frac{\mathrm{d}}{\mathrm{d}x}\frac{y'}{y(1+y'^2)^{\frac{1}{2}}}=0$$

这是一个二阶方程,不可对它直接求积.局部地将 x 表为 y 的函数更方便,由此出发,我们来处理积分

$$\int\frac{(1+x'^2)^{\frac{1}{2}}}{y}\mathrm{d}y$$

我们得到了同样的欧拉方程,它具有更便于求解的形式.特别的,可将它写为

$$\frac{\partial}{\partial x}\cdot\frac{(1+x'^2)^{\frac{1}{2}}}{y}-\frac{\mathrm{d}}{\mathrm{d}y}\cdot\frac{\partial}{\partial x'}\cdot\frac{(1+x'^2)^{\frac{1}{2}}}{y}=0$$

但是,第一项取零,所以立即有第一积分

$$\frac{\partial}{\partial x'}\cdot\frac{(1+x'^2)^{\frac{1}{2}}}{y}=C$$

或

$$\frac{x'}{(1+x'^2)^{\frac{1}{2}}}=Cy$$

设

$$x'=\tan\varphi$$

于是有

$$Cy=\sin\varphi, C\mathrm{d}y=\cos\varphi\mathrm{d}\varphi$$

由此可得

$$\mathrm{d}x=\tan\varphi\mathrm{d}y=\frac{1}{C}\sin\varphi\mathrm{d}\varphi$$

或者最后

$$x=x_0-\frac{1}{C}\cos\varphi, y=\frac{1}{C}\sin\varphi$$

解曲线是中心在 x 轴上的圆.这就确定了给定条件下的解.在一般的情况下,存在一个解,这个解是过给定两点 A 与 B 的圆(图1,除非线段 AB 垂直于 x 轴,但这与变分问题的假设相矛盾).

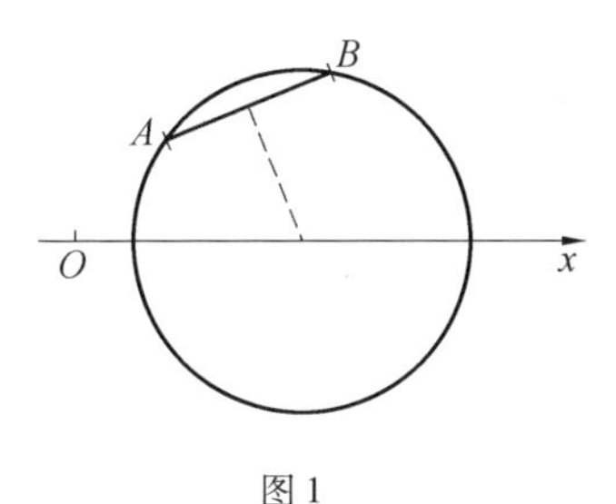

图 1

积分

$$\int \frac{\mathrm{d}s}{y} = \int \frac{\mathrm{d}\varphi}{\sin \varphi}$$

仅当 A 与 B 位于 x 轴的同一侧才是有意义的. 这时,表示解的弧是两个弧 AB 中不与 x 轴相交的那一个弧.

我们再看一下折射问题:

光线可以看作一个运动的质点从一点到另一点花最少的时间所走过的路径. 它的速度(速度向量的绝对值)在问题中的空间上构成了一个给定的数量场. 这个场在每一个齐次域上是常数.

问题 2 (1) 在 n 维空间中,考虑一个区域 $\mathscr{D}$,假定 $\mathscr{D}$ 可用曲面 S 分成两个子域. 设 A 表示一个子域中的一点,B 表示另一个子域中的一点. 对于两个给定的正数 n_1 与 n_2,在 S 上找一点 M,使得表达式

$$n_1 MA + n_2 MB$$

(这里 MA 与 MB 是点 M 分别到点 A 与点 B 的距离) 取最小值.

假设这个问题在 $\mathscr{D}$ 的内部有解. 考虑 $\mathscr{D}$ 是整个空间,而 S 是平面的情况.

(2) 设 $\varphi(x,y,z)$ 表示在三维空间中给定的连续函数. 假定 φ 有连续的一阶偏导数. 从联结两点 A 与 B 的所有曲线中,找出使得积分

$$\int_C \varphi(x,y,z)\,\mathrm{d}s$$

取最小值的曲线 C,这里 $\mathrm{d}s$ 表示 C 上的弧微分,并且假定所有这些曲线都具有变分法通常要求的正则性质.

写出 C 的微分方程. 研究 φ 不依赖 z 的特殊情况. 试证明,

在这种情况下,C 是一条平面曲线. 考虑下述情况:φ 只依赖于 z,并且当 $z > z_1$ 时,它取常数值 n_1;当 $z < z_2$ 时,它取常数值 n_2. 这里 $z_1, z_2(z_1 > z_2)$ 是两个给定的数.

解 (1) 我们用 a_i 表示 A 的坐标,用 b_i 表示 B 的坐标,用 x_i 表示在曲面 S 上要求的点 M 的坐标,x_i 满足 S 的方程

$$f(x_1, \cdots, x_n) = 0$$

我们在 S 上求一点 M,使得

$$n_1 MA + n_2 MB$$

取最小值,也就是

$$n_1 \left[\sum (x_i - a_i)^2 \right]^{\frac{1}{2}} + n_2 \left[\sum (x_i - b_i)^2 \right]^{\frac{1}{2}}$$

取最小值,其中 x_i 满足

$$f(x_i) = 0$$

我们引进拉格朗日(Lagrange)乘子 λ,并设

$$n_1 \left[\sum (x_i - a_i)^2 \right]^{\frac{1}{2}} + n_2 \left[\sum (x_i - b_i)^2 \right]^{\frac{1}{2}} + \lambda f(x_i)$$

的各个偏导数为零. 若令 $d_1 = MA, d_2 = MB$,则可求出 n 个方程

$$\frac{n_1}{d_1}(x_i - a_i) + \frac{n_2}{d_2}(x_i - b_i) + \lambda \frac{\partial f}{\partial x_i} = 0 \tag{1}$$

其中 x_i 满足 $f(x_i) = 0$,在理论上,从这些方程中就可以确定出 $x_1, \cdots, x_n$ 及 λ. 我们指定

$$p = \left[\sum \left(\frac{\partial f}{\partial x_i} \right)^2 \right]^{\frac{1}{2}}$$

若用 i_1 及 i_2 分别表示 S 在 M 处的法方向与 MA 及 MB 的夹角,则有(图 2)

$$\cos i_1 = \frac{1}{pd_1} \sum (x_i - a_i) \frac{\partial f}{\partial x_i}$$

$$\cos i_2 = \frac{1}{pd_2} \sum (x_i - b_i) \frac{\partial f}{\partial x_i}$$

最后,我们设

$$\sum (x_i - a_i)(x_i - b_i) = h$$

利用乘数 $x_i - a_i, x_i - b_i, \frac{\partial f}{\partial x_i}$,我们可以从方程(1)推出下面三个方程

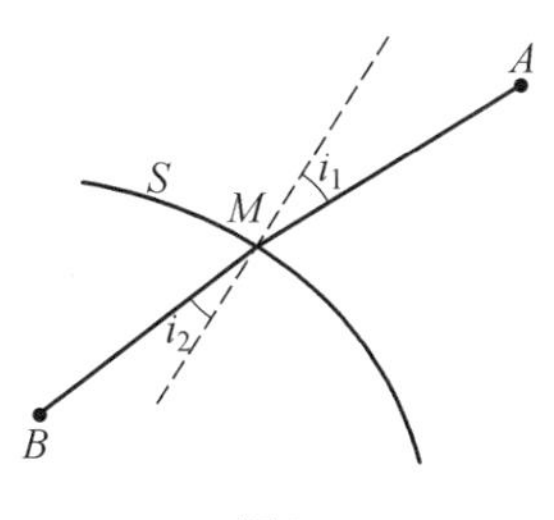

图 2

$$n_1 d_1 + \frac{n_2}{d_2} h + \lambda p d_1 \cos i_1 = 0$$

$$\frac{n_1}{d_1} h + n_2 d_2 + \lambda p d_2 \cos i_2 = 0$$

$$n_1 \cos i_1 + n_2 \cos i_2 + \lambda p = 0$$

在这三个方程中消去 h 与 λ,可得

$$n_1^2 - n_2^2 = n_1^2 \cos^2 i_1 - n_2^2 \cos^2 i_2$$

或

$$n_1^2 \sin^2 i_1 = n_2^2 \sin^2 i_2 \tag{2}$$

方程(1) 表示,由点 A,M,B 所确定的平面包含 S 在 M 处的法线. 方程(2) 可以写为

$$n_1 \sin i_1 = \pm n_2 \sin i_2$$

为了确定这里的符号,我们将问题做如下的简化:在解的邻域内考虑一个平面,并局部地用一条直线代替 S 与这个平面的交线.

我们把这条曲线取作 x 轴. 现在来求

$$n_1 [(x - a_1)^2 + a_2^2]^{\frac{1}{2}} + n_2 [(x - b_1)^2 + b_2^2]^{\frac{1}{2}}$$

的极值(记号如图 3 所示),其中 $a_2 > 0, b_2 < 0$.

这里只有一个参数. 若设上述函数的导数等于零,则有

$$\frac{n_1}{d_2}(x - a_1) + \frac{n_2}{d_2}(x - b_1) = 0$$

式中 $x - a_1$ 与 $x - b_1$ 的符号相反. 点 M 在线段 AB 到 x 轴的投影的内部. 当角度位于 0 与 $\frac{\pi}{2}$ 之间时,可以明确地确定出角 i_1 与 i_2. 这时有

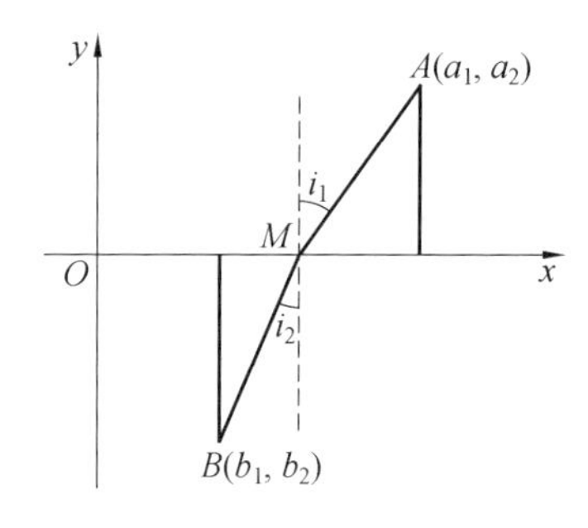

图 3

$$n_1 \sin i_1 = n_2 \sin i_2$$

这就是熟知的折射定律.

(2) 现在我们来讨论三维空间的情况:光线用最少可能的时间从点 A 到另一点 B. 但是,在非均匀各向同性的介质中,速度 V 是一个点函数. 假设这个函数是连续的. 光线通过两点所需要的时间由形如

$$\int \frac{\mathrm{d}s}{V} = \int \varphi(x,y,z)\,\mathrm{d}s$$

的积分给出,其中 $\varphi(x,y,z)$ 是变动的折射指数.

我们以这样的方式将 y 与 z 视为 x 的函数,使得上面的积分在联结两个固定点 A 与 B 的弧上求积时取最小值. 于是我们需要对函数

$$\varphi(x,y,z)(1+y'^2+z'^2)^{\frac{1}{2}}$$

建立欧拉微分方程组,这个方程组是

$$\frac{\partial\varphi}{\partial y}(1+y'^2+z'^2)^{\frac{1}{2}} - \frac{\mathrm{d}}{\mathrm{d}x}\cdot\frac{\varphi y'}{(1+y'^2+z'^2)^{\frac{1}{2}}} = 0$$

$$\frac{\partial\varphi}{\partial z}(1+y'^2+z'^2)^{\frac{1}{2}} - \frac{\mathrm{d}}{\mathrm{d}x}\cdot\frac{\varphi z'}{(1+y'^2+z'^2)^{\frac{1}{2}}} = 0$$

下面我们给出这些方程的解释:我们有 $\mathrm{d}s = (1+y'^2+z'^2)^{\frac{1}{2}}\mathrm{d}x$. 以 α,β,γ 表示切线 T 的方向余弦,切线 T 的方向与光线 C 的方向一致. 我们有

$$\frac{\partial\varphi}{\partial y} = \frac{\mathrm{d}}{\mathrm{d}s}(\varphi\beta),\ \frac{\partial\varphi}{\partial z} = \frac{\mathrm{d}}{\mathrm{d}s}(\varphi\gamma)$$

类似的,如果不是把 x,而是 y 或 z 作为自变量,则有

$$\frac{\partial\varphi}{\partial x} = \frac{\mathrm{d}}{\mathrm{d}s}(\varphi\alpha)$$

通过求导,可得导数

$$\frac{\mathrm{d}\varphi}{\mathrm{d}s} = \alpha\frac{\partial\varphi}{\partial x} + \beta\frac{\partial\varphi}{\partial y} + \gamma\frac{\partial\varphi}{\partial z}$$

和$\frac{\mathrm{d}\alpha}{\mathrm{d}s}$,根据弗雷内(Frenet)公式

$$\frac{\mathrm{d}\alpha}{\mathrm{d}s} = \frac{\alpha_1}{R}, \frac{\mathrm{d}\beta}{\mathrm{d}s} = \frac{\beta_1}{R}, \frac{\mathrm{d}\gamma}{\mathrm{d}s} = \frac{\gamma_1}{R}$$

这里 $\alpha_1,\beta_1,\gamma_1$ 是曲线 C 主法线方向的方向余弦,R 是曲率半径. 这样一来,我们有

$$\begin{cases} \frac{\partial\varphi}{\partial x} = \alpha\left(\alpha\frac{\partial\varphi}{\partial x} + \beta\frac{\partial\varphi}{\partial y} + \gamma\frac{\partial\varphi}{\partial z}\right) + \varphi\frac{\alpha_1}{R} \\ \frac{\partial\varphi}{\partial y} = \beta\left(\alpha\frac{\partial\varphi}{\partial x} + \beta\frac{\partial\varphi}{\partial y} + \gamma\frac{\partial\varphi}{\partial z}\right) + \varphi\frac{\beta_1}{R} \\ \frac{\partial\varphi}{\partial z} = \gamma\left(\alpha\frac{\partial\varphi}{\partial x} + \beta\frac{\partial\varphi}{\partial y} + \gamma\frac{\partial\varphi}{\partial z}\right) + \varphi\frac{\gamma_1}{R} \end{cases} \tag{3}$$

这个公式表示曲线 C 在点 M 的摆动平面包含过点 M 的曲线φ = 常数的法线.

用 i 表示这个法线与 C 的切线之间的夹角,则有

$$p\sin i = \alpha_1\frac{\partial\varphi}{\partial x} + \beta_1\frac{\partial\varphi}{\partial y} + \gamma_1\frac{\partial\varphi}{\partial z}$$

这里

$$p = \left[\left(\frac{\partial\varphi}{\partial x}\right)^2 + \left(\frac{\partial\varphi}{\partial y}\right)^2 + \left(\frac{\partial\varphi}{\partial z}\right)^2\right]^{\frac{1}{2}}$$

现在由方程(3)可推出

$$p\sin i = \frac{\varphi}{R}$$

这就是非均匀介质中的折射定律.

因为 $\alpha = \frac{\mathrm{d}x}{\mathrm{d}s}$,所以 C 的微分方程变为

$$\varphi\frac{\mathrm{d}^2x}{\mathrm{d}s^2} + \frac{\partial\varphi}{\partial x}\left(\frac{\mathrm{d}x}{\mathrm{d}s}\right)^2 + \frac{\partial\varphi}{\partial y}\frac{\mathrm{d}x}{\mathrm{d}s}\frac{\mathrm{d}y}{\mathrm{d}s} + \frac{\partial\varphi}{\partial z}\frac{\mathrm{d}x}{\mathrm{d}s}\frac{\mathrm{d}z}{\mathrm{d}s} = \frac{\partial\varphi}{\partial x}$$

和两个类似的方程.

引入带有角标的记号,我们把这些方程写为下述形式

$$\varphi \frac{\mathrm{d}^2 x_i}{\mathrm{d}s^2} + \sum_k \frac{\partial \varphi}{\partial x_k} \cdot \frac{\mathrm{d}x_i}{\mathrm{d}s} \cdot \frac{\mathrm{d}x_k}{\mathrm{d}s} = \frac{\partial \varphi}{\partial x_i} \tag{4}$$

这些方程与

$$\sum \left(\frac{\mathrm{d}x_i}{\mathrm{d}s} \right)^2 = 1$$

是相容的. 它们是非均匀介质中光线的微分方程.

例 假定 φ 不依赖于 z,这时

$$\varphi x'' + \varphi' x' z' = 0, \varphi y'' + \varphi' y' z' = 0, \varphi z'' + \varphi' z'^2 = \varphi'$$

这里符号 $x' \cdots$ 表示对 s 求导.

由前两个方程可推出

$$x'' y' - y'' x' = 0$$

所以 $y' = Kx'$,这里 K 是一个常数,从而 $y = Kx + K_1$.

轨道 C 在“竖直”平面上. 把这个平面取为 xOz 平面,在这个平面上 $y = 0$,由此推出

$$\varphi x'' + \varphi' x' z' = 0, \varphi z'' + \varphi' z'^2 = \varphi'$$

上面的第二个方程是包含 z, z', z'' 的方程,它们都是 s 的函数. 于是第二个方程给出 x. 它还有第一积分

$$\varphi \frac{\mathrm{d}x}{\mathrm{d}s} = \text{常数}$$

在这种情况下,我们也可以通过直接求积分

$$\int \varphi(z) (1 + x'^2)^{\frac{1}{2}} \mathrm{d}z$$

的极值来解这个问题,式中 x' 现在表示 x 关于 z 的导数.

欧拉方程有第一积分

$$\frac{\varphi(z) x'}{(1 + x'^2)^{\frac{1}{2}}} = \text{常数}$$

用 i 表示轨道与 z 轴(曲线 $\varphi(z) = $ 常数的法线)的夹角(图4). 于是有

$$x' = \tan i \text{ 或 } \frac{x'}{(1 + x'^2)^{\frac{1}{2}}} = \sin i$$

由此可得

$$\varphi(z)\sin i = 常数$$

假定当 $z > z_1$ 时,$\varphi(z)$ 取常数值 n_1;当 $z < z_2$ 时,$\varphi(z)$ 取常数值 n_2. 在区域 $z_2 < z < z_1$ 之外,曲线 C 在局部上由直线段构成. 但是,在平面的上部分和下部分有两条不同的直线. 这两条直线分别与 z 轴构成角 i_1 与 i_2(图 5),于是有

$$n_1 \sin i_1 = n_2 \sin i_2$$

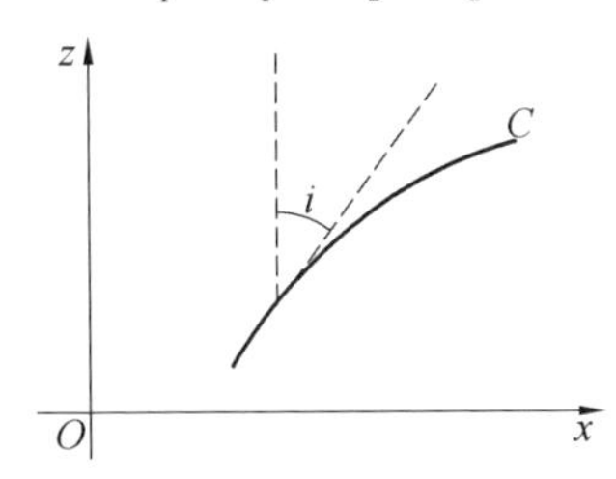

图 4

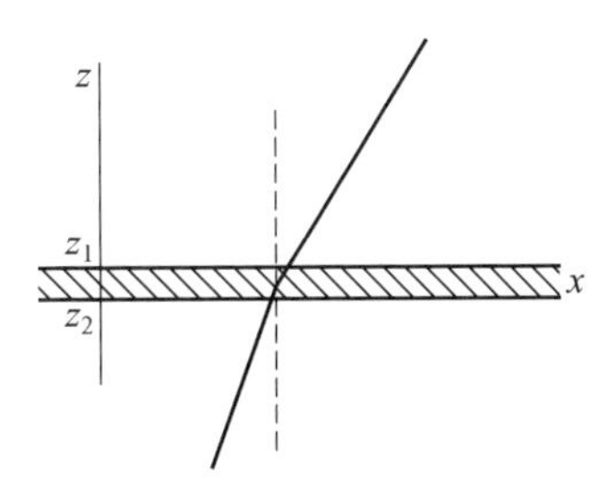

图 5

我们可以假定在 $z_1 - z_2$ 趋向于零的过程中,这个结果仍然是合理的,尽管这时函数 $\varphi(z)$ 不可能是连续的,并且不可能满足关于欧拉方程所做的假设. 我们又一次找到了众所周知的折射定律,这个定律曾在问题 2(1) 中被直接证明过.

1954 年,菲尔兹奖得主日本数学家小平邦彦(Kunihiko Kodaira) 在一篇名为“数学的印象” 的文章中谈到定理与应用时指出:在大学低年级的数学中,定理之所以为定理,乃是由于可应用于许多实例.

最值问题的特点是解题所依据的定理和方法较少,但题目种类繁多,花样翻新. 所以选择470 个这样的问题不仅可供数学

爱好者把玩欣赏,还可以供学子们借此复习课本中所学到的方法,并为那些枯燥的定理提供一点鲜活的例子;顺便还可以为不得不参加的那些各级各类升学考试增加一点分数.在功利化如此盛行的社会中,一本没有任何功利目的的图书注定没有市场,若能一举数得,自然会皆大欢喜.说不定还会催生出一位类似印度数学家拉马努金似的数学天才,因为1903年15岁的拉马努金得到了一本乔治·卡尔(George Carr)编的《纯粹与应用数学中的基础结果概要》(*A Synopsis of Elementary Results in Pureand Applied Mathematics*).这本书因拉马努金而知名,它的作者没什么名气,但是书的结构却很有意思,其中列举了大约4 400个经典问题的结果,但仅仅是结果,而没有任何证明.拉马努金花费数年时间通读了这本书,并将其中的结果一一验证,终成大器.

《470个数学奥林匹克中的最值问题》是刘培杰数学工作室数学经典名题系列中的一本,以后还会陆续推出更多.荷兰天文学家范得胡斯特(Vande Hulst, Hendrik Christoffell)发现:平均说来,一个氢原子每1 100万年左右只能发出一次射电波,能量相当微弱,但是这样的原子在空间很多,以至可以产生21 cm辐射的连绵细雨.正是利用这样的辐射,可以详细描绘银河系的旋臂,这在射电天文望远镜产生之前很难做到.这给了我们一个启示,不怕光亮小,只要数量多照样可以有所作为.现在工作室如雨后春笋,数学普及类书籍也是以指数形式增长,面对如此形势,我们既没有顾影自怜,也没有拿微不足道的成绩来骗自己,而是坚定地、不改初衷地坚持出版高端数学科普及"奥数"专业书籍,因为我们相信一定会得到读者的认可.

据历史学家何兆武先生回忆:著名哲学家王浩(也是著名数学家)曾谈到哲学家需要具备三个条件:一是Intellectual skepticism(智识上的怀疑主义),否则无以成其深;二是Spiritual affirmation(精神上的肯定),否则无以成其高;三是要有一句格言,所谓格言就是信条,各人不同,但足以反映自己的特色与风格.例如,苏格拉底(Socrates)的格言是"Knowledge is virtue"(知识即美德),而培根(F. Bacon)的格言则是"Knowledge is power"(知识就是力量)(何兆武口述,文靖撰写.上学记[M].北京:生活·读书·新知三联书店,2006).作为数学工作室,我们也应该有自己的格言,仿照中世纪的哥廷根镇议会大厅的墙上的刻字"哥廷根之外没有生活",我们的格言是"Mathematical is life".

刘培杰
2018 年 10 月
于哈工大

Dirichlet 逼近定理和 Kronecker 逼近定理

朱尧辰　著

内容简介

本书是一本关于丢番图逼近论的简明导引，主要涉及数学界公认的"划归"丢番图逼近论的论题，着重实数的有理逼近等经典结果和方法，适度介绍一些新的进展和问题.

本书适合大学师生及相关专业人员使用.

编辑手记

俗话说"三个女人一台戏"，笔者要说的是"三个男人一本书". 俗语里的三个女人通常是指年轻的东方女性，而笔者所说的这三个男人则是两位西方古人加一位中国老人.

先说这位中国老人，他就是本书作者朱尧辰. 朱老是江苏镇江人，1942 年生，1964 年毕业于中国科学技术大学应用数学系，1992 年任中国科学院应用数学研究所研究员，主要研究数论，曾任《数学进展》常务编委. 1983 年至 1993 年期间他先后在法国 Henri Poincaré 研究所和 IHES、德国 Max-Planck 数学研究所和 Köln 大学、美国 Southern Mississippi 大学、香港浸会学院(今香港浸会大学)等科研机构和大学从事合作研究，迄今发表论文约一百篇，出版专著 5 本，获中科院自然科学三等奖和集体一等奖各 1 项. 1993 年起享受国务院政府特殊津贴.

《新华书目报》曾在2012年4月19日的科技人物专栏中由记者赵晶写过一篇报道:

> 说起朱尧辰和他学习数论的初衷,要先从他的求学经历谈起. 朱尧辰是在一个水平不高的乡村中学完成中等教育的,当时他对文学的爱好甚于数学. 选择高考志愿时,出于对华罗庚先生的仰慕,决定学数学,所有的报考志愿都是数学,中国科学技术大学应用数学系是第一志愿. 朱尧辰在 1959 年如愿进入该系学习,当时的应用数学专业主要有计算数学、运筹学、概率统计和数学物理等方向,那时系主任是华罗庚先生. 关肇直先生教了朱尧辰三年基础课,随后是两年的专业课. 系里要在 59 级(中科大第二届) 开设一个名为代数与数论的专业,按传统这个专业属于纯粹的数学领域,朱尧辰凭着兴趣选择了这个专业. 当时只知道数论就是研究整数性质的一门学科,它与中学的平面几何一样有着悠久的历史. 学进去才逐步理解了数论的意义.
>
> 数是自然界客观存在的事物,研究数本身的性质可以加深人们对于客观世界的认识. 实际上,数论的研究面很广,生活中也有它的影子. 比如编码、数字通信、计算机科学,甚至身份证号码、商品条形码以及电话号码这些平常的事物都离不开整数,要用到数论知识. 由于近代计算机科学和应用数学的发展,数论得到了广泛的应用. 比如在离散数学、代数编码、组合论等学科中都广泛使用了初等数论的基本结果. 数论的许多比较深刻的研究成果在近似分析、快速傅氏变换、密码学和理论物理学等众多领域有着重要应用. 当然,现在很多人对数论并不陌生,各类数学竞赛就少不了初等数论题. 国内一些综合性大学开设了系统的数论课程,工科院校的某些技术性专业出于需要也开设数论课. 在朱尧辰求学的时代,数论应用的前景和潜力刚刚开始显现,当年在中科大应用数学系开设数论专业,可谓是一个富有远见之举. 朱尧辰自己觉得

是在某种朦胧状态下选择了学习数论之路,之后他在王元教授的指导下完成了毕业论文《数论在近似分析中的一些应用》,开始了为之付出一生心血的数论研究.

毕业后,朱尧辰未能分配到中科院从事数学研究,而是先后在北京的一些中学、师范学校和中学教师进修班教初等数学,长达14年之久.几经周折,多方努力,他才于1978年2月调入中科院应用数学研究所(当时称应用数学办公室,由华罗庚先生主持),开始时推广过优选法,搞过密码课题,但后来还是研究数论.1981年8月被提升为副研究员.

20世纪80年代,改革开放后的出国潮促使一批四十岁左右的科研人员纷纷出国深造,朱尧辰也没有放过这样的机会.1983年,他获得邀请,以副教授身份赴法进行合作研究.他在三个月时间里与法国巴黎第六大学教授M. Waldschmidt合作完成了一篇论文,在论文中共同提出代数无关性的"小扰动法".之后在M. Waldschmidt教授的帮助下,他得到德国洪堡基金会的资助,在波恩Max-Planck数学研究所G. Wüstholz教授的课题组中从事代数无关性理论的研究,历时2年.此后,他受聘于美国南密西西比大学,期间的身份是访问研究副教授,面对远远高于国内水平的工资待遇和比较宽松的学术研究氛围,他并未选择留在美国,最终放弃了可以获得绿卡的机会,回到了国内研究单位.回国后,他原本计划延续在国外的数论研究方向,但最终未能如愿.在不太长的一段时间里,曾一度将研究方向偏向组合数学.其后,随着所在单位合并到新组建的中科院数学研究院,他又回归到数论研究方向,直到退休.对于回国后到退休前的这段日子,他曾写过一首小诗表达他当时的困惑:"廿载研数兴趣事,天犹逢时地欠利.竹杖芒鞋倚东篱,虚名实利两由之."

朱尧辰在海外访问和合作研究期间发现数论研究在国外很受重视,欧美几乎每个大学都设有数论课

> 程或专业.而且外国不少大学课程,特别是基础课,难度不算大,但涉及面较广.他认为从事数学研究不能局限于一门狭窄的专业知识,广博的知识面对于研究工作大有好处,研究者所知越多,思考的角度就越多."我曾经和法国、德国的一些教授合作过,他们一直坚持把当代最新的数学科研成果吸收到自己的讲义里去.在讲义中多数只给出证明概要,但讲清有关背景、思想和动态,包括进一步的细节就需要学生(大学高年级学生和研究生)自己去查资料,独立思考,加以完善.因此教学过程也就是促使学生发现新的数学研究方向和课题的过程.还有,国外大学教育不会令学生过于偏重考试分数和今后的就业,这与当前国内情况有所不同.现在一些学生有做学术研究的潜质和兴趣,但是毕业后就难以为继了,而是奔着去找待遇优厚的工作岗位.当然,这也可能是出于现实生活的考虑,也许无可厚非."他对现在学术研究中急功近利的倾向表示担忧,但对此也不是不能理解.

用数学软件 LaTex 在电脑上写出来的朱尧辰先生的这本书涉及数论研究的某些前沿性成果,包含一些研究课题.希望它的出版有助于国内大学高年级学生和研究生的专业学习.如果这本书能引起他们对有关数论问题的关注和研究兴趣,那将是令人欣慰的事.朱尧辰曾谦虚地说过:"我只是一个普通的研究过数论的人,能出版几本书足矣!"

从记者的报道中可知朱老中学时代文学功底好于数学,有诗为证:

朱尧辰杂诗

其一(1995)

塞纳莱茵访先行,
小识山姆未了情.
浮名易诺眼过云,
佳文难得沙淘金.

鬓斑犹存学子心，
何须分茶盼清明?
世态纷杂古今事，
有风有雨也有晴.

其二(1997)

当年习数兴趣事，
犹记虔诚神圣志.
乍涉尘寰路崎岖，
始识人生第一计.
碌碌半生勉为文，
茫茫星空常流矢.
昔日研数闹求静，
而今残岁觅闲题.

其三(2008)

人生易老天更老，
岁月如梭思如潮.
昔日黄花香如故，
强弩之末妄自嘲.
此生不憾书生气，
曾经数海任飘摇.
心愿幸未付东流，
难得闲适沐夕照.

从朱先生的个人经历中我们知道他曾从事中学教育工作长达十四年，有类似经历的西方数学家有许多，如：R. H. 宾(1914—1986)，美国数学家，1914 年 10 月 24 日生于得克萨斯州，1986 年 4 月 28 日在奥斯丁家中去世. 1935 年他毕业于西南得克萨斯州立师范学院(现西南得克萨斯州立大学)；1935—1942 年任中学教师；1938 年和 1945 年分别获得得克萨斯大学数学教育硕士学位和博士学位；1943—1947 年任教于得克萨斯大学；1947—1973 年任麦迪逊威斯康星大学助理教授、教授,并在1958—1960年间任系主任;1973—1985年任得克萨斯大学教授,并在1973—1977年任系主任;1963—1964年任美国数学协会主席,1977—1978年任美国数学会主席,1965年被选为美国全国科学院院士.

宾的贡献主要在几何拓扑方面,特别是三维流形方面.20世纪50年代中期,他给出了二维球在三维欧氏空间中的边逼近定理,并给出了三维欧氏空间的胞腔剖分得不到流形的一个例子.后来他又证明了这种非流形与直线的笛卡儿积是四维欧氏空间.他的边逼近定理曾在后来的20多年中导出了广泛的研究工作,如:二维流形在三维流形中的驯顺与非驯嵌入以及一些在高维情况的推广.他还给出了"宾收缩"的概念,这一方法在证明流形的一个类胞腔剖分是否能得到流形的问题中很重要,也曾被M.H.弗里德曼用于证明四维庞加莱猜想.他的思想在美国形成了以他为首的拓扑学派,他们的工作加深了人们对流形的认识.1983年他出版了代表作《三维流形的几何拓扑》(*The Geometric Topology of* 3-*manifolds*).

同时具备在初等数学和高等数学领域工作经历的人更容易将书特别是科普书写好.这也是我们数学工作室多次邀请朱先生著书的原因之一.

下面再介绍一下另外两位西方"老男人",即本书书名中出现的二位著名数学家,一位是:

迪利克雷(Dirichlet,1805—1859),德国人.1805年2月13日生于迪伦的一个法兰西血统的家庭.他能说流利的德语和法语,日后成为这两个民族之间的数学家之间的极好的联系人.1822年至1827年间,他旅居巴黎,与傅里叶非常亲近.1827年他任布雷斯劳大学讲师;1829年任伯林大学讲师,1839年升为教授;1855年,作为高斯的继承者受聘到哥廷根大学任教授;1859年5月5日在哥廷根逝世.

迪利克雷在数学上的贡献涉及数学的各个方面,其中以数论、分析学和位势论方面的成就尤为卓著.

在数论方面,迪利克雷花了许多精力对高斯的名著《算术探索》进行整理和研究,并且做出了创新.由于高斯的著作远远超出了当时一般人的水平,以致学术界对这些著作也采取敬而远之的态度,真正的理解者不多.迪利克雷却别开生面地应用解析方法来研究高斯的理论,从而开创了解析数论的研究.

1837年,他通过引进迪利克雷级数证明了勒让德猜想,也称之为迪利克雷定理:在首项与公差互素的算术级数中存在有无穷多个素数.

1839年,他完成了著名的《数论讲义》,但1863年才出第一版,随后多次再版.这份讲义经过戴德金整理及增补附录,通过诺特的发展而成为布尔巴基的思想源泉之一.

1840年,他用解析法计算出二次域 $k = Q(\sqrt{m})$ 的理想类的个数.二次域的数论,就是高斯与他根据有理整系数的二元二次型的理论发展起来的.他定义了与二元二次型相关联的迪利克雷级数,也考虑了展布在具有给定判别式 D 的全体二元二次型的类上的迪利克雷级数的和,即等价于二次域的迪利克雷 ζ 函数.迪利克雷给出了二元二次型类数的公式,这就是现在的二次域的狭义类数公式.

1841年,他证明了关于在复数 $a + bi$ 的级数中的素数的一个定理.在此之前,他还证明了序列 $\{a + nb\}$ 的素数的倒数之和是发散的,推广了欧拉的有关结果.

1849年,他研究了几何数论中的格点问题,并得到由 $uv \leqslant x, u \geqslant 1, v \geqslant 1$ 所围成的闭区域上的格点个数的公式

$$D(x) = x\log x + (2c - 1)x + O(\sqrt{x})$$

其中 c 为欧拉常数.

另外,迪利克雷还阐明了代数数域的单位群的结构.其中使用了"若在 n 个抽样中,存在 $n+1$ 个对象,则至少在1个抽样中,至少含有2个对象"这个原理,也就是所谓迪利克雷抽样法,而通常又称之为抽屉原理或鸽笼原理.

在分析学方面,迪利克雷是较早参与分析基础严密化工作的数学家.他首次严格地定义函数的概念.在题为《用正弦和余弦级数表示完全任意的函数》的论文中,他给出了单值函数的定义,这也是现在最常用的,即若对于 $x \in [a,b]$ 上的每一个值有唯一的一个 y 值与它对应,则 y 是 x 的一个函数.而且他认为,整个区间上 y 是按照一种还是多种规律依赖于 x,或者 y 依赖于

x 是否可用数学运算来表达,那是无关紧要的,函数的本质在于对应. 他有意识地在数学中突出概念的作用,以代替单纯的计算. 1829 年他给出了著名的迪利克雷函数

$$f(x)=\begin{cases}1 & (\text{当 } x \text{ 为有理数时})\\ 0 & (\text{当 } x \text{ 为无理数时})\end{cases}$$

这是难用通常解析式表示的函数. 这标志着数学从研究“算”到研究“概念、性质、结构”的转变,所以有人称迪利克雷是现代数学的真正的始祖.

1829 年,他在研究傅里叶级数的一篇基本论文《关于三角级数的收敛性》中,证明了代表函数 $f(x)$ 的傅里叶级数是收敛的,且收敛于 $f(x)$ 的第一组充分条件. 他的证明方法是,直接求 n 项和并研究当 $n\to\infty$ 时的情形. 他证明了:对于任给的 x 值,若 $f(x)$ 在该 x 处连续,则级数的和就是 $f(x)$;若不连续,则级数的和为

$$[f(x-0)+f(x+0)]/2$$

在证明中还需仔细讨论当 n 无限增加时积分

$$\int_0^a f(x)\,\frac{\sin\mu x}{\sin x}\mathrm{d}x \quad (a>0)$$

$$\int_0^b f(x)\,\frac{\sin\mu x}{\sin x}\mathrm{d}x \quad (b>a>0)$$

的极限值. 这些积分至今还称为迪利克雷积分.

1837 年,迪利克雷还证明了,对于一个绝对收敛的级数,可以组合或重排它的项,而不改变级数的和. 又另举例说明,任何一个条件收敛的级数的项可以重排,使其和不相同.

在位势论方面,他提出了著名的迪利克雷问题:在 $\mathbf{R}^n(n\geqslant 2)$ 内,域 D 的边界 S 为紧的,求 D 内的调和级数,使它在 S 上取已给的连续函数值. 他利用迪利克雷原理给出了古典迪利克雷问题的解,以及更一般的迪利克雷问题.

迪利克雷对自己的老师高斯非常钦佩,在他身边总是带着高斯的名著《算术探索》,即使出外旅行也不例外. 1849 年 7 月 16 日,哥廷根大学举办了高斯因《算术探索》获得博士学位 50 周年的庆典. 庆典上高斯竟用自己的手稿点燃烟斗,在场的迪利克雷急忙夺过老师的手稿,视为至宝而终身珍藏. 迪利克雷

去世后,人们从他的论文稿中找到了高斯的这份手稿.

迪利克雷一生只热心于数学事业,对于个人和家庭都是漫不经心的.他对孩子也只有数学般的刻板,他的儿子常说:"啊,我的爸爸吗?他什么也不懂."他的一个调皮的侄子说得更有趣:"我六七岁时,从我叔叔的数学健身房里所受到的一些指教,是我一生中最可怕的一些回忆."甚至有这样的传说:他的第一个孩子出世时,给岳父写的信中只写上了一个式子:$2+1=3$.

迪利克雷是在数学史上被低估了的人物.因为他"不幸"地生在了高斯和黎曼之间,所以名气被"双峰"所掩盖.生于大师出没的年代对凡人是一种幸运,但对另一位大师则是一种"不幸".

下面再介绍一下另一位老男人:

克罗内克(Kronecker,1823—1891),德国人.1823年12月7日出生于德国的布雷斯劳附近的利格尼兹(现属波兰的莱格尼察).1842年进入柏林大学,1845年毕业,1849年在此以关于代数数域中单位的论文获得博士学位;此后8年间继承伯父家业,专心从事银行和农场的管理工作;1857年回到学术界.克罗内克曾得到库默尔的指导,是库默尔的得意门生.1861年他接替库默尔在柏林大学任终身教授,同年被选为柏林科学院院士;1884年被选为伦敦皇家学会会员.他还是法国科学院和彼得堡科学院的院士.

克罗内克十分崇拜阿贝尔,并致力于代数的研究.1879年他根据阿贝尔的思想在《数学年鉴》发表文章,对高于四次的一般方程用根式求解的不可能性的问题,做出了一个比前人更为简单、直接而又严密的证明.1858年他在给埃尔米特的一封信中及1865年在《纯粹数学与应用数学杂志》上发表的一篇文章中,用椭圆模函数解出了一般的五次方程.特别引人注目的是,早在1857年他就发现有理数域的每一个阿贝尔扩张都包含在割圆域里面.他相信在椭圆函数具有复数乘法的模方程与虚二次域的阿贝尔扩张之间也有类似的关系,并且宣布了这一著名的猜想,自称为是他的"青春之梦".1880年他从数论的观点进一步提出"虚二次域K的阿贝尔扩张都可由具有K中元素的复数乘法的椭圆函数的变换方程来确定”的猜想,以及与此相应的“有理数域的阿贝尔扩张都是分割圆域的子域”的问题.克罗内克的这种思想在数学界有很大的影响,1990年希尔伯特根据他的思想在巴黎的那次具有划时代意义的著名演讲中,将“求解析函数,使得其奇异值在给定的代数数域上生成阿贝尔扩张”作为23个问题中的第12个问题提了出来,引起了很多人的注意.

作为库默尔的得意门生,克罗内克继其老师之后,并沿着类似于戴德金的路线继续研究代数数的问题,他在1845年写成,但直到1882年才在《纯粹数学与应用数学杂志》上发表的博士论文“论复可逆元素”是他在这个论题上的第一项工作,论文中讨论了在高斯所创立的代数数域中可能存在的所有可逆元素.在这篇论文之前,他在同一杂志的早一期上发表的一篇论文中,创立了与戴德金用“理想”概念建立的域论完全不同的另一种域论(有理数域),引进了他在1881年提出的添加于域的一种新的抽象量(叫作未定量)的概念,作为他的代数数的理论基石.由于他考虑了任意个未定量(变量)的有理函数域,他的域的概念比戴德金更一般.他还强调过,这个未定量是一个代数元素,而不是一个分析意义下的变量.克罗内克还引进了模系的概念,在他的一般域中,可除性理论是依据模系定义的,类似于戴德金用理想来定义可除性.1887年他又发表文章,为他的一般域论建立而且证明了一系列的性质和定理,并着重说明他的代数数理论独立于代数基本定理和完备的实数系的理论.

在整个数学中占有重要的位置,成为现代数学基础之一的群的概念的最初定义是由克罗内克在1870年给出的,而且有限阿贝尔群的基本定理也是由克罗内克于19世纪70年代发现并证明的.1870年他在《数学年鉴》上发表的文章中,从库默尔的理想数的工作出发,给了一个相当于有限阿贝尔群的抽象定义,规定了抽象的元素、抽象的运算、它的封闭性、结合性、交换性,以及每一元素的逆元素的存在性和唯一性.接着他还证明了一些定理,特别是给出了现在所谓的基定理的第一个证明.

克罗内克是最早的直觉主义者之一,在19世纪70年代和

80 年代发表了他的看法. 他认为数学的对象及真理并不能脱离数学的理性或直觉而独立存在,它们应该通过理性的活动或直觉的活动而直接得到. 他指责维尔斯特拉斯关于实数论证的严密性含有不能接受的概念,并严厉批评和攻击康托关于超限数和集合论的工作不是数学而是神秘主义. 克罗内克只承认整数,因为它们在直观上是清楚的. 他说:“上帝创造了整数,其他一切都是人造的,因而是可疑的.”1887 年他在《纯粹数学与应用数学杂志》上发表的论文“论数的概念”中,表明了某种类型的数,如分数可以用整数定义出来,这样定义的分数被认为是一种方便的写法,是直观的,能接受的. 他甚至想砍掉无理数和连续函数的理论,而把分析算术化,也就是把分析建立在整数的基础上. 1882 年他在《纯粹数学与应用数学杂志》上发表的题为“代数量的一种算术理论之基础”一文中,指责一些数学家关于多项式的可约式、实数的有序性的定义仅仅是表面上的. 不过,直觉主义者克罗内克本人却很少进行直觉主义哲学的研究. 在他那个时代没有人支持他的观点,甚至将近 25 年中没有人探索他的思想. 直到发现集合论的悖论之后,直觉主义才活跃起来,形成一个数学基础方面的派别. 克罗内克在数学史上最大的败笔是对康托的无情打击与压制.

朱先生与笔者相识,笔者敬佩其博学与低调,其平静的书斋生活也令笔者向往.

林徽因说:“真正的平静,不是避开车马喧嚣,而是在心中修篱种菊.”

数论就是朱先生在心中种下的菊.

刘培杰

2017 年 11 月 11 日

于哈工大

当代世界中的数学
——数学思想与数学基础

朱惠霖　田廷彦　编

内容简介

本书详细介绍了数学在各领域的精华应用,同时收集了数学中典型的问题并予以解答,本书共分 2 编,分别为数学思想、数学基础.

本书可供高等院校师生及数学爱好者阅读.

序　言

如今,许多人都知道,国际科学界有两本顶级的跨学科学术性杂志,一本是《自然》(*Nature*),一本是《科学》(*Science*).

恐怕有许多人还不知道,在我们中国,有两本与之同名的杂志①,而且也是跨学科的学术性杂志,只是通常又被定位为"高级科普".

① 其中的《自然》杂志,在创刊注册时,不知什么原因,将"杂志"两字放进了刊名之中,因此正式名称是《自然杂志》.但在本文中,仍称其为《自然》或《自然》杂志.此外,应该说明,在我国台湾,也有两本与之同名的杂志,均由民间(甚至个人)资金维持.台湾的《自然》,创刊于1977 年,系普及性刊物,内容以动植物为主,兼及天文、地理、考古、人类、古生物等,1996 年终因财力不济而停办.台湾的《科学》,正式名称《科学月刊》,创刊于 1970 年,以介绍新知识为主,"深度以高中及大一学生看得懂为原则",创刊至今,从未脱期,令人赞叹.

国际上的《自然》和《科学》,一家在英国,一家在美国①.它们之间,按维基百科上的说法,是竞争关系②.

我国的《自然》和《科学》,都在上海,它们之间,却有着某种历史上的"亲缘"关系.确切地说,从1985年(那年《科学》复刊)到1994年(那年《自然》休刊)这段时期,这两家杂志的主要编辑人员,原本是在同一个单位、同一幢楼、同一个部门,甚至是在同一个办公室里朝夕相处的同事!

这是怎么回事呢?

这本《自然》杂志,创刊于1978年5月.那个年代,被称为"科学的春天".3月,全国科学大会召开.科学工作者、教育工作者,乃至莘莘学子,意气风发.在这样的氛围下,《自然》的创刊,是一件大事.全国各主要媒体,都报道了.

这本《自然》杂志,设在上海科学技术出版社,由刚刚复出的资深出版家贺崇寅任主编,又调集精兵强将,组成了一个业务水平高、工作能力强、自然科学各分支齐备的编辑班子.正是这个编辑班子,使得《自然》杂志甫一问世,便不同凡响;没有几年,便蜚声科学界和教育界③.

1983年,当这个班子即将一分为二的时候,上海市出版局经办此事的一位副局长不无遗憾地说,在上海出版界,还从未有过如此整齐的编辑班子呢!

一分为二?没错.1983年,中共上海市委宣传部发文,将《自然》杂志调往上海交通大学.为什么?此处不必说.我只想说,这次强制性的调动,却有一项十分温情的举措,即编辑部每个成员都有选择去或不去的权利.结果是,大约一半人选择去交通大学,大约一半人选择不去,留在了上海科学技术出版社.

---

① 英国的《自然》,创刊于1869年,现属自然出版集团(Nature Publishing Group),总部在伦敦.美国的《科学》,创刊于1880年,属美国科学促进会(American Association for the Advancement of Science),总部在华盛顿.

② 可参见 http://en.wikipedia.org/wiki/Science_(journal).

③ 可参见《瞭望东方周刊》2008年第51期上的"一本科普杂志的30年'怪现象'"一文.

我属去的那一半. 留下的那一半,情况如何,一时不得而知. 但是到 1985 年,便知道了:他们组成了《科学》编辑部,《科学》杂志复刊了!

《科学》,创刊于1915年1月,是中国历时最长、影响最大的综合性科学期刊,对于中国现代科学的萌发和成长,有着独特的贡献. 中国现代数学史上有一件一直让人津津乐道的事:华罗庚先生当年就是在这本杂志上发表文章而崭露头角的.《科学》于1950年5月停刊,1957年复刊,1960年又停刊. 1985年的这次复刊,其启动和运作,外人均不知其详,但我相信,留下的原《自然》杂志资深编辑,特别是吴智仁先生和潘友星先生,无疑是起了很大的甚至是主要的作用的. 复刊后的《科学》,由时为中国科学院副院长的周光召任主编,上海科学技术出版社出版.

于是,原来是一个编辑班子,结果分成两半(各自又招了些人马),一半随《自然》杂志披荆斩棘,一半在《科学》杂志辛勤劳作.

《自然》杂志去交通大学后,命运多舛. 1987 年,中共上海市委宣传部又发文:将《自然》杂志从交通大学调出,"挂靠"到上海市科学技术协会,属自收自支编制. 至1993年底,这本杂志终因入不敷出,编辑流失殆尽(整个编辑部,只剩我一人),不得不休刊了. 1994 年,上海大学接手. 原有人员,先后各奔前程.《自然》与《科学》的那种"亲缘"关系,至此结束.

这段多少有点辛酸的历史,在我编这本集子的过程中,时时在脑海里浮现,让我感慨,让我回味,也让我思索……

好了,不管怎么说,眼前这件事还是让人欣慰的:在近 20 年之后,《自然》与《科学》的数学部分,竟然在这本集子里"久别重逢"了!

说起这次"重逢",首先要感谢原在上海教育出版社任副编审的叶中豪先生. 是他,多次劝说我将《自然》杂志上的数学文章结集成册;是他,了解《自然》和《科学》的这段"亲缘"关系,建议将《科学》杂志上的数学文章也收集进来,实现了这次"重逢";又是他,在上海教育出版社申报这一选题,并获得通过.

其次,要感谢哈尔滨工业大学出版社的刘培杰先生. 是他,当这本集子在上海教育出版社的出版遇到困难时,毅然伸手相助,接下了这项出版任务①.

当然,还要感谢与我共同编这本集子的《科学》杂志数学编辑田廷彦先生. 是他,精心为这本集子选编了《科学》杂志上的许多数学文章.

他们三人,加上我,用时下很流行的说法,都是不折不扣的"数学控". 我们以我们对数学的热爱和钟情,为广大数学研究者、教育者、普及者、学习者和爱好者(相信其中也有不少的"数学控")献上这本集子,献上这些由国内外数学家、数学史家和数学普及作家撰写的精彩数学文章.

这里所说的"数学文章",不是指数学上的创造性论文,而是指综述性文章、阐释性文章、普及性文章,以及关于人物和史实的介绍性文章. 其实,这些文章,都是可让大学本科水平的读者基本上看得懂的数学普及文章.

按美国物理学家、科学普及作家杰里米·伯恩斯坦(Jeremy Bernstein,生于 1929 年)的说法,在与公众交流方面,数学家排在最后一名②. 大概是由于这个原因,国际上的《自然》和《科学》,数学文章所占的份额,相当有限.

然而,在我们的《自然》和《科学》上,情况并非如此. 在《自然》杂志上,从 1984 年起就常设"数林撷英"专栏,专门刊登数学中有趣的论题;在《科学》杂志上,则有类似的"科学奥林匹克"专栏. 许多德高望重的数学大师,愿意在这两本杂志上发表总结性、前瞻性的综述;许多正在从事前沿研究的数学家,乐于将数学顶峰上的无限风光传达给我们的读者. 在数学这个需要人类第一流智能的领域,流传着说不完道不尽的趣事佳话,繁衍着想不到料不及的奇花异卉. 这些,都在这两本杂志上得

---

① 说来有趣,我与刘培杰先生从未谋面,却似乎有"缘"已久. 这次选编这本集子,发觉他早年曾向《自然》杂志投稿,且被我录用,即收入本集子的《费马数》一文. 屈指算来,那该是 20 年前的事了.

② 参见 *Mathematics Today: Twelve Informal Essays*, Springer-Verlag (1978) p. 2. Edited by Lynn Arthur Steen.

到了充分的反映.

在编这本集子的时候,我们发觉,《自然》(在下文所说的时期内)和《科学》上的数学好文章是如此之多,多得简直令人苦恼:囿于篇幅,我们必须屡屡面对“熊掌与鱼”的两难,最终又不得不忍痛割爱.即使这样,篇幅仍然宏大,最终不得不考虑分册出版.

现在这本集子中的近200篇文章,几乎全部选自从1978年创刊至1993年年底休刊前夕这段时期的《自然》杂志,和从1985年复刊至2010年年底这段时期的《科学》杂志.它们被分成12个版块,每个版块中的文章,基本上以发表时间为序,但少数文章被提到前面,与内容相关的文章接在一起.

还要说明的是,在“数学的若干重大问题”版块中,破例从《世界科学》杂志上选了两篇本人的译作,以全面反映当时国际数学界的大事;在“数学中的有趣话题”版块中,破例从台湾《科学月刊》上选了一篇“天使与魔鬼”,田廷彦先生对这篇文章钟爱有加;在“当代数学人物”版块中,所介绍的数学人物则以20世纪以来为限.

这本集子中的文章,在当初发表时,有些作者和译者用了笔名.这次选入,仍然不动.只是交代:在这些笔名中,有一位叫“淑生”的,即本人也.

照说,选用这些文章,应事先联系作译者,征求意见,得到授权.但有些作译者,他们的联系方式,早已散失;不少作译者,由于久未联系,目前的通信地址也不得而知;还有少数作译者,已经作古,我们不知与谁联系.在这种情况下,我们只能表示深深的歉意.更有许多作译者,可说是我们的老朋友了,相信不会有什么意见,不过在此还是要郑重地说一声:请多多包涵.

在这些文章中,也融入了我们编辑的不少心血.极端的情况是:有一两篇文章是编辑根据作者的演讲提纲,再参考作者已发表的论文,越俎代庖地写成的.尽管我们做编辑这一行的,“为他人作嫁衣裳”,似乎是分内的事,但在这本集子出版的时候,我还是将要为这些文章付出过劳动、做出过贡献的编辑,一一介绍如下,并对其中我的师长和同仁、同行,诚致谢忱.

《自然》上的数学文章,在我1982年2月从复旦大学数学系毕业到《自然》杂志工作之前，基本上由我的恩师陈以鸿先生编辑；在这之后到 1987 年先生退休，是他自己以及我在他指导下的编辑劳动的成果. 此后，又有张昌政先生承担了大量编辑工作；而计算机方面的有关文章，在很大程度上则仰仗于徐民祥先生.

《科学》上的数学文章，在复刊后，先是由黄华先生负责编辑，直至1996年他出国求学；此后便是由田廷彦先生悉心雕琢，直到现在；其间静晓英女士也完成了一些工作. 当然，《科学》杂志负责复审和终审的编审，如潘友星先生、段韬女士，也是付出了心血的.

回顾往事，感悟颇多. 但作为这两本杂志的编辑，应该有这样的共同感受：一是荣幸，二是艰辛. 荣幸方面就不说了，而说到艰辛，无论是随《自然》杂志流离，还是在《科学》杂志颠沛，都可用八个字来概括："筚路蓝缕，以启山林."

是的，筚路蓝缕，以启山林！

如今，蓦然回首，我看到了：

一座巍巍的山，一片苍苍的林！

《自然》杂志原副主编兼编辑部主任
朱惠霖
2017 年 5 月于沪西半半斋

编辑手记

本套书是上海《自然杂志》的资深编辑朱惠霖先生将历年发表于其中的数学科普文章的汇集本.

《自然杂志》是笔者非常喜爱的一本杂志，最早接触到它是在 20 世纪 80 年代初. 笔者还在读高中，在报刊门市部偶然买到一本. 上课时在课桌下偷偷阅读，记得那一期有篇是张奠宙教授写的介绍托姆的突变理论的文章，其中那个关于狗的行为描述的模型引起了笔者极大的兴趣. 至今想起来还历历在目，特别是惊叹于数学在描述自然现象时的能力之强. 在后来笔者养犬十年的过程中观察发现，许多细节还是很富有解释力的.

当年在《自然杂志》上写稿的既有居庙堂之高的院士、教授,如陈省身先生写的微分几何,谷超豪先生写的偏微分方程,张景中先生写的几何作图问题等,也有处江湖之远的小人物,比如笔者给《自然杂志》投稿时只是上海华东师范大学数学系应用数学助教班的一名学员而已.

介绍一下本套书的作者朱惠霖先生,他既是数学家,又是数学教育家,曾出版数学著作多部.

如:《虚数的故事》(美)纳欣著,朱惠霖译,上海教育出版社,2008.

《蚁迹寻踪及其他数学探索(通俗数学名著译丛)》(美)戴维·盖尔编著,朱惠霖译,上海教育出版社,2001.

《数学桥:对高等数学的一次观赏之旅》斯蒂芬·弗莱彻·休森著,朱惠霖校(注释,解说词),邹建成,杨志辉,刘喜波等译,上海科技教育出版社,2010.

他还写过大量的科普文章,如:

埃歇尔的《圆的极限Ⅲ》	朱惠霖	自然杂志	1982-08-29
“公开密码”的破译	朱惠霖	自然杂志	1983-01-31
微积分学的衰落——离散数学的兴起	安东尼·罗尔斯顿;朱惠霖	世界科学	1983-10-28
单叶函数系数的上界估计	李江帆;朱惠霖	自然杂志	1983-10-28
莫德尔猜想解决了	Gina Kolata;朱惠霖	世界科学	1984-01-31
一个古老猜想的意外证明	Gina Kolata;朱惠霖	世界科学	1985-11-27
从哈代的出租车号码到椭圆曲线公钥密码	朱惠霖	科学	1996-03-25
找零钱的数学	朱惠霖	科学	1996-09-25
墨菲法则趣谈	朱惠霖	科学	1996-11-25

找零钱的数学	朱惠霖	数学通讯	1998-04-10
关于“跳槽”的数学模型	朱惠霖	数学通讯	1998-06-10
扫雷高手的百万大奖之梦	朱惠霖	科学	2001-07-25

其中“单叶函数系数的上界估计”是一个研究简讯.他们将比勃巴赫猜想的系数估计在前人工作的基础之上又改进了一步.这当然很困难.朱先生1982年毕业于复旦大学,比勃巴赫猜想在中国的研究者大多集中于此.前不久复旦旧书店的老板还专门卖了一批任福尧老先生的藏书给笔者,其中以复分析方面居多.这一重大猜想后来在1985年由美国数学家德·布·兰吉斯完美地解决了.

数学科普对于现代社会很重要,因为要在高度现代化的社会中生存,不了解数学,更进一步不了解近代数学是不行的,那么究竟应该了解多少?了解到什么程度呢?在网上有一个网友恶搞的小文章.

民科自测卷(纯数学卷)

注:此份试卷主要用于自测对数学基础知识的熟悉程度.如果自测者分数不达标,则原则上可认为其尚不具备任何研究数学的基本能力,是民科的可能性比较大,从而建议其放弃数学研究.测试达标为60分,满分100分.测试应闭卷完成.

Part 1,初等部分(20分)

(1)设有一个底面半径为r,高为a的球缺.现有一个垂直于其底面的平面将其分成两部分,这个平面与球缺底面圆心的距离为h.请用二重积分求出球缺被平面所截较小那块图形的体积(3分).

(2)已知Zeta函数$\zeta(s)=\sum_{n=1}^{\infty}\frac{1}{n}$.请问双曲余切函数coth的泰勒展开式系数和$\zeta(2n)$有什么关系?

其中 n 是正整数(3 分).

(3) 求 n 阶 Hilbert 矩阵 $\boldsymbol{H}$ 的行列式,其中 $H_{i,j} = \frac{1}{i+j-1}$(4 分).

(4) 叙述拓扑空间紧与序列紧的定义,在什么条件下这两者等价? 并给出一个在不满足此条件下两者并不等价的例子(3 分).

(5) 对实数 t,求极限 $\lim\limits_{A\to\infty}\int_{-A}^{A}\left(\frac{\sin x}{x}\right)^2 \mathrm{e}^{itx}\mathrm{d}x$(3 分).

(6) 阶为 pq, p^2q, p^2q^2 的群能否成为单群,证明你的结论(4 分).

Part 2,基础部分(40 分)

(1) 叙述 Sobolev 嵌入定理,并给出证明(5 分).

(2) 李代数 $so(3)$ 和 $su(2)$ 之间有什么关系? 证明你的结论(5 分).

(3) 亏格为 2 的曲面被称为双环面,其可以看作是两个环面的连通和. 请计算双环面 $T^1\#T^1$ 除去两点的同调群(5 分).

(4) 证明对于半单环 R,我们有

$$R \cong Mat_{n_1}(\Delta_1) \times \cdots \times Mat_{n_k}(\Delta_k)$$

其中 Δ_k 是除环(5 分).

(5) 证明 Dedekind 环是 UFD 当且仅当它是 PID(5 分).

(6) 给出概复结构和复结构的定义,并给出例子说明有概复结构的流形不一定有复结构(5 分).

(7) 给定光滑曲面 M 上的一点 P,假设以 P 为中心,r 为半径的测地圆周长为 $C(r)$. 求曲面在点 P 的高斯曲率 $K(P)$(5 分).

(8) 证明 n 维向量空间 V 的正交群 $O(V)$ 的每一个元素都可以看作不超过 n 个反射变换的积(5 分).

Part 3,提高部分(40 分)

(1) 我们已知椭圆(长半轴为 a,短半轴为 b) 的周长公式不能用初等函数表示. 请证明这一点(12 分).

(2)47 维球面 S^{47} 上存在多少组不同的向量场,使得其为点态线性独立的? 证明你的结论(13 分).

(3) 证明:多项式环上的有限生成投射模都是自由模(15 分).

此文章据说是一位女性朋友写的,在微信圈中广为流传. 在笔者混迹其中的几个数学圈中,许多很有功力的中年数学工作者都表示无能为力,也有的只是在自己所擅长的专业分支上能解出一道半道. 所以可见数学分支众多,且每一分支都不容易,要做个鸟瞰式的人物几乎不可能. 所以还是爱因斯坦有远见,他认为如果他要搞数学一定会在某一个分支的一个问题上耗费终生,而不会像在物理学中那样有一个对全局决定性的贡献.

数学普及是不易的. 著名数学家项武义先生曾在一次访谈中指出:

> 不管是中国也好,美国也好,关于普度众生的应用数学,是一大堆不懂数学的人要搞数学教育,而懂数学的人拒绝去做这个. 也许其原因是此事其实也不简单. 基础数学你要懂得更深一步都很难,吃力不讨好,所以不做. 现在全世界现况就跟金融风暴一样,苦海无边. 数学教育目前在全世界不仅没有普度众生,反而是苦海无边. 我跟张海潮①都觉得不忍卒睹,却无能为力,人太少了. 你跟搞数学教育的讲,他们根本不听也不懂,反而说:"你伤害到我的利益,你知道

① 张海潮,交通大学应用数学系教授.

> 吗? 你给我滚远点.”你跟数学家讲,像陈先生[1]反对我做这事,就跟我说:“武义,你完全浪费青春.”而且他一定讲:“这事情是纯政治的,纯政治的事,你去搞它干嘛? 你的才能应该好好拿来做数学的研究.”这还是为了我好. 有些数学家,他如果不去做这些基础的数学,其实要让他做数学教育是不行的,因为他没有懂透彻,他以偏概全地说:“这种东西我还不懂吗? 这是没什么道理的东西!”他不懂才讲没道理,这就是现况! 还有一个笑话,现在给我总的感觉,因为基础数学没人下功夫,数学研究跟基础数学脱节了,脱节久了,数学研究必然趋于枯萎,因为离根太远的东西是长不好的. 譬如说做弦理论(string theory),弦理论老天一定不用的嘛,因为老天爷没懂嘛,我们生活的空间世界是精而简的,他竟然说:“要他来指挥老天爷,精简的地方,我不要做,我一定要去做十维卷起来的东西,这十维是什么东西都搞不清楚,这种数学越来越烦,有点像当年托勒密的周转圆(epicycles). 我去复旦,和忻元龙[2]边喝咖啡边聊,他说:“你是一个比较奇怪的数学家,前沿的数学跟基础的数学是连起来的,但大部分的数学家不把它们连起来.”

许多数学教科书并不能代替科普书,因为它们写的过于抽象. 项武义先生讲了一个《群论》的例子.《群论》那一章定义了什么叫群,定义了什么叫群的同构(isomorphic). 然后呢,证明了三个定理,第一个:G 跟 G 是同构的;第二个:若 G_1 跟 G_2 是同构的,则 G_2 跟 G_1 也是同构的;第三个:若 G_1 跟 G_2 是同构的,G_2 跟 G_3 是同构的,则 G_1 跟 G_3 是同构的. 完了,整个就结束了,《群论》全教完了.

说实话,在现在这个功利至上的社会,端出这么一大套东

---

① 陈省身.

② 忻元龙,复旦大学教授.

西是不切实际的. 但是我们坚持:诗和远方是留给有梦想的人的精神食粮,眼前的苟且是留给芸芸众生的麻醉剂.

刘培杰

2018 年 10 月 25 日

于哈工大

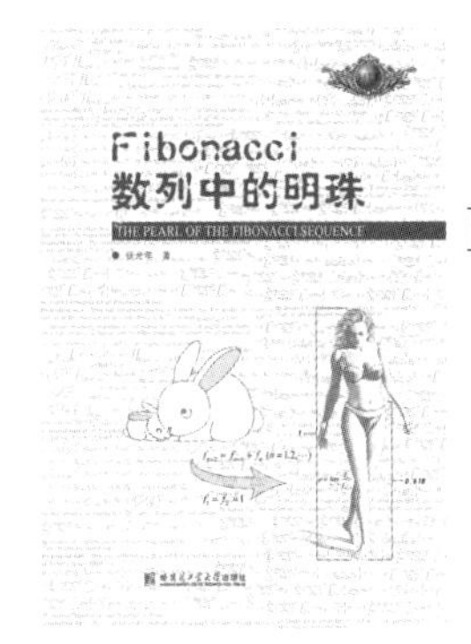

Fibonacci 数列中的明珠

张光年　著

内容简介

本书共分九章,详细介绍了 Fibonacci 数列的产生和与数学及其他各学科的联系,Fibonacci 数列与黄金分割以及若干性质,Fibonacci 数列的数论性质,Fibonacci 数列与母函数、连分数、互补数列,Fibonacci 数列的模周期等相关内容,并在每章后给出相应的练习题.本书从多个方面介绍了 Fibonacci 数列,章后练习题让读者更能深刻理解 Fibonacci 数列,内容丰富,叙述详尽.

本书可供高等院校理工科师生及数学爱好者研读及收藏.

前　言

数学是人类精神文明的重要组成部分,是科学进步的基础,Fibonacci(斐波那契)数列是数学中的一颗璀璨明珠,它的研究在数学及其他领域都有广泛的应用,促使越来越多的学者对其进行深入的研究.

自 20 世纪 50 年代初,苏联学者瓦罗别耶夫撰写《斐波那契数列》一书和 1963 年在美国出版的杂志《斐波那契季刊》之后,全世界每年有不少的 Fibonacci 数列爱好者和这方面的职业数学工作者,撰写了关于 Fibonacci 数列的许多论文和著作.在这些论文和著作中有适合小学生阅读的趣味性、游戏类的;有适合中学生和中学教师学习探究的竞赛类、专题类的;也有适合于大学生、研究生和专门从事这方面研究的数学工作者的. 而本书是一本介绍数学家 Fibonacci 及 Fibonacci 数列性质的一本专著,是一本融合知识性、趣味性、实践性为一体的著作,也是我近 30 年在这方面学习、研究的成果.

1988 年我在《重庆日报》看到重庆师范学院罗明老师解决了 Fibonacci 数列中三角形数的有限性证明后,重新燃起了我对 Fibonacci 数列的研究热情,于是我开始积累资料,探究并撰写相关论文. 我于 1993 年撰写的论文"二阶线性递归数列的模周期问题",在第二届中国初等数学研究学术交流会上获得二等奖; 2012 年撰写的论文"Fibonacci 数列的模数列的三个特征量关系及性质" 在第八届中国初等数学研究学术交流会上获得二等奖; 2017 年撰写的论文"关于斐波那契数中的三角形数和完全平方数的初等证明""用母函数库研究 Fibonacci 数列的性质" 在第十届中国初等数学研究学术交流会上分别获得一等奖和二等奖. 这大大地鼓舞了我,激发了我将平时的研究心得梳理成书的欲望.

第 1 章和第 2 章浅显易懂,生动有趣地介绍了数学家 Fibonacci 和他在数学方面做出的贡献以及 Fibonacci 数列是如何产生的. 另外,在第 2 章中介绍了由 Fibonacci 数列产生的黄金数,当然,黄金数也可由初中平面几何中的黄金分割而产生,并且叙述了黄金数的奇特性质以及与美学、动植物学、物理学等方面的密切联系.

第 3 章至第 5 章结构清晰,系统地介绍了 Fibonacci 数列的相关性质,以便读者查阅、使用这些性质. 特别是第 5 章用 Fibonacci 数列的母函数库研究 Fibonacci 数列的相关性质,这是一种全新的、独创的方法,读者很容易理解和掌握.用这一方法很轻松地证明了 Fibonacci 数列的许多性质,并得到一些新的性质.

第6章和第7章分别介绍了Fibonacci数列与数学的两个特殊分支 —— 连分数和互补数列的特殊关系. 第 8 章介绍了

Fibonacci 数列的模周期,经过深入地研究得到简洁、优美的定理,并且深刻揭示了 Fibonacci 数列的预备周期、模 m 的次数、模周期之间的关系.

学习数学的唯一途径是动手去做,同样我们要学习或研究 Fibonacci 数列的相关性质也一定要动手去做. 出于这一原因,在本书的各章后面配套了共159道习题,并给出了参考答案,有些习题可能在几个章节都有出现,目的是用不同的定理、性质和方法去解决,这样可以对 Fibonacci 数列有更深入的理解. 特别是第9章 Fibonacci 数列与数学竞赛,为我们要参加数学竞赛的学生和指导老师提供了大量例题和习题,这些例题和习题都是国际、国内的经典竞赛题,相信这一章节一定会让师生们受益颇多.

小学高年级和初中学生可阅读本书的第1章、第2章,高中生和中学数学教师可阅读第3章至第6章,剩余几章只要有一定数论和组合数学知识基础的皆可阅读.

另外,借此机会对帮助过我的同事表达谢意,感谢陈建老师为我研究"Fibonacci 数列的模数列的预备周期" 编写程序,缩短了研究过程中的计算时间;感谢我的女儿张一乙,帮我构想本书结构和录入数学公式.

在选定本书各章节的内容和执笔写作的过程中,我参考了大量的文献,这些文献都已经附列在书末,在此谨向这些文献的作者表示感谢.

由于作者水平有限,书中难免有不足之处,恳请专家、读者不吝赐教.

张光年
2018 年 2 月 2 日
于重庆沙坪坝 香格里拉

星形大观及闭折线论

王方汉　著

内容简介

本书共分4章:第1章专门介绍五角星和正五角星的有趣知识,密切结合了中学数学内容,高中学生不难看懂;第2章对星形做了深入的研究,对其生成法则、结构性质和度量性质做了全面的介绍;第3章对一般平面闭折线的基本性质,尤其是结构性质做了较为深入的介绍;第4章介绍闭折线知识的一些运用.

本书可供高中学生和数学教师参考阅读.

再版前言

本书是原名为《五角星·星形·平面闭折线》(王方汉著)的再版.再版时做了一些补充,并将书名改为《星形大观及闭折线论》.这名不是"标题党"的做派,应该是实至名归.

原书由华中师范大学出版社出版于2008年11月,转眼近十年.

一个偶然的机会,我把此书拿到我充任群主的"揽数习文群"里晒晒.有群友提议这书是不是能再版.再版?从来没有想过.让此书问世,如同"到此一游",这是我的初衷,没有其他的奢望.

所以我在群里回复:"说再版容易,谁出啊?"

想不到的是,哈尔滨工业大学出版社副社长、副总编辑刘培杰,这位在我们群里冒泡不多的群友,他接茬道:“我出.”

事后,2017 年 7 月 20 日,我给刘培杰先生发微信:

“培杰:你好!

感谢你允诺再版我的小书《五角星·星形·平面闭折线》.这里我有一个想法:希望再版时不要“版面费”“赞助费”和包销多少本.因为我年纪已大,一些事情不必过于追求,顺其自然为好,所以我不再愿意花钱买名了.若能谅解,我则开始重新修改充实该书.若确有难处,此事就作罢了.”

第二天收到了编辑室主任张永芹代表出版社的回信,如下:

“王老师,您好!您这本《五角星·星形·平面闭折线》著作,我们可以免费为您出版,但第一次印刷不付稿酬,如果市场销量比较好,我们重印的时候会付给您稿酬.您有时间可以着手修订了,谢谢!”

真是“有心栽花花不开,无心插柳柳成荫”!看来我遇到贵人了.

这是再版的经过,看似偶然,其实必然.

王方汉

2018 年 3 月 8 日

于上海黄山新城

原版序

在我国,“一般折线”的研究课题,是 1991 年提出来的.同年召开的“全国初等数学研究学术交流会”和 1993 年《初等数学研究的问题与课题》一书的出版,更起了推波助澜的作用.在这股折线研究的热潮中,我们的方汉先生,自然不示弱,他那酷爱古典几何的情怀,一下子被激活了,拍案而起,迎接新问题、新猜想的挑战.在短短的几年里,他阔步入门,有不少价值很高的成果发表出来,使他蜚声数坛,可这并不奇怪,是浓烈的兴趣和深厚的数学功底使然.

提起方汉老师的折线研究,我不禁想起一件往事.大约是

1977年,我到武汉参加"全国第三届波利亚数学教育思想与数学教育改革学术研讨会"(PM)期间,与方汉相约游览"黄鹤楼".面对李白、崔颢等大诗人均有讴歌其雄伟壮观,充满诗情画意的传世之作的大江名楼,非常喜爱诗词的方汉(他还善于创作诗文),身临其境,一定会诗兴大发的,然而事情完全不是这样,而是被关于"折线研究"中一个又一个诱人的问题争论完全地取代了.记得那天,一开始就争得很凶,对名楼诗意,龟蛇锁江的美景,都无暇顾及.真是俗语说得好:不"打"不相识,不辩理不明,许多的共识,许多的研究策略和方法,从争论中浮现出来,我们的妙想奇思和聪明才智也被激发出来,逐渐沉浸在对折线研究的美好的窥测和憧憬之中……

我忽然问起方汉:我建议你系统整理国内外近年来折线研究的成果,你做了吗?

—— 做了,已写了一万多字,但我不往下写了.

—— 为什么?

—— 从"归纳整理"中,我发现了很多问题,做了不少猜想,有几十个吧,把它们作为课题研究,很有价值,够我做几年了!

—— 真是太好了!

尔后几年,方汉的研究成果,果然不断地现身书刊,这件事耐人寻味,似乎透露出一种筛选课题的策略,一种初等数学研究的方法.

就这样,方汉老师的书,在他自己众多研究成果的基础上,依托发现和创造的丰富的思想方法,撰写出来了.

这本书确实价值不菲.如果说熊曾润先生2002年出版的《平面闭折线趣探》,主要从顶点角度探索了折线诸"心"或说"度量性质"的话,本书则着重于讨论了折线整体的拓扑、组合与结构性质.两书相得益彰,对以三角形、部分四边形和圆为核心内容的经典几何来说,实在是做了意义重大的拓广,对初等数学的发展,也有重要的贡献.

杨之

丁亥年(2007)仲秋

于宝坻书斋

后 记

自从欧几里得的伟大著作《几何原本》问世以来，初等几何已历经两千多年. 后人虽不断充实其内容，但对折线形的研究，大体上仅限于多边形，始终没有把“一般平面折线”作为深入研究的对象.

18 世纪以后，人们或许是受台球运行轨道的启示，开始用数学的眼光，考察质点在圆或凸域内撞击边界所产生的折线轨道所蕴含的数学规律，得到了一些有益的结论，诸如著名的雅可比定理. 此后经过几代数学家的工作，建立了一套关于质点碰撞的数学理论. 但是，在这些研究活动中，“一般平面折线”仍然没有正式成为深入研究的对象.

1951 年 1 月，我国著名的数学教育家傅种孙先生发表了“从五角星谈起”的精彩演讲，开启了星形研究的先河. 1958 年，《有向图形的面积计算》一书在我国翻译出版. 1983 年，国内有几篇文章探索了星形的计数、特殊折线的顶角和问题. 这些表明国内数学工作者已经开始关注平面折线这一几何图形.

1991 年，杨之先生发表了“折线基本性质初探”一文，正式提出了对折线进行理论研究的课题，并在他著名的《初等数学研究的问题与课题》一书中专辟一章加以阐明. 在他的引导下，短短的几年内，国内关注这一研究课题的学者开始增多，新的研究成果不断涌现. 其中不乏较为深刻、有突破性进展的成果.

2002 年 2 月，熊曾润著的《平面闭折线趣探》出版；2006 年 12 月，曾建国、熊曾润著的《趣谈平面闭折线的 k 号心》出版. 这两本书的出版，标志着平面闭折线的研究在度量性质方面取得了系统的成果.

本书是原《五角星 · 星形 · 平面闭折线》的再版，在内容组合上有所调整，新增了折线方面的一些应用. 本书共分 4 章：第 1 章专门介绍五角星和正五角星的有趣知识，密切结合了中学数学内容，高中学生不难看懂；第 2 章对星形做了深入的研究，对其生成法则、结构性质和度量性质做了全面的介绍；第 3 章对一般平面闭折线的基本性质，尤其是结构性质做了较为深入的介绍;第 4 章介绍闭折线知识的一些运用.

本书可供高中学生和数学教师参考阅读.

编辑手记

本书的成书过程作者已在前言中详述,在这就不重复了,但笔者最终下决心出版本书的心路历程还是要提一下:

笔者一连几年暑假都在辽宁的长兴岛度假,小岛上唯一的一家电影院刚刚停业,所以没有任何文化消费,寻寻觅觅终于找到了一家小书店,在充斥着教辅书的书架上,勉强找到了一本周国平的文集赖以消磨盛夏无聊的时光.书中周国平写道:

> 在现实生活中,我经常发现这样的例子:有一些很有才华的人在社会上始终不成功,相反,有一些资质平平的人却为自己挣得了不错的地位和财产.这个对比使我感到非常不公平,并对前者寄予同情.

从世俗的角度(当大官、发大财、出大名)看,本书作者王方汉老师过于普通远不算成功,但他确实是一位有才华的教师且文理兼备.如果说我们之前为其出版的那本《大罕数学诗文》一书呈现了他的文采,那么这本书就展现了一位中学教师的数学才华.

笔者在数学研究领域人微言轻,所以对其研究成果的意义及困难程度没有太多发言权,但笔者通过与作者近十年的交往发现,他是一位极其称职的中学数学教育家,原因之一是他敢于研究细节.

一个假内行往往满嘴大词、宏观与框架,只有真正的内行才敢于深入到细节中,因为他心中有数,心里有底,还是借用周国平的哲学思维,他曾说:

> 看的本领就是发现细节的本领.一个看不见细节的人,事实上什么也没有看见.把细节都抹去了,世界就成了一个空洞的概念.每一个细节都是独特的,必

包含概念所不能概括的内容,否则就不是细节,而只是概念的一个物证.

有人说:中年男人很难交到新朋友,因其复杂,因其涉世太深.本书作者是笔者年过半百后交到的一位好朋友,可谓良师兼益友,共同的数学爱好和相同的三观是我们的交集.

叔本华曾说:“人的外表是表现内心的图画,相貌表达并揭示了人的整个性格特征.”至少就成年人的相貌而言,他的这一看法是有道理的.在漫长的岁月中,一个人惯常的心灵状态和行为方式总是伴随着他自己意识不到的表情,这些表情经过无数次的重复,便会铭刻在他的脸上,甚至留下特殊的皱纹.更加难以掩饰的是眼神,一个内心空虚的人绝对装不出睿智的目光.

王老师没有气宇轩昂的外貌,没有挺拔伟岸的身材,但其平和的神态、知性的气质、人格的魅力使其周围总聚集着一群数学教师、一个活跃的数学群、一个热闹的数学沙龙.

本书的多数内容应该是作者20世纪80年代研究并得以发表的成果,汇集于21世纪初,再版于今,那个时候是数学研究的黄金岁月,曾有一篇文章是写香港新亚书院的.文中说:

20世纪50年代,“手空空,无一物,路遥遥,无止境”,钱穆先生写的新亚校歌很励志,这就是新亚精神.虽然物质方面越来越丰富了,新亚先贤很朴实,我觉得他们做好了一个榜样,很难得.

如今物质丰富了,但人们对学问的追求却远不及那个时代.

前不久笔者去上海开会,王老师听闻便为我们安排了一次难忘的参观活动,先是参观了“中共一大旧址”,接着又参观了“邹韬奋故居”.这既有王老师爱党爱国的体现,也有其对朋友关心及细心的一面,因为笔者曾在其微信朋友圈观感后点过赞,现今社会对人如此细心的真是不多.

星形及折线是初等数学中的一个精巧小分支,国内研究这方面的人不多,成果较多的有四位:武汉的王方汉老师,江西的熊曾润先生、曾建国先生和天津的杨之先生.这是因为这个方向对中考和高考都没多大用,以国人当前这种万事皆要有用的心态看,研究者似乎有些不识时务,这有点像哲学之于当今中国.

轻视哲学无疑是目光短浅之举.张之洞为清朝廷拟定大学章程,视哲学为无用之学科,在大学课程中予以削除.青年王国维即撰文指出:"以功用论哲学,则哲学之价值失.哲学之所以有价值者,正以其超出乎利用之范围故也.且夫人类岂徒为利用而生活者哉,人于生活之欲外,有知识焉,有感情焉.感情之最高之满足,必求之文学、美术.知识之最高之满足,必求诸哲学."这正是哲学的"无用之用".王国维的话在当时是空谷足音,在今天仍发人深省.

有人形容写文章像女人穿裙子,越短看的人越多,所以就此打住,以防又被读者讥之又臭又长.最后引一首本书作者以网名"大罕"写的小诗结尾:

临渊悟禅

大罕

临渊悟禅,妄语相谈.
虔诚欲沏,临偈依皈.
心有便有,心无则乱.
无明幻相,放下既安.
即刻眼前,梦醒花残.
大道爱义,虚实两难.
修禅沉思,凝神入端.
禅念修身,清心却烦.
禅定思过,功德相关.
身心平衡,宁静妙曼.
精神转化,超尘脱凡.
通达老庄,孽海觅岸.
平生所厚,数形大观.

管弦丝竹,蕙叶芳兰.
昨夜梦醒,落日西山.
以心悟心,贝叶熏燃.
呜呼悟禅,何以了断.

刘培杰
2018 年 11 月 3 日
于哈工大

不等式的分拆降维降幂方法与可读证明（第2版）

陈胜利　著

内容简介

本书系统总结了作者及其合作者近十年来在不等式数学机械化领域的一系列研究成果及其软件(SCHUR01)实现. SCHUR01是基于作者提出的“分拆－降维－降幂－综合”等算法原理而开发的具有自动发现功能的新颖的不等式证明软件，适用于一般代数式乃至任意维数、任意次数的多项式的半正定判定及最优化问题. SCHUR01对于对称式尤为高效，并且从整体上是可读的. 把本书与SCHUR01结合起来阅读使用可使读者对于不等式的机器证明过程及其理论依据有更为深入的理解.

编辑手记

陈胜利先生的书写好了，作为编辑为他感到高兴. 编辑的工作如同教师一样是为他人作嫁衣，职业规范是要隐于后台才是，但作者恳求笔者为之作编辑手记，盛情难却，只好从命，算是一次违规吧.

曾经在百度人大讲堂上，有一个人叫郭怡广，1966年出生于美国纽约州，自幼酷爱音乐，曾学习钢琴、大提琴和小提琴，16岁开始练习吉他. 1989年，他和丁武、张炬一起组建了后来轰动中国摇滚乐坛的“唐朝乐队”(笔者超喜欢其中的一首翻唱曲目《夜色》),2010年6月21日他出任百度国际媒体公关总监. 他说了一句话“人应该有一个vocation(事业),更要有一个advocation(爱好),最最重要的是,要知道两者的区别!”

本书作者是位中学数学教师,从理论上说他的事业应该是教书育人,在高考指挥棒下钻研好高中数学;再有余力可以搞一点自主招生试题研究与数学竞赛辅导,这对目前的国内高中数学教师来讲已经是很高的要求了. 而搞所谓的数学机械化一定是作者的一个爱好,数学机械化是一个高大上的分支,它似乎应该是名校毕业的专门研究人员涉足的领域. 其实,研究者是什么大学毕业的在数学研究中并不是特别重要,因为在研究领域成果最重要. 它类似于竞技体育,你见过有拿学位去要求百米运动员吗? 更极端一点,甚至连专业都不重要. 本书作者毕业于福州大学数学系,是福建省优秀教师,中国不等式研究会理事. 在国内外数学杂志和学术会议上发表研究论文数十篇,许多成果富有创造性和较高的学术价值. 两次获中国数学会普及工作委员会举办的全国数学奥林匹克命题比赛二等奖(全国第3,5名),提供的原创命题多次被选用于全国高中数学联赛试卷,编著了《向量与平面几何证明》等书,培养指导多名学生参加数学奥赛分获全国及省市一、二、三等奖. 他多次应邀赴上海大学、中科院成都计算机应用研究所、上海市高可信计算重点实验室、中科院重庆绿色智能技术研究院等单位进行学术访问与合作研究. 主要研究领域:不等式的理论、机器证明、算法及软件实现.

作者的资历够吗? 这个问题是出版社对学术类著作写作人所必须要考查的,否则会有“民科之嫌”. 当然这一切均不是绝对的,都存在特例. 我们知道,比如最近炒得很热的诺贝尔奖得主索尔仁尼琴,大学读的是数学物理系,主业是数学. 当地罗斯托夫大学文学院实力平平,只是一个培训中学教师的专科学院,而数学物理系则不乏一流教授. 所以学校是否有名并不重要,关键是专业是否强. 于是,索尔仁尼琴成了一名中学数学教师,但使他成名的却是写作.

要利用业余时间写出这样一本著作,是要有点理由的. 虽然笔者并不认识作者,但几乎可以断言,本书的写作完全是作者出于对不等式证明与数学机械化的热爱,并没有太多功利目的,而这正是笔者所欣赏的状态.据报载,日本东京的秋叶是世界很多年轻人的"麦加圣地",它最吸引年轻人的地方,就在于"御宅族们"所喜爱的商品都汇集于此.所谓"御宅族",指的是这样一群人,他们不惜花费重金收集一些看起来似乎没什么价值的物品.比如一部很老的动画片里登场的角色模型,迷你车模,等等.收集这些东西,有时既不能升值,也无法增加在异性中的人缘.然而"御宅族"们视收集为爱好,乐此不疲,甚至有的"御宅族"认为人生的价值也不过如是.现代社会是一种多元化的社会,人们的价值观与追求千差万别,我们要提倡这种多样化.战争年代众志成城,万众一心是好事,而和平年代、太平盛世应各美其美.你追求你的官位,我搞我的学术,你发你的大财,我搞我的小研究,写点小文章,出版个小册子,各安其分,各走各道,各唱各曲挺好.

本书的另一个示范意义在于它指示了将广大中学教师从"瞎忙"中解放出来的可行之路.

于光远先生曾形象地描述"忙"对人成长的负面作用.他说:"人一忙就容易乱,头脑不清醒;人一忙也容易烦,心情不能平和;人一忙就容易肤浅,不能冷静认真思考;人一忙就容易只顾眼前,不能高瞻远瞩."他引用两句古诗"浮世忙忙蚁子群,莫嗔头上雪纷纷"来阐述如果一个人一味地忙碌就会没有主见和远见,只能平庸.

本书是一部好的数学著作,首先它带给我们以大量的例子.阿蒂亚曾说:如果你像我一样,喜欢宏大的和强有力的理论(我虽然受格罗滕迪克的影响,但我不是他的信徒),那么你就必须学会将这些理论运用到简单的例子上,以检验理论的一般性结论.多年以来,我已经构造了一大批这样的例子,它们来自各个分支领域.通过这些例子,我们可以进行具体的计算,有时还能得到详尽的公式,从而帮助我们更好地理解一般性的理论.它们可以让你脚踏实地.

非常有意思的是,虽然格罗滕迪克排斥例子,但是很幸运的是他和塞尔有着非常紧密的合作关系,而后者能够弥补他在例子方面的不足.当然在例子与理论之间也没有一条明确的分界线. 我喜欢的许多例子都是来自于我早年在经典射影几何中所受到的训练:三次扭曲线、二次曲面或者三维空间中直线的克莱因表示等.

再没有比这些例子更具体和更经典的了,它们不仅都可以同时用代数的方式和几何的方式来进行研究,而且它们每一个都是一大类例子中开头的一个(例子一多慢慢就变成了理论),它们中的每一个都很好地解释以下这些理论:有理曲线的理论、齐性空间的理论或者格拉斯曼流形(Grassmannians) 的理论.

例子的另一个作用是它们可以指向不同的研究方向. 一个例子可以用几种不同的方式加以推广,或用来说明几种不同的原理. 例如,一条经典的二次曲线不仅是一条有理曲线,同时又是一个二次超曲面(quadric),或者是一个格拉斯曼流形等.

当然最重要的是,一个好例子就是一件美丽珍宝. 它光彩照人,令人信服;它让人洞察和理解;它是(我们对数学理论)信仰的基石.

其次,它涉及了近年数学研究的热点领域.

1990 年 8 月 14 日至 18 日在香港召开首次亚洲数学大会,参加者有来自亚洲各国及各地区的近 400 位数学家. 在中国数学会的组织下我国有 60 名代表出席,其中包括吴文俊、王元、杨乐和李忠等教授. 吴文俊教授应邀在大会上做题为"方程求解和定理求证 —— 零点集论式及理想论式" 时长一小时的报告,在大会上做一小时报告的还有丘成桐教授, 日本的 M. Morimoto 教授及韩国的 Kim Ann-chi 教授等. 在吴先生的演讲中对机器证明做了权威的阐述,全文很长但好在摘要不长,我们将其列于后(是由吴先生的助手石赫教授翻译的).

一、两类问题

数学活动有两类主要问题: 方程求解和定理求证. 后者源于希腊,无可置疑,前者源于中国,且在中国古代已有蓬勃发展. 这里,我们仅限于讨论最简单,自然也是最为基本的情形:各方程或定理的假设和结论都可表成多项式的情形,这些多项式属于环 $K[x_1, x_2, \cdots, x_n] = K[x]$,其中 K 是特征为零的数域. 对于一组多项式PS,我们把方程组PS = 0在K的任意扩域中的全部零点记为Zero(PS). 集合Zero(PS)即为通常意义下基域K上的代数簇,它联系于以多项式组PS为基的理想Ideal(PS). 求解方程组PS = 0就等价于明晰确定零点集Zero(PS)或者它的精确结构. 现假设定理T = {HYP,CONC}由假设条件HYP = 0及结论CONC = 0所给定,其中HYP为一组多项式,CONC为一个多项式. 那么零点集Zero(HYP)中的任一零点,就表示了满足定理T的假设条件的一幅几何构图. 要证明定理T,也就是要验证在零点集Zero(HYP)之上是否有结论CONC = 0,或者更一般地,确定在零点集Zero(HYP)的哪一部分上可使结论CONC = 0成立. 如果零点集Zero(HYP)的精确结构已知,则上述目标将易于实现. 就此而言,证定理可视为仅是解方程法的一种特殊应用.

二、零点论式

对于环$K[x]$中的多项式组PS,要确定其零点集Zero(PS)的精确结构,我们首先考虑如下的特别情形.

设多项式组由一列多项式

$$(\mathrm{ASC}): F_1, F_2, \cdots, F_r$$

所给出,并假定变元$x_1, x_2, \cdots, x_n$分为两组$u_1, u_2, \cdots, u_d$和$y_1, y_2, \cdots, y_r$, $d + r = n$,且满足如下的条件(1)和(2):

(1) 多项式F_i可写为

$$F_i = I_i \cdot y_i^{d_i} + y_i\text{的低次项}, i = 1, 2, \cdots, r$$

其中y_i的各项系数仅是$u_1, \cdots, u_d$和$y_1, \cdots, y_{r-1}$的多项式;

(2) 任意可能在I_i中出现的变元y_j, $j < i$, I_i对y_j的幂次低于d_j.

这样的多项式组称为升列. 可以认为,对这类升列而言,其零点集Zero(ASC)的结构已经完好确定. 再进一步,若假设升列ASC是不可约的,意即诸多项

式 F_i 在依次获得的扩域上是不可约的，则 $u_1,u_2,\cdots,u_d$ 作为不定元，以及依次得到的 $F_i=0$ 的解 $y_i=z_i$，就给出一零点 $GZ=\mathrm{Perm}(u_1,\cdots,u_d,z_1,\cdots,z_r)$，称其为不可约升列 ASC 的母点. GZ 的所有特定化的全体，构成一通常意义下的以 GZ 为母点的代数簇，记为 Var[ASC]. 它是代数簇 Zero(ASC) 的子簇，一般而言仅是一真子簇. 如果把以 ASC 为基的理想记为 Ideal(ASC)，与之相联系的代数簇记为 Var(ASC)，则要注意的是，代数簇Var[ASC] 与代数簇Var(ASC) 一般是完全不一样的.

对任意的多项式组 PS，我们的求解 PS = 0 的方法，是把问题归化为上述升列的情形. 最为一般的结果表述为下面的公式

$$\mathrm{Zero(PS)}=\sum_K \mathrm{Var[IRR}_K] \qquad (*)$$

其中 IRR_K 为一些不可约升列，可由一算法导出. 公式 (*) 及与其相仿的公式给出了 Zero(PS) 的精确结构，它可用于求解任意多变元多项式方程组. 它已在多种问题中获得应用，这些问题出自纯粹数学，应用数学以及数学以外的其他学科. 较早且较大规模的应用则是在初等几何定理的机器证明. 实际上，设 PS 为定理 $T=\{\mathrm{HYP,CONC}\}$ 的假设多项式组 HYP，并假定对零点集Zero(HYP) 已完成公式 (*) 中的分解，那么，若把任一多项式 P 对不可约升列 IRR_K 中的各多项式自后往前依次求余所得的余式记为 $\mathrm{Remdr}(P/\mathrm{IRR}_K)$，则我们有如下的一般结果：

定理机械化证明原理 定理 $T=\{\mathrm{HYP,CONC}\}$ 在整个分支 $\mathrm{Var[IRR}_K]$ 上为真的充分必要条件是

$$\mathrm{Remdr(CONC/IRR}_K)=0$$

迄今为止，在定理机械化证明的实践中，所采用的仅仅是较为特殊形式的公式，其远非式 (*) 那样一般. 即便如此，就已十分有效. 据此，数以百计的颇不平凡的几何定理实现了机械化证明和机械化发明.

不仅如此,在我们对非线性规划问题研究的基础上同样的方法亦可用于不等式的机械化证明.

三、理想论式

对多项式组PS,近代代数几何的主旨是考察代数簇Zero(PS)的种种性质,其主要手段是借助于对理想Ideal(PS)的研究而非真的确定零点集Zero(PS).计算机科学家则更注重理想Ideal(PS)的可计算的一面.这一研究方向的一个基本问题是:如何判定某一多项式G是否属于理想Ideal(PS).这已由理想的所谓Groebner基GB所解决,它具有诸多优美的性质及种种应用.最近,我们找出一类基WB,称之为理想的良性型基.较之Groebner基,良性型基具有同样多的优美性质,而其优越之处在于计算起来容易得多①.

公式(*)中的代数簇Var[IRR_K],联系于由那些余式Remdr(P/IRR_K) = 的多项式P的全体所构成的理想.这些理想的有限基可经不同途径计算确定:(1)通过周炜良型式求周炜良基;(2)通过IRR_K的某些扩充多项式组成之理想求其Groebner基;(3)通过IRR_K的某些扩充多项式组所成之理想求其良性型基WB.

需要指出的是,即便理想Ideal(PS)的Groebner基或良性型基WB已经求得,要解方程组PS = 0仍非易事,我们还愿意说明,对公式(*)中的不可约簇IRR_K而言,即便与此簇联系的理想的基已经给出,这对于判定以PS为基假设的定理T是否在Var[IRR_K]上为真,并没有太多帮助.实际上,对定理证明而言,基于理想论的论述方式,其理论基础是有欠缺之处.

---

① 良性型基的概念来自代微方程组零点集的研究,对于具有某种特殊性质的微分理想,都可定义良性型基,在代微方程组是常系数线性偏微分方程组的情形,相应的微分理想可使之与一通常的多项式理想对应,这时的良性型基,实质上与已约化的Groebner基相同.

此外,我们还曾指出过,有一些问题,它们仅可用零点集的论述方式加以解决,却不能应用理想论的论述方式解决.简言之,在诸多问题中,特别是那些从实际应用中提出的问题的研讨中,从理论的及可计算的两种角度考虑,基于零点集的研讨似乎远优于基于理想论的论述.诚然,在纯粹数学兴趣的研究范围,理想论式的高度优越性自当充分肯定,而且,如同我们自己研究所(中国科学院系统科学研究所)正在做的那样,它必须得到进一步深入的发掘.

不等式在数学研究中至关重要,而不等式的证明又无通法,但这也为各路豪杰群雄逐鹿提供了平台.正如刘子静在《三白集·学画》中有一诗句叫:"有法法有尽,无法法无穷,无法而有法,从一以贯通."读完本书后,您会发现一个全新的更强有力的方法出现了.

一个中学教师业余搞数学研究是困难的,除了老一辈像吴文俊先生、陈景润先生那样先当中学教师后深造再搞数学研究,有大成就者之外,近几十年中国中学教师最出色者莫过于包头九中的物理教师陆家羲(1935—1983),他在组合论方面解决了一个从1850年提出而未被解决的柯克曼问题和斯坦纳系列问题.他以"关于不相交Stenier三元素大集的研究"获得了1987年中国国家自然科学一等奖,想想看,连冯康先生举世公认的有限元法当年才获得了二等奖,可见成就之大.本书作者论成就虽不能同陆先生相提并论,但其攻克难关的精神是相同的.历史上,英国的约翰逊博士当年以平民身份独力编纂的《约翰逊英文词典》质量远逾同期的《法文大词典》,后者却是由四十名法兰西院士历时四十年方始完成.数学更是如此,身份不重要,人多不是优势,它永远是个人英雄主义的舞台,我们要向英雄们致敬!

刘培杰
2016年1月1日
于哈工大

高等代数引论

M. 博歇　著

吴大任　译

编辑手记

这是一本世界名著的早期译本.

译著是一个民族了解其他民族的最好窗口. 我国早有学者和领袖曾肯定过西方译著的重要作用,前者如王国维曾曰"若禁中国译西书,则生命已绝,将万世为奴矣."后者如毛泽东同志有言"看译本较原本快迅得多,可于较短时间求得较多的知识".

本书的原作者是美国数学家博歇(1867—1918),他是美国人. 1867年8月28日生于波士顿,曾任卡瓦茨大学教授,1918年9月12日逝世. 但从其姓氏来看,他的祖先应该是欧洲的,笔者猜可能是德裔. 他在三角级数论方面的贡献最为突出. 1906年他首次严格而完整地研究了傅里叶级数的吉布斯现象,而且这个术语也是他给出的. 在微分方程理论方面,他推广了任意阶随机微分运算的格林函数的一般概念. 他还曾研究过高斯的代数基本定理,著有专著《代数基本定理的高斯的第三个证明》(1895)、《高等代数学引论》(1964再版)等. 美国数学会设立了以他的名字命名的奖金.

每一本著作被选中译成中文都是有一定原因的,况且是被吴大任这样的大家所选定.

早期的中国大学数学系绝对是教授说了算. 他们往往都是从西方名校学成归来,所以所选教材都是国外流行的原版教材. 从吴大任先生回忆恩师姜立夫的一篇文章中我们找到了答案.

"从 1927 年到 1930 年三年期间,我就选修了他八门课. 高等微积分、立体解析几何、投影几何(即射影几何)、复变函数论、高等代数、N 维空间几何、微分几何、非欧几何."

姜先生讲高等代数时,用的教材是 M. Bocher 著的《高等代数引论》(*Introduction to Higher Algebra*),那是把代数和几何密切结合的一本好书. D. Hilbert 强烈反对把数和形相割裂的做法,当年姜先生对这个问题的态度是和 Hilbert 一致的."

—— 摘自《回眸南开》,南开大学新闻中心主编,南开大学出版社,1999.

所以在吴大任先生决定开始译书时,第一本选的就是本书.

本书在 20 世纪初是我国大学数学系的官方指定用书,相当于现在的教育部指定教材.

1933 年教育部天文数学物理讨论会是首次由中国官方召集的将数学教育问题作为主要议题之一的学术集会,主要与 1932 年教育部化学讨论会富有成效和国防需要有关. 会议围绕天文、数学、物理三学科存在的教育问题进行讨论. 就数学来说,主要围绕课程标准、数学译名、教科书三方面. 历经 6 天的讨论,大会一共通过 14 个有关数学学科的提案. 尽管因当时大学教育发展不平衡等因素,这些提案未能在国内各大高校中全面落实,但仍对部分大学的数学教育产生了积极的影响.

1933 年 8 月,国立编译馆出版《教育部天文数学物理讨论会专刊》. 随着该书的出版,此次讨论会议决的"全国各大学数学系最低限度之必修课程标准及其内容案"在一些大学数学系得到实施,使得这些数学系朝加强基础课程的方向前进了一步. 例如,1935 年度山东大学数学系削减了 1932—1934 各年度中部分分量较轻的必修与选修课程,同时增设部分此次讨论会规定的必修课程,如高等代数学、无穷级数、微积分(甲)、微积分(乙)等;1935 年度武汉大学数学系简化了课程体系,取消了 1932—1934 各年度的全部选修课程,如概率学及最小自乘、生物学实验、电磁学、初等力学、电力学等. 不过,由于当时中国大学教育发展的总体不平衡性,课程标准很难达到真正的统一,该案在有些大学数学系并未实施. 例如,1935 年度清华大学数学系仍在沿用 1932 年度的课程:必修课程、选修课程及其授课内容无差别,大部分课程的学分也没有发生变化;另外,1936 年度金陵大学数学系课程体系比1933 年度更加繁杂,增加了多元空间几何、高次平面曲线等科目.

在增设部分此会规定的必修课程的同时,国内一些大学数学系也逐渐开始采用其对应的参考书. 例如,1934—1935 各年度武汉大学数学系采用的这些书多于1932—1933 各年度,如增加了博歇的《高等代数引论》、斯奈德和锡萨姆的《空间解析几何》、赫德里克翻译的古尔萨的《解析数学讲义》第1 卷等;1935 年度山东大学数学系增设的必修课程亦采用了这些书,如维布伦和杨的《射影几何学》、克莱布什和林德曼的《几何讲义》第3 卷、赫德里克翻译的古尔萨的《解析数学讲义》的第 1 卷与第 2 卷第 1 部分.

为了使读者对当时的数学教育水平有个初步的了解,我们在此收录一份大学数学必修课程的参考书目①(表 1).

表 1　大学数学必修课程参考书目

课　程	参　考　书
初等方程式	迪克森(Leonard Eugence Dickson)的《初等方程论》(*First Course in the Theory of Equations*);伯恩赛德(William Snow Burnside)和潘顿(Arthur William Panton)的《方程论》(*The Theory of Equations*)

① 选自《教育部天文数学物理讨论会专刊》,南京:教育部印行,1933,107-111.

续表1

课　程	参　考　书
初等微积分	奥斯古德(William Fogg Osgood)的《微积分导论》(*Introduction to the Calculus*);吉布森(George Alexander Gibson)的《微积分初探》(*An Elementary Treatise on the Calculus*);哈代(Godfrey Harold Hardy)的《纯粹数学讲义》(*A Course of Pure Mathematics*);能斯特(Walther Nernst)和舍恩弗利斯(Arthur Moritz Schoenflies)的《自然科学中的数学处理简介》(*Einführung in die Mathematische Behandlung der Naturwissenschaften*);欧内斯特(Ernest Vessiot)和蒙泰尔(Paul Montel)的《普通数学讲义》(*Cours de Mathématiques Générales*);谢费尔斯(Georq Scheffers)的《数学教材》(*Lehrbuch der Mathematik*)
解析几何学	斯奈德(Virgil Snyder)和锡萨姆(Charles Herschel Sisam)的《空间解析几何》(*Analytic Geometry of Space*);史密斯(Percey F. Smith)和盖尔(Arthur Sullivan Gale)的《解析几何学原理》(*The Elements of Analytic Geometry*);阿斯克威思(E. H' Askwith)的《解析几何学——圆锥曲线》(*The Analytical Geometry of the Conic Sections*);尼文克洛斯基(B. Niewenqlowski)的《解析几何学讲义》(*Cours de Géométrie Analytique*)第3卷;斯佩纳(Emanuel Sperner)的《解析几何学与代数学导论》(*Einführung in die Analytische Geometrie und Algebra*)第2卷;克莱布什(Alfred Clebsch)、林德曼(Ferdinand Lindemann)和克莱因(Christian Felix Klein)的《几何讲义》(*Vorlesungen über Geometrie*)第3卷;帕普利耶(G. Papelier)的《解析几何概论》(*Précis de Géométrie Analytique*);达布(Gaston Darboux)的《解析几何学原理》(*Principes de Géométrie Analytique*)

续表1

课　程	参　考　书
高等微积分	奥斯古德的《高等微积分》(*Advanced Calculus*);古尔萨(Édouard-Jean-Baptiste Goursat)著、赫德里克(Earle Raymond Hedrick)译的《解析数学讲义》(*A Course in Mathematical Analysis*)第1卷;贝尔(René Louis Baire)的《一般分析理论课程》(*Lessons on the General Theory of Analysis*)第1卷;科朗特(Richard Courant)的《微积分讲义》(*Vorlesungen über Differential und integralrechnug*)第2卷;拉谷地普桑(Charles-Jean de La Vallée Poussin)的《无穷小分析讲义》(*Cours d' Analyse Infinitésimale*)
射影几何学	霍尔盖特(Thomas F. Holgate)的《纯粹射影几何》(*Projective Pure Geometry*);克莱因的《射影几何学》(*Projective Geometry*);维布伦(Oswald Veblen)和杨(John Wesley Young)的《射影几何学》;雷耶(Karl Theodor Reye)的《位置的几何学》(即《拓扑学》)(*Die Geometrie der Lage*);克雷莫纳(Luige Cremona)的《射影几何学原理》(*Elements of Projective Geometry*)
无穷级数	克诺普(Konrad Knopp)的《无穷级数的理论和应用》(*Theorie und Anwendung der Unendlichen Reihen*);博雷尔(Emile Borel)的《发散级数课程》(*Lecons sur les Séries Divergentes*)和《正项级数课程》(*Lecons sur les Séries a Termes Positifs*);布罗米奇(Thomas John I' Anson Bromwich)的《无穷级数理论介绍》(*An Introduction to the Theory of Infinite Series*)

续表1

课　程	参　考　书
复变函数论	古尔萨著、赫德里克译的《解析数学讲义》第2卷第1部分；伯克哈特(Heinrich Friedrich Karl Ludwig Burkhardt)和雷泽(Samuel Eugene Rasor)的《单复变函数论》(*Theory of Function of a Complex Variable*)；皮卡(Emile Picard)的《分析论著》(*Traité d'Analyse*)第3卷；克诺普的《函数论》(*Theory of Functions*)第1,2卷；皮尔庞特(James P. Pierpont)的《单复变函数》(*Functions of a Complex Variable*)；汤森(Edgar Jerome Townsend)的《单复变函数》(*Functions of a Complex Variable*)；竹内端三的《函数论》
微分几何	艾森哈特(Luther Pfahler Eisenhart)的《曲面和平面微分几何》(*A Theory on the Differential Geometry of Curves and Surfaces*)；布拉施克(Wilhelm Blaschke)的《微分几何讲义》(*Vorlesungen über Differential Geometrie*)；德马特雷斯(Gustave Léon Demartres)的《无穷小几何讲义》(*Cours de Géométrie Infinitésimale*)；朱莉娅(Gaston Julia)的《微分几何》(*Géométrie Différentielle*)；欧内斯特的《高等几何课程》(*Lecons de Géométrie Supéreure*)

续表1

课　　程	参　　考　　书
高等代数	博歇的《高等代数引论》;藤原松三郎的《代数学》第2卷;迪克森的《近世代数论》;塞雷(Joseph Alfred Serret)的《高等代数讲义》(*Cours d'algébre Supérieure*);康布卢塞(*Charles Jules Félix de Combrousse*)的《数学讲义》(*Cours de mathématiques*);比伯巴赫(Ludwig Georg Elias Moses Bieberbach)和鲍尔(Gustav Conrad Bauer)的《代数讲义》(*Vorlesungen iiber Algebra*)
理论力学	韦伯斯特(Arthur Gordon Webster)的《粒子动力学和刚性、弹性与流动物体的动力学》(*The Dynamics of Particles and of Rigid, Elastic and Fluid Bodies*);普朗克(Max Planck)的《普通力学概论》(*Einführung in die Allgemeine Mechanik*);阿佩尔(Paul Emile Appell)和多维尔(S. Dautheville)的《精准机械学》(*Précis de Mécanique Rationnelle*)

我们再来介绍一下本书的译者吴大任先生.

吴大任先生是我国著名数学家,他祖籍为广东肇庆,祖父和父亲都是前清科举出身,家庭乃书香门第.父亲吴远基曾长期从事文化教育工作,还参与编撰了高要县志.因母亲病重,吴大任随父亲迁回广州,旋即又搬回老家肇庆.1921年夏天,吴远基来天津创办广东旅津中学,遂携儿子大业、大任及侄儿大猷、大立赴津培养.堂兄弟四人参加了南开中学的入学考试后,大任、大猷读一年级,而大业、大立则读补习班.

吴大任先生的哥哥吴大业也是位著名人物,我国著名经济学家,他不像现在的许多经济学家后知后觉.他预见性很强.珍珠港事变发生后,他就说日本鬼子要完蛋了.1948年正当"解放战争"白热化的时候,他告诉吴大任、陈鹮说,你们到广州去吧.因为他知道,国民党必败,但平、津一带是硬仗,留在南开很危险,到广东后国民党势如鲁缟,仗也会小下来,也就安全一些.但大任夫妇想到南开众多师生,不忍心弃而离去,遂留了下来.

——摘自《南开人物志(第一辑)》,南开大学办公室编,南开大学出版社,1999.

这一方面说明了吴大任先生强烈的爱国热情,同时也体现了他浓厚的南开情结.后来他主政南开教务工作多年,受到师生一致好评.

后来曾任南开大学校长的胡国定先生在回忆吴大任先生时写道:

"我来南大后有好多年担任过他的助教.他对教学一丝不苟、高度负责的精神使我永志不忘.他每上一堂课,内容主次都有精心安排,板书也有相应的周密筹划;自始至终前呼后应,重点突出,没有一句可说可不说的话;时间到了,讲演总刚好告一段落;更令人惊讶的是一支且总是一支粉笔也恰好用完."

本书译自英文,许多读者可能觉得吴大任先生从小英文功底就特棒.其实并不是这样,据吴先生自己回忆:

(念南开中学时)在一年级,我最感吃力的课是英文,课本是《五十轶事》.我的英文基础很差,无法跟上.幸而一位在大学上三年级的表哥定期来宿舍帮我,一两个月后我才逐渐跟上了,考试也勉强及格.没想到学年末送给家长的成绩单上,即盖上一个戳子,上面写着"该生本学年品学均有可称,请贵家长鉴察".

……

在高中时,我的学习成绩是稳步上升的.特别是上高二以后,我的学习变得主动多了.原因是多方面的,其中之一,也许是因为英语基础已逐步巩固,我对它的兴趣也高了,而英文又是当时的重要学习工具,对学习别的课是很有帮助的.

我喜欢课外阅读,经常到图书馆翻书看.那里书不多,却有两套大百科全书,一套是大英百科全书,一套是美国的,我只是无目的地乱看.

——摘自《南开学人自述(第一卷)》,南开大学校史研究室编,南开大学出版社,2004.

后来吴先生越来越重视外语的学习.他回忆说:

我还学了两年德文,一年法文.这两种文字的数学书我都能阅读了,这对我后来的学习生活起了很大作用.在英国时,我需要看意大利数学文献,有了英、德、法文的基础,我又自学了意大利文,很快就达到能阅读的水平.

——摘自《南开学人自述(第一卷)》,南开大学校史研究室编,南开大学出版社,2004.

由于有了好的外文基础.吴先生后来便译著不断.他回忆说:

在1966 ~ 1976年间,有人问我将来准备做什么,我的回答就是翻译外文数学书.我说的是心里话,我以为,无论主观上或客观上我都不可能再搞行政工作了,科研搞不动,但我的中外文学有一定基础,对数学有一定理解能力,又有过翻译的经验.所以1976年后,我有时间就翻译.我译完了四本书,一本书出版了,一本即将出版,一本在排印中.我这方面的工作是普及性的,不是对一般群众的普及而是对有一定的数学基础、愿意深造的人的普及. 在我国, 自然科学的翻译出版很不景气, 愿意译的人少, 许多出版社对译作也不欢迎. 但我认为, 应当大量介绍外国高水平的教材和专著, 供国人参考.

——摘自《南开学人自述(第一卷)》, 南开大学校史研究室编, 南开大学出版社, 2004.

对于吴大任先生的研究者来说有一个自然的疑问:为什么吴先生先后留学于英国和德国,但竟然没有获得博士学位.

关于这一点,吴大任先生的终生挚友陈省身先生给出了答案.

1933 年, 中英庚款举行留学考试, 大任当然一试获取. 他去英国后就读于伦敦大学. 陈鹦去后, 俩人都在伦敦大学读书.

1934 年, 我从清华研究院华业, 得两年留学机会. 清华留学生大都去美国, 但我要求去德国汉堡大学, 获学校批准. 19 世纪的德国数学执世界牛耳, 20 世纪初年此势未衰. 去德国读数学是明智的. 到了汉堡, 教授阵容, 研究风气, 都令人十分满意.

我把这些情况函告大任和陈鹦, 结果把他们两人都引到汉堡来了. 所以我们又同学了一年. 那时我们三人周末或旅游又常在一起.

汉堡是大任数学研究最出色的两年. 他发表了关于椭圆积分几何的两篇文章, 文中有好几个漂亮的公式. 这两篇文章足够他在汉堡获得博士学位, 可惜他入学时未正式注册. 事实上有勃拉希克帮忙, 可以补救, 但他急于回国, 所以"博士" 藏在囊中了.

——摘自《南开逸事》, 梁吉生主编, 辽海出版社, 1998.

对于自己的留学经历. 吴先生是这样说的:

我们到伦敦时,英国各大学都已开学. 一个英国人负责为我们联系学校,我希望到剑桥大学,他却忙于解决容易联系的学校. 别人都要上学了,他还没有替我联系,我很着急. 一个从法国来的中国学生陈传璋正在伦敦大学学院进修,他主动替我联系该学院,我就在大学学院注册为博士研究生.

入学以后我才了解,大学学院有两位几何学家. 我除了听课外,他们都指定我看参考书. 中英庚款董事会规定,公费三年,第三年可以转到别的国家. 我希望两年得到博士学位,第三年到德国. 可是在大学学院一年快过去了,导师们都还没有给我提出研究课题. 这样,我就没有把握第三年到德国去. 我想,宁可放弃博士学位,也要到德国去. 那时陈省身已经到了德国的汉堡,我写信和他商量. 他告诉我,汉堡大学有三位高水平的教授,可以指导当时的任何数学研究课题,于是我就在大学学院申请改为硕士研究生.

1934 年秋季,两个导师分别给了我硕士论文题目. 按规定,一篇论文就可以了,做两篇是为了保险. 过了半年,两篇论文都已基本完成. 数学系经常有科学报告会,在会上,我对这两篇论文分别做了报告,颇得好评. 其中一篇,我没有用稿子或者提纲,还解答了会上提出的各式各样的问题. 报告后,系主任说:"在习明纳尔上不用讲稿,是惊人的成就."他不知道这已经成为我的习惯. 我的一位导师还表扬我在黑板上保持整洁. 会后有不少人向我表示祝贺.

论文答辩时,除导师外,还有剑桥大学来的两位专家,他们提出的问题,我都分别作了回答. 答辩后,一位导师告诉我答辩通过,可以得到带有表示成绩优异的星号的硕士学位.

我在英国的两年是有收获的,但远不是理想的. 我的经历使我形成两点看法:

1. 学习一定要尽可能到师资强的地方去;

2. 到一个单位学习之前,最好对它有充分的了解.

1934 年陈鹖在南开大学数学系毕业后于 3 月到了英国,我们结了婚,她也被大学学院接受为研究生.因为时间不够,不能读学位,就选修了几门课.她到伦敦的旅费是借的.在国外的费用,两人和一人差不多.

1935 年 7 月我们到了德国汉堡.德国大学只授予博士学位,已经取得硕士学位的人,至少还要过一年半才能取得他们的博士学位.因为我只有一年的学习计划,我们就都作为访问学者在汉堡大学听课.我们可以利用数学系的图书馆,参加系里的各种活动.我同时跟勃拉舒克教授研究积分几何,这门学科是新创立的.勃拉舒克和他的学生已经发表了一系列的论文.勃拉舒克每周要带领他的追随者绕市里一个大湖散步,散步时可以交谈,也可以做学术交流,我参加了.勃拉舒克给我看了他刚出版的关于积分几何的小册子,我读了以后,他先后给了我两个小题目去做,我把做的结果向他汇报,他都表示满意.

1936 年春季,我了解到像我这样的人可以向中华教育文化基金会申请研究补助.我申请了,得到了补助,可以继续留德一年.暑假后,勃拉舒克给了我一个较有分量的研究课题,我做出以后,他满意地说:"你进行得这么好,我很高兴."接着他问我为什么不拿学位,我说:"我只有半年时间,来不及了."因为开始办理拿学位的手续,至少还需要一年半.勃拉舒克又给我另外一个课题,这个课题比前一个意义重大,别人做过,但没有做出来.过了两三个月我做出圆满的结果,他听了我的汇报,看了我的草稿说:"你几乎把一切都做完了."他再次问我:"你论文都有了,为什么不弄个学位?中国人不是很重视学位的吗?"原来,论文是取得学位的主要依据.我告诉他,"我在德国只有两三个月了,没有时间了".

——摘自《南开学人自述(第一卷)》,南开大学校史研究室编,南开大学出版社,2004.

吴大任先生的学术工作主要在积分几何方面和齿轮啮合理论方面.鉴于笔者数学水平有限,所以我们特别引用了南开大学顾沛先生在《中国知名科学家学术成就概览》(科学出版社,2011年,北京)中所写的一段,顾沛先生是国家级教学名师,在数字化教学的今天知名度甚高.

> 吴大任是我国最早从事积分几何研究的数学家之一,他在1938年发表了"关于积分几何的基本运动公式"及"关于椭圆几何"两篇论文.第一篇把积分几何的基本运动公式推广到平面上被具有多重的曲线所包围的区域,该论文的思路和方法,可以推广到n维空间运动主要公式.第二篇首次系统地论述了椭圆空间的积分几何理论,证明了椭圆空间的基本运动公式.后来,他还证明了关于欧氏平面和空间中的凸体弦幂积分的一系列不等式,并由此导出一些关于几何概率和几何中值的不等式.
>
> 积分几何源于古典的几何概率,探索如何将概率思想运用于几何以获得有意义的结果,特别是有关凸体和整体微分几何方面的结果,该研究领域的开拓者是德国数学家W. Blaschke和由他领导的汉堡大学讨论班.20世纪30年代,陈省身、吴大任、L. Santaló都是这个班的成员.1935~1939年间Blaschke和他的学生们以《积分几何》(*Integral geometrie*)为总标题发表了一系列论文.吴大任发表了编号为26和28的两篇论文.积分几何最基本的概念为H. Poincaré引入的"运动密度",居于中心地位的成果则是"基本运动公式".二维欧氏空间中的基本运动公式由Blaschke导出,即著名的Blaschke基本运动公式.吴大任则首次将积分几何的研究引向椭圆空间,得到包括椭圆空间中基本运动公式在内的一些重要成果,这些成果对当时的积分几何发展具有重要意义.
>
> 欧氏空间$\mathbf{R}^n$中的子集K称为凸集,如果K中的任

何两点 x,y 必为包含于 K 中一线段的端点. 设 K 为 $\mathbf{R}^n$ 中的有界凸集(即 K 包含在以原点为中心的某个球内),设 $\mathrm{d}G$ 为直线的密度,σ 为直线 G 与 K 相交截出的弦长,积分

$$I_m = \int_{G \cap K \neq \varnothing} \sigma^m \mathrm{d}G$$

称为凸集 K 的弦幂积分,序列 $\{I_m\}$ $(m = 0,1,\cdots)$ 称为凸集 K 的弦幂积分序列. 诸 I_m 间的不等式称为弦幂积分不等式. 经典的等周不等式可表述为

$$L^2 - 4\pi A = I_0^2 - 4I_1 \geqslant 0$$

其中 L,A 分别为平面凸集 K 的周长和面积. 其中很重要的一组不等式,是诸 I_m 与 I_1 之间的关系式.

Blaschke 得到了平面 $\mathbf{R}^2$ 中凸集 K 的弦幂积分序列 $\{I_m\}$ 与 I_1 之间的关系,但有小的错误,经吴大任订正并表述为以下形式

$$I_2 \leqslant \frac{16}{3\pi^2} I_1^{\frac{3}{2}}$$

$$I_m \geqslant \frac{2 \cdot 4 \cdot \cdots \cdot m}{3 \cdot 5 \cdot \cdots \cdot (m+1)} 2^{m+1} \pi^{-m} I_1^{\frac{m+1}{2}}$$

$$(m = 4,6,8,\cdots)$$

$$I_m \geqslant \frac{1 \cdot 3 \cdot \cdots \cdot m}{2 \cdot 4 \cdot \cdots \cdot (m+1)} 2^m \pi^{-(m+1)} I_1^{\frac{m+1}{2}}$$

$$(m = 3,5,7,\cdots)$$

吴大任还得到了空间 $\mathbf{R}^3$ 中凸集 K 的弦幂积分序列 $\{I_m\}$ 与 I_1 之间的不等式关系(“关于凸集弦幂积分的一组等周不等式”,南开大学学报(自然科学版),1985(1):1-6),即

$$\left(\frac{m+2}{\pi^2} I_m\right)^3 - \left(\frac{3}{\pi^2} I_1\right)^{m+2} \begin{cases} \geqslant 0, m = 0 \\ = 0, m = 1 \\ \leqslant 0, m = 2,3 \\ = 0, m = 4 \\ \geqslant 0, m \geqslant 5 \end{cases}$$

他的这一结果,是自 Blaschke 关于弦幂积分的研究工

作以后的重大突破,是积分几何与凸体理论的一项重要成果.它的重要意义还在于它对于任意维欧氏空间 $\mathbf{R}^n$ 中凸集 K 的弦幂积分研究的启示作用.吴大任在正式发表此结果之前就无私地将论文的预印本寄给任德麟参考,正是在吴大任这一工作的启发下,任德麟建立了 $\mathbf{R}^n$ 中凸集 K 的弦幂积分的统一不等式.

吴大任给出了 $\mathbf{R}^2$ 和 $\mathbf{R}^3$ 中一些线性空间偶的密度公式,并由此讨论了关于凸集的一类特定类型的几何概率问题,这些几何概率均可用凸集的一些整体不变量简洁地表示出.他还利用 $\mathbf{R}^2$ 和 $\mathbf{R}^3$ 中的弦幂积分不等式,给出了这些几何概率的最大值.简述如下:

(1) 在 $\mathbf{R}^2$ 中,设 N 表示点 P 到直线 G 的垂线,Q 表示垂足,则有密度关系

$$\mathrm{d}P \wedge \mathrm{d}G = \mathrm{d}P_N \wedge \mathrm{d}Q_N \wedge \mathrm{d}N$$

其中 $\mathrm{d}P_N$,$\mathrm{d}Q_N$ 依次表示 P,Q 在 N 上的密度.若 $P \in K$,$G \cap K \neq \varnothing$,则 $Q \in K$(因此线段包含在 K 中)的概率为

$$\frac{I_2}{LA} \leqslant \frac{8}{3\pi} \approx 0.848\ 82$$

其中 L 和 A 分别表示凸集 K 的周长和面积.

(2) 在 $\mathbf{R}^3$ 中,设 N 为由点 P 到平面 L_2 的垂线,Q 为垂足,则有密度关系

$$\mathrm{d}P_N \wedge \mathrm{d}L_2 = \mathrm{d}P_N \wedge \mathrm{d}Q_N \wedge \mathrm{d}N$$

其中 $\mathrm{d}P_N$,$\mathrm{d}Q_N$ 依次表示 P,Q 在 N 上的密度.若 $P \in K$,$L_2 \cap K \neq \varnothing$,则 $Q \in K$ 的概率为

$$\frac{I_2}{MV} \leqslant \frac{3}{4}$$

其中 V 为 K 的体积,M 为 K 的边界 ∂K 的平均曲率积分.

(3) 在 $\mathbf{R}^3$ 中,设 N 为由点 P 到直线 G 的垂线,Q 为垂足,E 为 P 和 G 所决定的平面,t 表示线段 PQ 的长,则

$$\mathrm{d}P_N \wedge \mathrm{d}G = t \cdot \mathrm{d}P_N \wedge \mathrm{d}Q_N \wedge \mathrm{d}N_E \wedge \mathrm{d}E$$

其中 $\mathrm{d}P_N$,$\mathrm{d}Q_N$ 的意义如前,$\mathrm{d}N_E$ 表示 N 在 E 上的密度.若 $P \in K, G \cap K \neq \varnothing$,则 $Q \in K$ 的概率是

$$\frac{2I_3}{AV} \leqslant \frac{4}{5}$$

其中 V,A 分别表示 K 的体积和表面积.

(4) 在 $\mathbf{R}^3$ 中,设 N 为两直线 G,G' 的公垂线,Q 和 Q' 是垂足,ω 表示 G 和 G' 间的角,则

$$\mathrm{d}G \wedge \mathrm{d}G' = \sin^2\omega \cdot \mathrm{d}Q_N \wedge \mathrm{d}Q'_N \wedge \mathrm{d}G_E \wedge \mathrm{d}G'_N \wedge \mathrm{d}N$$

其中 $\mathrm{d}Q_N$,$\mathrm{d}Q'_N$ 是 Q,Q' 在 N 上的密度,$\mathrm{d}G_N$,$\mathrm{d}G'_N$ 是 G,G' 绕 N 的角密度.若 $G \cap K \neq \varnothing, G' \cap K \neq \varnothing$,则 $Q \in K, Q' \in K$ 的概率是

$$\frac{I_2}{A} \leqslant \frac{1}{4}$$

其中 A 表示 K 的表面积.

在推导以上几何概率的上界估计时,用到 $\mathbf{R}^2$ 和 $\mathbf{R}^3$ 中弦幂积分不等式以及 Minkowski 不等式,而这些不等式等号成立的充要条件是 K 为圆盘或球体.

在非欧几何方面,1955 年吴大任把他在抗日战争期间关于三维空间非欧几何运动的研究作了补充.他用三维空间的点来代表一维射影变换而得到一种(以一个实母线二次曲面为绝对形的)非欧几何空间一般运动的表达式.

在齿轮啮合理论的研究方面,20 世纪 70 年代初始,因理论联系实际,为经济建设服务的需要,南开大学数学系成立了齿轮啮合研究组,吴大任为组长,成员有严志达和骆家舜.这项研究工作持续了十几年,取得了一系列成果,建立了独特的理论体系,处于国际领先地位.严志达给出了诱导法曲率的公式.吴大任在严志达工作的基础上,对共轭齿面的几何理论作了系统阐述.天津机械研究所的工程师张亚雄和齐麟,向吴提出某蜗轮齿面与当时的理论结果有出入的问题;吴由此着手研究"二次包络理论".日本学者酒井高男和牧充的文章中也提出了"二次接触现象",但

缺乏理论推导. 吴大任在此基础上,对二次接触现象和二次包络理论作了严谨的数学处理,得到系统的结论;又把该理论应用于直接展成法和间接展成法,并得出平面二次包络中的具体公式. 吴大任的结果写成“关于第二次接触”的论文,于 1976 年在广州的一个会议上印发. 他还特别强调,一定要把理论上证明了的东西制造成实用的工业品,推向市场去检验. 吴大任与人合作的“平面二次包络环面蜗杆传动”研究项目,从数学上严格论证了二次包络原理,为研制工作打下了坚实的理论基础,对制造二次包络蜗轮蜗杆副的机械行业的生产实践具有指导意义,其中关于“两类界点”的阐述,对齿轮刀具设计的指导十分精辟,进一步完善了齿轮刀具设计的理论. 机械部、冶金部和天津机械研究所等单位把这些成果应用于实践,取得了很好的效果. 张亚雄和齐麟运用这些成果,研究设计出性能优异的新型蜗轮蜗杆副,生产出世界一流的系列产品畅销国内外. 吴大任、严志达等人合作的“齿轮啮合原理”的项目获 1978 年全国科学大会奖,还获得 1979 年天津市科技成果一等奖. 吴大任、骆家舜与张亚雄、齐麟合作的论文“平面二次包络弧面蜗杆传动”也获 1981 年天津市科协优秀学术论文一等奖. 吴大任开设了关于齿轮的课程,1978 年后还与骆家舜合作招收了两届“微分几何和齿轮啮合理论”的研究生. 吴大任与骆家舜合著的《齿轮啮合理论》, 1985 年由科学出版社出版;后来又由吴翻译成英文,定名为《共轭齿面的几何理论》,1992 年由新加坡世界科学出版社出版.

在圆素和球素几何方面,早年姜立夫提出对称实二阶方阵和 Hermite 方阵依次代表平面上的 Laguerre 圆和空间的 Laguerre 球,用相应的 2×4 阶矩阵代表 Lie 圆和 Lie 球. 根据姜立夫生前的意愿,吴大任一直积极协助中山大学的黄树棠、杨淦对姜倡导的圆(球)素几何进行整理并继续研究. 吴大任和黄树棠合作,得到辛反演的辛等价类，各类的标准型以及各类辛反演下的不变圆集. 在他的帮助下，黄树棠结合辛反演不变圆集的分析得到了辛反演的辛相似类，杨淦则分析了辛反演的不变球集.

编辑手记广义上说就是一篇书话，怎样写并无定论.

现代书话之作，出现时间最早、文字最老到而声誉最高的，莫过于周作人了. 他的书话确实不同凡响，特别是颇具学问、知识渊博、学底深厚、思路开阔、文化含量高，这都是他的书话的优胜之处；而且，他写得要言不烦，言简意赅，意味蕴藉，读起来味道隽永，这都是应该肯定的. 不过有些对他的吹捧，却不敢恭维. 如有的文章解说周氏某些书抄式的书话，写得如何如何了不得，凭空说道；而他的文章实际只是开篇提个头、引过书名，便是抄书一段，随即煞尾；有的则是连抄数书、数段，终篇. 故当时就遭"文抄公"之讥. 倒是周氏本人还实事求是一点，据说他有言：文抄公嘿，抄什么书、抄哪一段、如何摘法，也非易事；而他之所抄，皆非凡品，也常不为人所知，或者是非习见之书，此等处所，就是学问所在. 这话有道理，他所抄之书，确实少见多味.

笔者自知不是周作人，但其写法学学也无妨.

刘培杰
2020 年 6 月 27 日
于哈工大

普林斯顿大学数学竞赛(2006 ~ 2012)

李鹏　编译

内容简介

普林斯顿大学数学竞赛是由普林斯顿大学数学俱乐部创办的面向全世界高中学生的数学竞赛. 竞赛试题涵盖代数、几何、数论、组合等多个数学分支以及个人测验、团体测验、能力测验等多种形式,集知识性、技巧性、趣味性于一体,旨在激发参赛者对数学学习的兴趣和对数学的热爱. 本书汇集了从第1届至第7届普林斯顿大学数学竞赛的试题及解答.

本书适合热爱数学的大学生和高中师生使用,也可供从事数学竞赛工作的相关人员参考.

编辑手记

本书是美国著名学府普林斯顿大学的数学竞赛试题集. 作为美国第4古老的大学,普林斯顿大学延伸着美国历史的魅力,该校雄厚的实力使其本科教育和研究水平都代表了全美最顶尖的水平. 曾经是普林斯顿大学校长的威尔逊总统(Woodrow Wilson)在该校150周年校庆时留下了这样一个口号:普林斯顿,为国家公共事业而存在. 它从而成为校训,形象且深刻地表达了学校在公共事业方面做出的巨大贡献. 普林斯顿大学由于连年在《美国新闻与世界报道》的美国大学排行榜中摘取桂冠，因而成为中国家长和学生眼中耀眼的明星．

普林斯顿大学的人文与科学学科极负盛名，国际关系和工程方向的专业也很优秀．选择经济学、历史和政治的学生各有10％，三者合计占学生总数的30％，它们是学校内最受欢迎的学科．学习公共关系分析类专业的学生有7％，5％的学生致力于英文及文学方面的学习．值得注意的是，普林斯顿大学并没有商科，对那些立志学商又有“普林斯顿恋情”的优秀学生来说是一种遗憾．

学校位于新泽西州的普林斯顿市，全市仅有30 000人，还不足很多公立大学的学生人数．不过，如同其他地处郊区的学校一样，正是这种世外桃源般的地理位置给普林斯顿大学带来了幽静的学习及生活环境．与其他小镇不同的是，这是一个富有的社区，居民多是由在附近城市工作的具有较高素质的人构成．

作为私立学校，普林斯顿大学本科学生总人数约4 800人，74％的课程是低于20人的小班教学，这对学生与教授之间的深层次交流起到积极的作用．与很多著名的老牌综合性大学和常春藤大学不同的是，普林斯顿大学没有医、法、商学院，因此，该校以极为注重本科教育闻名．其科学、人文、社会学方面的研究院亦为学校强劲的教育和科研实力奠定了坚实的基础．

普林斯顿大学提供的课程选择丰富、自由、人性化，同时亦十分严格．学生可以根据需求选择各类科目，但文学学士需要完成语言及一些选修课程和一至两个学期的研究性学习项目，理学学士则会被要求在数学和各类理科专业上下很大功夫，并完成至少两个学期的研究性学习项目．总体来讲，学校认为学生在大三时就应该开始在教授的指导下进行独立课题的研究，并在此基础上拿出高质量的毕业论文．

学校的学生来自全国及世界各地，在种族和社会经济背景上极具多样性．然而并不是有了多样性的学生就一定能将这种多样性传播开来，诸多媒体评论经常抨击这所顶尖名校内部的种族小团体文化．

普林斯顿大学以享誉世界的教学质量、精英的学子、超豪华的明星教授团队及贵族化的俱乐部文化而著称于世．

说起普林斯顿大学的数学系,不能不使人想到早期的几位著名数学家,这正印证了清华大学老校长梅贻琦的那句著名格言:所谓大学者,非谓有大楼之谓也,有大师之谓也.

按照到普林斯顿大学工作的时间来介绍,第一位恐怕要数美国本土培养的第一位数学家伯克霍夫(Birkhoff).

伯克霍夫于1909年到普林斯顿大学任教,同时哈佛大学也向其伸出了橄榄枝,为了抵制哈佛大学对伯克霍夫的招聘,普林斯顿大学于1911年破格提升他为正教授.伯克霍夫在普林斯顿除了进行自己的研究外,还在参加维布伦(Veblen)的拓扑讨论班时,对四色问题进行了研究,写了两篇论文.他首先想到用解析函数论的方法对四色问题做定量的研究,为此引进了一个"着色多项式 $P(x)$",并与后来的H.惠特尼(Whitney)推导出 $P(x)$ 的许多性质,可惜未能最后证明关键的一步:$P(4) > 0$.

另外,由于受A.爱因斯坦(Einstein)著作的影响,伯克霍夫与R.兰格(Langer)在1923年合作写了一本相对论和现代物理的书,书中提出了"完全流体"的概念,建立了不同于爱因斯坦的相对论.它可以解释几个使古典力学陷入困境的难题,但却无法解决引力质量和惯性质量的统一性,这是他们建立在线性坐标系中的相对论的一个不可避免的弱点.这本书虽未能使物理学家(甚至数学家)信服,但在当时曾引起了科学界的极大兴趣.

第二位对普林斯顿大学数学系的建设产生重大影响的是莱夫谢茨(Lefschetz).他是一位身残志坚的模范,在一次事故中失去了双手但仍像正常人一样工作生活,而且许多事做得比我们正常人强得多.

1924年他出版了《位置分析与代数几何》(*L' analysis situs et la géométrie algébrique*)并被收入著名的波莱尔(Borel)丛书.这个工作和他以前的成就给他带来国际声誉,他接到许多大学的访问邀请.1924年他接受普林斯顿大学的邀请,任一年的访问教授,年末他得到了普林斯顿大学的长期聘用,任副教授,1928年升为正教授.1932年他接替O.维布伦任范因(Fine)研究教授,一直到1953年退休.

在普林斯顿大学工作的30年不仅使他脱离开孤军奋战的境地,也使普林斯顿大学发展成一个国际性的数学中心,许多大数学家从这里毕业或访问过这里,这里成了代数拓扑学的摇篮.

莱夫谢茨到普林斯顿大学之后,研究方向逐步由代数几何学转向代数拓扑学.虽然他在代数几何学方面还有一些研究,特别是代数曲线的对应理论,并且在大学中不时开出代数几何学课程,还同代数几何学界保持密切接触.例如后来的代数几何的领袖人物O.查瑞斯基(Zariski)在1929 ~ 1937年间不断地往返于巴尔的摩(他当时在约翰斯·霍普金斯(Johns Hopkins)大学任教)与普林斯顿之间,向莱夫谢茨求教并同他讨论问题,得到他的热情鼓励与帮助,但是莱夫谢茨这时的主要研究方向已转向代数拓扑学.在普林斯顿,两位拓扑学前辈同他过从密切,一是维布伦,一是J.W.亚历山大(Alexander).他特别佩服亚历山大,在研究不动点理论及对偶定理方面两人有过频繁的讨论.不过亚历山大后来脱离开数学界深居简出,使得莱夫谢茨深为难过.实际上,从20世纪20年代末到20世纪40年代初,莱夫谢茨是美国代数拓扑学的主要传人,许多后来的大家出自他的门下.他的两本著作《拓扑学》(*Topology*,1930)和《代数拓扑学》(*Algebraic topology*,1942)是英文拓扑学文献中最主要的参考书,特别是后者在相当长的一段时期内是代数拓扑学的标准著作,并且是第一本以"代数拓扑学"命名的书.

1945年,他被任命为普林斯顿大学数学系主任,从此开始他的新的活动.1945 ~ 1946年度以及1947年,他作为交换教授到国立墨西哥大学工作,其后他多次访问这里,特别是从普林斯顿大学退休之后,他的热情以及他的组织能力使得墨西哥从无到有建立起一个数学学派.为了表彰他对墨西哥数学的贡献,墨西哥政府授予他阿兹台克(Aztec)雄鹰奖章.

第二次世界大战期间,他曾任美国海军部的顾问,这时,他接触到苏联在非线性振动以及稳定性方面的研究工作,他马上认识到这些工作的重大意义.他知道J.H.庞加莱(Poincaré)和A.M.李雅普诺夫(Ляпунов)的工作在微分方程几何理论上的重要性,看出这门学科在美国"太长时期受到忽视".他不顾一些同事的劝阻(认为联邦政府的支持会危及学术研究的自由气氛),毅然接受海军研究局的资助,于1946年在普林斯顿大学组织了一个微分方程研究项目(该项目后来发展成为美国研究常微分方程的领导中心),并任这个项目的主任直到1953年退休.其后5年间,普林斯顿中心逐渐停止活动.他多次试图在另一所美国大学建立一个研究机构,但没有成功.他退休后,马丁公司在巴尔的摩建立一个高等研究院(Research Institute for Advanced Studies, RIAS),作为工业对基础研究的支持,他被任命为该院的顾问.1957年11月,马丁公司总裁及董事会全权委托他在高等研究院建立一个微分方程研究中心,要求它成为"世界上这类中心的典范",在莱夫谢茨的领导下,这个中心果然在微分方程及最优控制和稳定性的数学理论的研究方面获得国际声誉.1964年,高等研究院的微分方程研究中心的主体部分搬迁到罗德岛普罗威登斯的布朗(Brown)大学,在其中的应用数学部建立起莱夫谢茨动力系统中心.布朗大学聘请他为访问教授.1964 ~ 1970年6年间,他每周乘飞机往返于普林斯顿及普罗威登斯,在布朗大学讲课,指导研究,培养出许多后起之秀.

在这期间他以非凡的热情和努力,集结一批年轻数学家研究和开拓动力系统、控制理论等新方向.他还组织翻译苏联的著作,讲课、写综述及评论并组织会议.虽然他的工作由于这些领域的飞速发展现在看来已经落后,但正是他奠定了美国的研究基础,使美国从20世纪60年代末在动力系统理论以及从20世纪60年代初起在控制理论方面在世界居于领先地位.

他在数学创造以及教育、组织方面的工作使得他在美国国内外享有崇高的荣誉.早在1925年他就被选为美国国家科学院院士,1935 ~ 1936年被选为美国数学会主席,1964年被美国总统约翰逊授予国家科学奖章.他被授予布拉格大学、巴黎大学、普林斯顿大学、布朗大学和克拉克大学的名誉博士学位,还被选定为法国巴黎科学院、西班牙马德里科学院、意大利米兰的伦巴底科学院国外院士以及英国伦敦皇家学会国外会员和伦敦数学会荣誉会员,这些都是一位科学家所能取得的最高国际荣誉.为了表扬他的贡献,1954年在普林斯顿大学召开了庆祝莱夫谢茨70寿辰代数几何学和拓扑学国际会议.

第三位值得介绍的普林斯顿大学的著名数学家就应该是外尔(Weyl).他的妻子海伦是半个犹太人.1933年1月,希特勒上台，局势极度动荡，大批犹太科学家离开德国. 作为哥廷根大学数学研究所的领导人，整个春天和夏天，外尔写信，去会见政府官员，但什么也改变不了. 夏日将尽，人亦如云散. 外尔去瑞士度假，仍想回德国，希望通过自己的努力来保住哥廷根的数学传统. 可是美国的朋友极力劝他赶快离开德国：“再不走就太晚了！” 这时普林斯顿高等研究院为他提供了一个职位. 早在那里的爱因斯坦说服了外尔，从此，他和海伦在大西洋彼岸渡过了后半生.

到普林斯顿时，外尔已经 48 岁，数学家的创造黄金时期已经过去，于是他从“首席小提琴手” 转到“指挥” 的位置上. 他像磁石一样吸引大批数学家来到普林斯顿，用他渊博的知识、深邃的才智给年轻人指引前进的方向. 普林斯顿取代哥廷根成为世界数学中心，外尔的作用显然是举足轻重的. 无数的年轻人怀念外尔对他们的帮助，用最美好的语言颂扬他的为人，其中有一位是中国学者陈省身. 1985 年，陈省身回忆他和外尔的交往时写道：

> 我 1943 年秋由昆明去美国普林斯顿，初次见到外尔. 他当然知道我的名字和我的一些工作，我对他是十分崇拜的. …… 外尔很看重我的工作，他看了我关于高斯(Gauss) – 博内(Bonnet) 公式的初稿，曾向我道喜. 我们有很多的来往，有多次的长谈，开拓了我对数学的看法. 历史上是否会再有像外尔这样广博精深的数学家，将是一个有趣的问题.

外尔在美国也继续做一些研究工作. 他写的《典型群，其不变式及其表示》(*The classical group, their invariants and representations*, 1939) 以及《代数数论》(*Algebraic theory of numbers*, 1940) 使希尔伯特的不变式理论和数论报告在美国生根开花. 他的“半个世纪的数学”(A half-century of mathematics, 1951) 更成为 20 世纪上半叶数学的最好总结. 他还在凸多面体的刚性和变形(1935)、n 维旋量黎曼矩阵、平均运动(1938 ~ 1939)、亚纯曲线(1938)、边界层问题(1942) 等方面做出贡献.

第四位普林斯顿著名人物就是哥德尔(Gödel).

1940年春,哥德尔到达普林斯顿高等研究院,成了该院的成员.同年普林斯顿大学出版社出版了哥德尔的专著《广义连续统假设的协调性》(*The consistency of continuum hypothesis*),这是根据他于1938 ~ 1939年在普林斯顿高等研究院讲演的原稿整理的,全名应是《选择公理、广义连续统假设与集合论公理的相对协调性》(*The consistency of the axiom of choice and of the generalized continuum-hypothesis with the axioms of set theory*). 1941年4月他在耶鲁大学的讲演是“在什么意义下直觉主义逻辑是构造的?”(In what sense is intuitionistic logic constructive?)1942年做出了“在有穷类型论中选择公理的独立性证明”(Proof of the independence of the axiom of choice infinite type theory).1944年发表了“罗素的数理逻辑”(Russell's mathematical logic).1946年在普林斯顿200周年纪念会上就数学问题做了讲演.1947年发表了重要的数学哲学论文“什么是康托尔的连续统问题?”(What is Cantor's continuum problem?)

哥德尔在普林斯顿最亲密的朋友是著名物理学家A.爱因斯坦和数理经济学家O.摩根斯坦(Morgenstern),他们经常散步和闲谈.1948年4月2日他们三人一起到美国移民局,一起取得美国国籍,成为美国公民.哥德尔与爱因斯坦一直是最亲密的朋友,直至爱因斯坦1955年去世.虽然他们两人在性格上有很大的差别,爱因斯坦爱社交,活泼开朗,而哥德尔严肃认真、相当孤独,但是他们都是直接地全心全意地探求科学的本质. 1943年后,哥德尔逐渐把注意力转向数学哲学乃至一般的哲学问题,当然他也还不断地关注逻辑结果,比如1958年他研究了有穷方法的扩充,1963年审阅并推荐了P.J.科恩(Cohen)的重要论文“连续统假设的独立性”(The independence of the continuum hypothesis),1973年评述了A.鲁宾逊(Robinson)创立的非标准分析.哥德尔这些工作对数理逻辑的发展都起了重要的作用.

1953年哥德尔晋升为普林斯顿高等研究院的教授.

普林斯顿高等研究院的成立颇具传奇色彩. 那时美国新泽西州有个班伯格家族,自从白手起家在家乡纽沃克市开设第一家小商店以来,经过多年的经营发展,已经跃升为美国东北部新英格兰地区百货零售业的巨头. 老板是班柏格(L. Bamberger)和他的妹妹,他们在 1929 年纽约股市全面崩溃之前几周,将持有的股票全部抛出,躲过了 20 世纪这场空前绝后的"股市之灾". 他们掌握的可支配资金高达 2 500 万美元,这在当时可是一个天文数字. 1930 年,班伯格兄妹俩为了向新泽西州表示一下感恩之情,决定请已在两年前退休的弗莱克斯纳(Flexner)帮助在当地建立一家医疗机构. 弗莱克斯纳却认为,美国医学院校和实用型医疗机构已经够多的了,根据他"现代大学"是一种"研究组织"的"大学理论",他想创办一个纯学术理论研究、有点柏拉图学园味的新型高等研究机构. 于是,在弗莱克斯纳的反复劝说下,他们最终选择在普林斯顿大学附近建立了普林斯顿高等研究院. 弗莱克斯纳在班伯格兄妹的再三请求下"东山再起",成为普林斯顿高等研究院的首任院长.

说完了内容,再说说译者. 本书译者是笔者的年轻同行,他以良好的数学品味及专业的翻译水准高水平地完成了译作,令笔者感到愧疚的是我们无法给他提供一个令其有尊严的报酬,这是我们感到很无奈的,因为出版行业就是这个现状. 最近在热炒的泰戈尔的《飞鸟集》,尽管泰戈尔这样的文学大家身价很高,翻译者却很少能沾到光,文学翻译的稿费,千字 50 至 80 元的标准,十多年未变. 冯唐翻译《飞鸟集》,稿费为千字万元,对于翻译界来说也算是好消息 —— 翻译界盛传,早年间上海的老翻译家译一本书可以买一套洋房.

所以笔者期待本书出版后会大卖,这样我们就可以给译者高一点的稿费了.

刘培杰

2016 年 3 月 1 日

于哈工大

◎ 编辑手记

英国著名诗人莎士比亚说：

> “书籍是全世界的营养品．生活里没有书籍，就好像没有阳光；智慧里没有书籍，就好像鸟儿没有翅膀．”

按莎翁的说法书籍应该是种生活必需品．读书应该是所有人的一种刚性需求，但现实并非如此．提倡“全民阅读”“世界读书日”等积极的措施也无法挽救书籍在中国的颓式．甚至有的图书编辑也对自己的职业意义产生了怀疑．有人在网上竟然宣称：我是编辑我可耻，我为祖国霍霍纸．

本文既是一篇为编辑手记图书而写的编辑手记，也是对当前这种社会思潮的一种“反动”．我们先来解释一下书名．

姚洋是北京大学国家发展研究院院长，教育部长江学者特聘教授，国务院特殊津贴专家．

在一次毕业典礼上，姚洋鼓励毕业生“去做一个唐吉诃德吧”，他说“当今的中国，充斥着无脑的快乐和人云亦云的所谓‘醒世危言’，独独缺少的，是‘敢于直面惨淡人生’的勇士．”

“中国总是要有一两个这样的学校,它的任务不是培养‘人才’(善于完成工作任务的人)”,“这个世界得有一些人,他出来之后天马行空,北大当之无愧,必须是一个”.

姚洋常提起大学时对他影响很大的一本书《六人》,这本书借助6个文学著作中的人物,讲述了六种人生态度,理性的浮士德、享乐的唐·璜、犹豫的哈姆雷特、果敢的唐吉诃德、悲天悯人的梅达尔都斯与自我陶醉的阿夫尔丁根.

他鼓励学生,如果想让这个世界变得更好,那就做个唐吉诃德吧!因为“他乐观,像孩子一样天真无邪;他坚韧,像勇士一样勇往直前;他敢于和大风车交锋,哪怕下场是头破血流!”

在《藏书报》记者采访著名书商——布衣书局的老板时有这样一番对话:

> 问:您有一些和大多数古旧书商不一样的地方,像一个唐吉诃德式的人物,大家有时候批评您不是一个很会赚钱的书商,比如很少参加拍卖会.但从受读者的欢迎程度来讲,您绝对是出众的.您怎样看待这一点?
>
> 答:我大概就是个唐吉诃德,他的画像也曾经贴在创立之初的布衣书局墙壁上.我也尝试过参与文物级藏品的交易,但是我受隆福寺中国书店王玉川先生的影响太深,对于学术图书的兴趣更大,这在金钱和时间两方面都影响了我对于古旧书的投入,所以,不能在这个领域有一席之地,是正常的.我不是个“很会赚钱”的书商,知名度并不等于钱,这中间无法完全转换.由于关注点的局限,普通古旧书的绝对利润很低,很多旧书的售价才几十块甚至于几块,利润可想而知,且旧书无大量复本,所以消耗的单品人工远高于新书,这是制约发展的一个原因.我的理想是尝试更多的可能,把古旧书很体面地卖出去,给予它们尊严,这点目前我已经做到了,不足的就是赚钱不多,维持现状可以,发展很难.

这两段文字笔者认为已经诠释了唐吉诃德在今日之中国的意义:虽不合时宜,但果敢向前,做自己认为正确的事情.

再说说加号后面的西西弗斯.笔者曾在一本加缪的著作中读到以下这段:

> 诸神判罚西西弗,令他把一块岩石不断推上山顶,而石头因自身重量一次又一次滚落.诸神的想法多少有些道理,因为没有比无用又无望的劳动更为可怕的惩罚了.
>
> 大家已经明白,西西弗是荒诞英雄.既出于他的激情,也出于他的困苦.他对诸神的蔑视,对死亡的憎恨,对生命的热爱,使他吃尽苦头,苦得无法形容,因此竭尽全身解数却落个一事无成.这是热恋此岸乡土必须付出的代价.有关西西弗在地狱的情况,我们一无所获.神话编出来是让我们发挥想象力的,这才有声有色.至于西西弗,只见他凭紧绷的身躯竭尽全力举起巨石,推滚巨石,支撑巨石沿坡向上滚,一次又一次重复攀登;又见他脸部绷紧,面颊贴紧石头,一肩顶住,承受着布满黏土的庞然大物;一腿蹲稳,在石下垫撑;双臂把巨石抱得满满当当的,沾满泥土的两手呈现出十足的人性稳健.这种努力,在空间上没有顶,在时间上没有底,久而久之,目的终于达到了.但西西弗眼睁睁望着石头在瞬间滚到山下,又得重新推上山巅.于是他再次下到平原.
>
> ——(摘自《西西弗神话》,阿尔贝·加缪著,沈志明译,上海译文出版社,2013)①

丘吉尔也有一句很有名的话:"*Never*! *Never*! *Never Give Up*!"永不放弃!套用一句老话:保持一次激情是容易的,保持一辈子的激情就不容易,所以,英雄是活到老、激情到老!顺境要有

① 这里及封面为尊重原书,西西弗斯称为西西弗.——编校注

激情,逆境更要有激情.出版业潮起潮落,多少当时的"大师"级人物被淘汰出局,关键也在于是否具有逆境中的坚持!

其实西西弗斯从结果上看他是个悲剧人物.永远努力,永远奋进,注定失败!但从精神上看他又是个人生赢家,永不放弃的精神永在,就像曾国藩所言:屡战屡败,屡败屡战.如果光有前者就是个草包,但有了后者,一定会是个英雄.以上就是我们书名中选唐吉诃德和西西弗斯两位虚构人物的缘由.至于用"+"号将其联结,是考虑到我们终究是有关数学的书籍.

现在由于数理思维的普及,连纯文人也不可免俗地沾染上一些.举个例子:

文人聚会时,可能会做一做牛津大学出版社网站上关于哲学家生平的测试题.比如关于加缪的测试,问:加缪少年时期得了什么病导致他没能成为职业足球运动员?四个选项分别为肺结核、癌症、哮喘和耳聋.这明显可以排除癌症,答案是肺结核.关于叔本华的测试中,有一道题问:叔本华提出如何减轻人生的苦难?是表现同情、审美沉思、了解苦难并弃绝欲望,还是以上三者都对?正确答案是最后一个选项.

这不就是数学考试中的选择题模式吗?

本套丛书在当今的图书市场绝对是另类.数学书作为门槛颇高的小众图书本来就少有人青睐,那么有关数学书的前言、后记、编辑手记的汇集还会有人感兴趣吗?但市场是吊诡的,谁也猜不透只能试.说不定否定之否定会是肯定.有一个例子:实体书店受到网络书店的冲击和持续的挤压,但特色书店不失为一种应对之策.

去年岁末,在日本东京六本木青山书店原址,出现了一家名为文喫(*Bunkitsu*)的新形态书店.该店破天荒地采用了入场收费制,顾客支付1 500日元(约合人民币100元)门票,即可依自己的心情和喜好,选择适合自己的阅读空间.

免费都少有人光顾,它偏偏还要收费,这是种反向思维.

日本著名设计杂志《轴》(*Axis*)主编上條昌宏认为,眼下许多地方没有书店,人们只能去便利店买书,这也会对孩子们培养读书习惯造成不利的影响.讲究个性、有情怀的书店,在世间还是具有存在的意义,希望能涌现更多像文喫这样的书店.

因一周只卖一本书而大获成功的森冈书店店主森冈督行称文喫是世界上绝无仅有的书店,在东京市中心的六本木这片土地上,该店的理念有可能会传播到世界各地.他说,“让在书店买书成为一种非日常的消费行为,几十年后,如果人们觉得去书店就像去电影院一样,这家书店可以说就是个开端.”

本书的内容大多都是有关编辑与作者互动的过程以及编辑对书稿的认识与处理.

关于编辑如何处理自来稿,又如何在自来稿中发现优质选题?这不禁让人想起了美国童书优秀的出版人厄苏拉·诺德斯特姆,在她与作家们的书信集《亲爱的天才》中,我们看到了她和多名优秀儿童文学作家和图画书作家是如何进行沟通的.这位将美国儿童文学推入“黄金时代”的出版人并不看重一个作家的名气和资历,在接管哈珀·柯林斯的童书部门后,她甚至立下了一个规矩:任何画家或作家愿意展示其作品,无论是否有预约,一律不得拒绝.厄苏拉对童书有着清晰的判断和理解,她相信作者,不让作者按要求写命题作文,而是“请你告诉我你想要讲什么故事”,这份倾听多么难得.厄苏拉让作家们保持了“自我”,正是这份编辑的价值观让她所发现的作家和作品具有了独特性.编辑从自来稿中发现选题是编辑与作家双向选择高度契合的合作,要互相欣赏和互相信任,要有想象力,而不仅仅从现有的图书品种中来判断稿件.在数学专业类图书出版领域中,编辑要具有一定的现代数学基础和出版行业的专业能力,学会倾听,才能像厄苏拉一样发现她的桑达克.

在巨大的市场中,作为目前图书市场中活跃度最低、增幅最小的数学类图书板块亟待品种多元化,图书需要更多的独特性,而这需要编辑作为一个发现者,不做市场的跟风者,更多去架起桥梁,将优质的作品从纷繁的稿件中遴选出来,送至读者手中.

我们数学工作室现已出版数学类专门图书近两千种,目前还在以每年200多种的速度出版.但科技的日新月异以及学科内部各个领域的高精尖趋势,都使得前沿的学术信息更加分散、无序,而且处于不断变化中,时不时还会受到肤浅或虚假、不实学术成果的干扰.可以毫不夸张地说,在互联网时代学术动态也已经日益海量化.然而,选题策划却要求编辑能够把握学科发展走势、热点领域、交叉和新兴领域以及存在的亟须解决的难点问题. 面对互联网时代的巨量信息，编辑必须通过查询、搜索、积累原始选题，并在积累的过程中形成独特的视角. 在海量化的知识信息中进行查询、搜索、积累选题，依靠人力作用非常有限. 通过互联网或人工智能技术，积累得越多，挖掘得越深，就越有利于提取出正确的信息，找到合理的选题角度.

复旦大学出版社社长贺圣遂认为中国市场上缺乏精品，出版物质量普遍不尽如人意的背后主要是编辑因素：一方面是“编辑人员学养方面的欠缺”，一方面是“在经济大潮的刺激作用下，某些编辑的敬业精神不够”. 在此情形下，一位优秀编辑的意义就显得特别突出和重要了. 在贺圣遂看来，优秀编辑的内涵至少包括三个部分. 第一，要有编辑信仰，这是做好编辑工作的前提，“从传播文化、普及知识的信仰出发，矢志不渝地执着于出版业，是一切成功的编辑出版家所必备的首要素养”，有了编辑信仰，才能坚定出版信念，明确出版方向，充满工作热情和动力，才能催生出精品图书. 第二，要有杰出的编辑能力和极佳的编辑素养，即贺圣遂总结归纳的“慧根、慧眼、慧才”，具体而言是“对文化有敬仰，有悟性，对书有超然的洞见和感觉”“对文化产品要有鉴别能力，要懂得判断什么是好的、优秀的、独特的、杰出的不要附庸风雅，也不要被市场愚弄”“对文字加工、知识准确性，对版式处理、美术设计、载体材料的选择，都要有足够熟练的技能”. 第三，要有良好的服务精神，“编辑依赖作者、仰仗作者，因为作者配合，编辑才能体现个人成就，因此，编辑要将作者作为‘上帝’来敬奉，关键时刻要不惜牺牲自我利益”. 编辑和作者之间不仅仅是工作上的搭档，还应该努力扩大和延伸编辑服务范围，成为作者生活上的朋友和创作上的知音.

笔者已经老了，接力棒即将交到年轻人的手中. 人虽然换了，但“唐吉诃德 + 西西弗斯”的精神不能换，以数学为核心、以数理为硬核的出版方向不能换. 一个日益壮大的数学图书出版中心在中国北方顽强生存大有希望.

出版社也是构建、创造和传播国家形象的重要方式之一. 国际社会常常通过认识一个国家的出版物，特别是通过认识关于这个国家内容的重点出版物，建立起对一个国家的印象和认识. 莎士比亚作品的出版对英国国家形象，歌德作品的出版对德国国家形象，卢梭、伏尔泰作品的出版对法国国家形象,安徒生作品的出版对丹麦国家形象,《丁丁历险记》的出版对比利时国家形象,《摩柯波罗多》的出版对印度国家形象,都具有很重要的帮助.

中国优秀的数学出版物如何走出去,我们虽然一直在努力,也有过小小的成功,但终究由于自身实力的原因没能大有作为.所以我们目前是以大量引进国外优秀数学著作为主,这也就是读者在本书中所见的大量有关国外优秀数学著作的评介的缘由.正所谓:他山之石,可以攻玉!

在写作本文时,笔者详读了湖南教育出版社曾经出版过的一本朱正编的《鲁迅书话》,其中发现了一篇很有意思的文章,附在后面.

青　年 必读书	从来没有留心过, 所以现在说不出.
附　注	但我要趁这机会,略说自己的经验,以供若干读者的参考—— 我看中国书时,总觉得就沉静下去,与实人生离开;读外国书——但除了印度——时,往往就与人生接触,想做点事. 中国书虽有劝人入世的话,也多是僵尸的乐观;外国书即使是颓唐和厌世的,但却是活人的颓唐和厌世. 我以为要少——或者竟不——看中国书,多看外国书. 少看中国书,其结果不过不能作文而已,但现在的青年最要紧的是"行",不是"言".只要是活人,不能作文算什么大不了的事. (二月十日)

少看中国书这话从古至今只有鲁迅敢说,而且说了没事,

笔者万万不敢.但在限制条件下,比如说在有关近现代数学经典这个狭小的范围内,窃以为这个断言还是成立的,您说呢?

刘培杰

2021年10月1日

于哈工大